U0225565

大数据技术和人工智能技能型人才培养产教融合系列教材

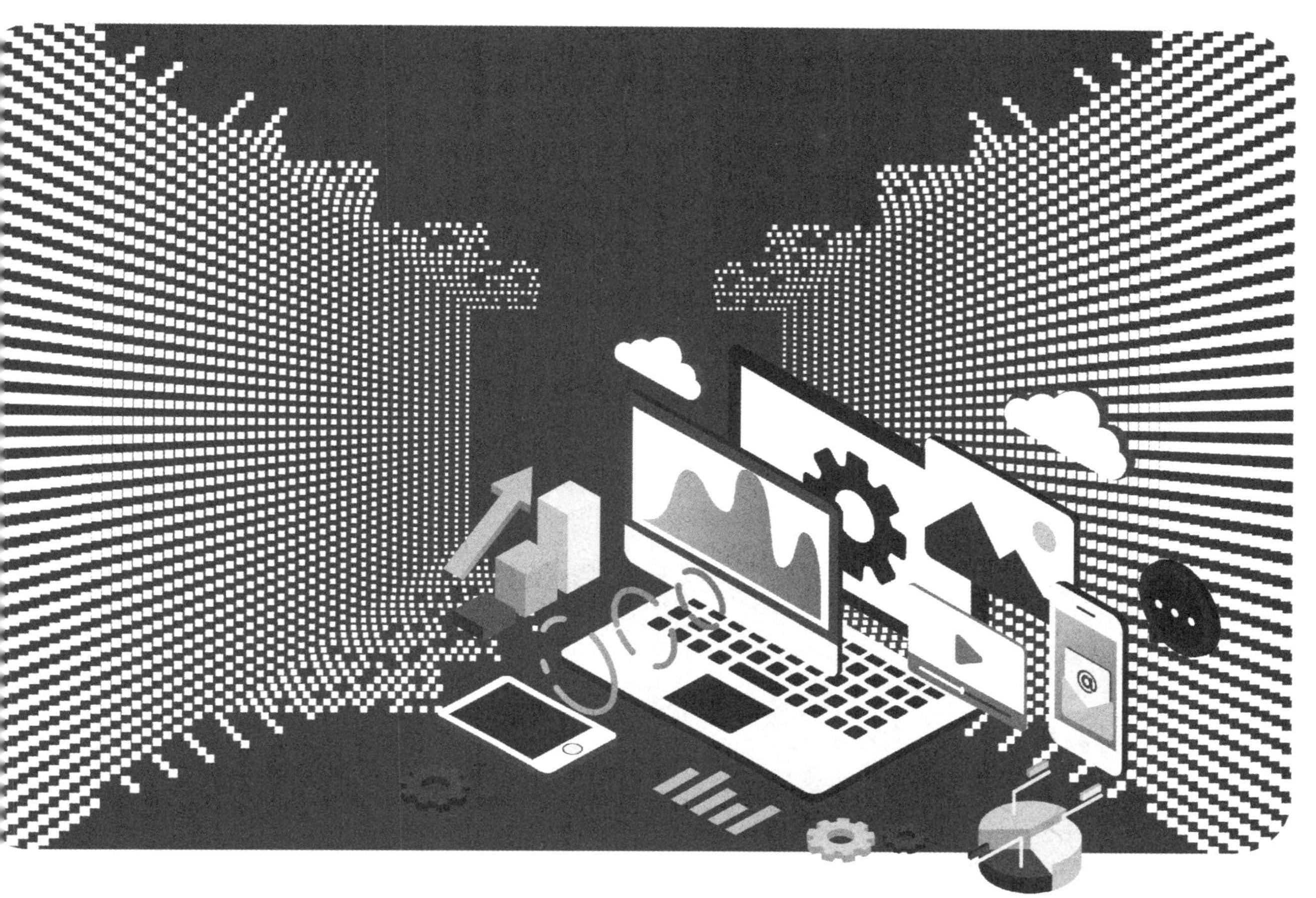

Python 程序设计与应用

（微课版）

周化祥　王永乐　范　瑛　主　编
张　为　黄海芳　刘　静　副主编
尹　刚　李新华　周　倩
彭　玲　胡　亮　刘　娟　参　编

電子工業出版社
Publishing House of Electronics Industry
北京 · BEIJING

内 容 简 介

本书知识由浅入深、技能由易到难，精心设计了9章26个典型工作任务，包括：第1章认识Python程序，第2章数据类型和运算，第3章程序流程控制，第4章组合数据类型，第5章函数和模块，第6章文件操作和管理，第7章面向对象编程，第8章异常处理，第9章数据解析和可视化。

本书遵循"体现三教改革、开放共建共享、优质课程资源、课证联系纽带"的指导思想，着力建设"载体新、内容新、形式新、使用模式新"教材内容和"数字资源建设一体化，教材编写与课程开发一体化、教学与学习过程一体化、线上线下时空一体化"的新形态教材。

本书可以作为高等院校大数据、人工智能、计算机等相关专业的教材，也可以作为计算思维培养的入门教材。

图书在版编目（CIP）数据

Python程序设计与应用：微课版 / 周化祥，王永乐，范瑛主编. —北京：电子工业出版社，2023.6

ISBN 978-7-121-45718-0

Ⅰ.①P… Ⅱ.①周… ②王… ③范… Ⅲ.①软件工具－程序设计－高等学校－教材

Ⅳ.①TP311.561

中国国家版本馆CIP数据核字（2023）第109309号

责任编辑：章海涛
印　　刷：三河市华成印务有限公司
装　　订：三河市华成印务有限公司
出版发行：电子工业出版社
　　　　　北京市海淀区万寿路173信箱　　邮编：100036
开　　本：787×1092　1/16　　印张：15.5　　字数：393千字
版　　次：2023年6月第1版
印　　次：2023年10月第2次印刷
定　　价：49.90元

凡所购买电子工业出版社图书有缺损问题，请向购买书店调换。若书店售缺，请与本社发行部联系，联系及邮购电话：（010）88254888，88258888。

质量投诉请发邮件至zlts@phei.com.cn，盗版侵权举报请发邮件至dbqq@phei.com.cn。

本书咨询联系方式：192910558（QQ群）。

编委会

吴振峰	湖南大众传媒职业技术学院
吴海波	湖南铁道职业技术学院
邱钦伦	中国软件行业协会
陈　彦	永州职业技术学院
陈海涛	湖南省人工智能协会
欧阳广	湖南化工职业技术学院
罗　娟	湖南大学
周化祥	长沙商贸旅游职业技术学院
周　玲	湖南民族职业技术学院
郝黎明	电子工业出版社
姚　跃	长沙职业技术学院
高　登	湖南科技职业学院
黄　达	岳阳职业技术学院
黄　毅	湖南科技职业学院
曹虎山	湖南生物机电职业技术学院
盛鸿宇	全国人工智能职教联盟
彭顺生	湖南信息职业技术学院
曾文权	广东科学技术职业学院
谢　军	湖南交通职业技术学院
褚　杰	三一职院信息学院
谭见君	湖南科技职业学院
谭　阳	湖南网络工程职业技术学院

总　序

从社会经济的宏观视图看，当今世界正在经历一场源于信息技术的快速发展和广泛应用而引发的大范围、深层次的变革，数字经济作为继农业经济、工业经济之后的新型经济形态应运而生，数字化转型已成为人类社会发展的必然选择。考察既往社会经济发展的周期律，人类社会的这次转型也将是一个较长时期的过程，再保守估算，这个转型期也将可能长达数十年。

信息技术是这场变革的核心驱动力！从20世纪40年代第一台电子计算机发明算起，现代信息技术的发展不到80年，然而对人类社会带来的变化却是如此巨大而深刻。特别是始于20世纪90年代中期的互联网大规模商用，历近30年的发展，给人类社会带来一场无论在广度、深度和速度上均是空前的社会经济“革命”，正在开启人类的数字文明时代。

从信息化发展的视角考察，当前我们正处于信息化的第三波浪潮，在经历了发轫于20世纪80年代，随着个人计算机进入千家万户而带来的以单机应用为主要特征的数字化阶段，以及始于20世纪90年代中期随互联网开始大规模商用而开启的以联网应用为主要特征的网络化阶段，我们正在进入以数据的深度挖掘和融合应用为主要特征的智能化阶段。在这第三波的信息化浪潮中，互联网向人类社会和物理世界全方位延伸，一个万物互联的人机物（人类社会、信息系统、物理空间）三元融合泛在计算的时代正在开启，其基本特征将是软件定义一切、万物均需互联、一切皆可编程、人机物自然交互。数据将是这个时代最重要的资源，而人工智能将是各类信息化应用的基本表征和标准配置。

当前的人工智能应用本质上仍属于数据驱动，无数据、不智能。数据和智能呈现“体”和“用”的关系，犹如“燃料”与“火焰”，燃料越多，火焰越旺，燃料越纯，火焰越漂亮。因此，大数据（以数据换智能）、大系统（以算力拼智能）、大模型（模型参数达数百、甚至数千亿）被称为当前人工智能应用成功的三大要素。

我们也应看到，在大数据应用和人工智能应用成功的背后，仍然存在不少问题和挑战。从大数据应用层次看，描述性、预测性应用仍占多数，指导性应用逐步增多；从数据分析技术看，基于统计学习的应用较多，基于知识推理的应用逐步增长，基于关联分析的应用较多，基于因果分析的应用仍然较少；从数据源看，基于单一数据源的应用较多，综合多源多态数据的应用正在逐步增多。可以看出，大数据应用正走出初级阶段，进入新的应用增长阶段。从人工智能能力看，当前深度学习主导的人工智能应用，普遍存在低效、不通用、不透明、鲁棒性差等问题，离“低熵、安全、进化”的理想人工智能形态还有较长的路要走。

无论是从大数据和人工智能的基础研究与技术研发，还是从其产业发展与行业应用看，人才培养无疑都应该是第一重要事务，这是一项事业得以生生不息、不断发展的源头活水。数字化转型的时代，信息技术和各行各业需要深度融合，这对人才培养体系提出了许多新要求。数字时代需要的不仅仅是信息技术类人才，更需要能将设计思维、业务场景、经营方法和信息技术等能力有机结合的复合型创新人才；需要的不仅是研究型、工程型人才，更需要能够将技术应用到各行业领域的应用型、技能型人才。因此，我们需要构建适应数字经济发展需求的人才培养体系，其中职业教育体系是不可或缺的构成成分，更是时代刚需。

党中央高度重视职业教育创新发展，党的二十大报告指出，“统筹职业教育、高等教育、继续教育协同创新，推进职普融通、产教融合、科教融汇，优化职业教育类型定位”，为我国职业教育事业的发展指明了方向。我理解，要把党中央擘画的职业教育规划落到实处，建设产教深度融合的新形态实践型教材体系亟需先行。

我很高兴看到“大数据技术和人工智能技能型人才培养产教融合系列教材”第一批成果的出版。该系列教材在中国软件行业协会智能应用服务分会和全国人工智能职业教育集团的指导下，由湖南省人工智能职业教育教学指导委员会和湖南省人工智能学会高职 AI 教育专委会，联合国内 30 多所高校的骨干教师、十多家企业的资深行业和技术专家，按照“共建、共享、共赢”的原则，进行教材调研、产教综合、总体设计、联合编撰、专业审核、分批出版。我以为，这种教材编写的组织模式本身就是一种宝贵的创新和实践：一是可以系统化地设计系列教材体系框架，解决好课程之间的衔接问题；二是通过实行“行、校、企”多元合作开发机制，走出了产教深度融合创新的新路；三是有利于重构新形态课程教学模式与实践教学资源，促进职业教育本身的数字化转型。

目前，国内外大数据和人工智能方向的教材品类繁多，但是鲜有面向职业教育的体系化与实战化兼顾的教材系列。该系列教材采用“岗位需求导向、项目案例驱动、教学做用结合”的课程开发思路，将“真环境、真项目、真实战、真应用”与职业能力递进教学规律有机结合，以产业界主流编程语言和大数据及人工智能软件平台为实践载体，提供了类型丰富、产教融合、理实一体的配套教学资源。这套教材的出版十分及时，有助于加速推动我国职业院校大数据和人工智能专业建设，深化校、企、出版社、行业机构的可持续合作，为我国信息技术领域高素质技能型人才培养做出新贡献！

谨以此代序。

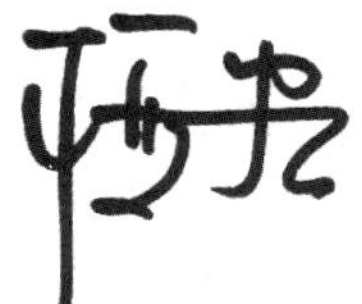

梅宏（中国科学院院士）

癸卯年仲夏于北京

前　言

近年来，Python 快速发展成为最热门的程序设计语言之一，被各大互联网公司广泛使用，涉及 Web 开发、数据分析、人工智能等领域。为此，我们精心策划和编写了这本面向实践、注重应用的教材，面向计算机相关专业特别是大数据技术、人工智能技术应用等专业的高校学生，也适合作为培养计算思维的入门教材。

本书根据职业岗位要求，以项目开发过程为主线，以行动为导向进行教学内容设计，通过“岗课赛证”融通，对接职业岗位标准，将 1+X 证书《Python 程序开发职业技能等级标准（初级）》与人才培养方案的课程体系标准相对接、证书知识点与课程内容相融合、学生职业技能大赛考核与专业课程考核评价相同步，对课程进行三进重构，形成了“Python 认知能力”“程序计算分析能力”“应用开发能力”三个阶段的教学内容。

本书知识由浅入深、技能由易到难，精心设计了 9 章 26 个典型工作任务，包括：第 1 章认识 Python 程序，第 2 章数据类型和运算，第 3 章程序流程控制，第 4 章组合数据类型，第 5 章函数和模块，第 6 章文件操作和管理，第 7 章面向对象编程，第 8 章异常处理，第 9 章数据解析和可视化。

本书遵循“体现三教改革、开放共建共享、优质课程资源、课证联系纽带”的指导思想，特色鲜明。

一是基于企业真实工作岗位，结合学生认知规律，解构工作过程，重构教学内容，确保知识由浅入深，技能由易到难，形成教学过程对接工作过程的“教、学、做、用、评”有机融合的教材总体框架和知识技能逻辑结构；兼顾相关技术标准、技术规范、职业素养、课程思政等元素，确保教学内容的科学性和企业文化等价值传承，达成学生技能逐步提升、职业素养不断提高、工匠精神逐步养成的教学目标。

二是采用建构主义理论的“项目导向、任务驱动”教学方法，基于以学生为中心的理念，以学生为主体、教师为主导，通过“教学做合一”的理实一体教学过程，提高教学的有效性和学习的效率，从而促进学生知识技能的内化和能力成长。

三是搭建网络教学平台，着力建设“载体新、内容新、体系新、形式新、使用模式新”和“教材内容与数字资源建设一体化、教材编写与课程开发一体化、教学与学习过程一体化、线上线下时空一体化”的新形态教材。

本书为任课教师提供丰富的配套教学资源（包含微课视频、电子课件、电子教案、配套实训、试卷库等）。在线课程采用学银在线慕课和头歌实践教学平台双平台模式，其中学银在线慕课平台提供微课视频、电子课件、电子教案、试卷库等资源，头歌实践教学平台提供微课视频、配套实训等资源。需要者可以联系我们，分别加入双平台的教师团队，实现资源共享。

本书由长沙商贸旅游职业技术学院、许昌职业技术学院、湖南工程职业技术学院、湖南信息职业技术学院、长沙电力职业技术学院、湖南化工职业技术学院等六所高职院校组织教学团队，联合湖南智擎科技有限公司提供真实案例，校企合作，共同开发。

本书由周化祥、王永乐、范瑛等编写。其中，周化祥编写了第 1 章，刘静编写了第 2 章，王永乐编写了第 3 章，张为编写了第 4 章，黄海芳编写了第 5 章，李新华、范瑛编写了第 6 章，尹刚、刘娟编写了第 7 章，胡亮编写了第 8 章，周倩、彭玲编写了第 9 章。全书由湖南大众传媒职业技术学院吴振锋担任主审，由长沙商贸旅游职业技术学院周化祥进行统稿。本书在编写过程中得到许多企业工程师和职业院校的大力支持，特别是得到了吴振锋教授在教材设计、内容选取、知识编排等方面的指导，湖南智擎科技有限公司为本书提供企业真实案例，在此一并表示感谢。

由于编者水平所限，书中难免存在不当和疏漏之处，敬请读者批评指正，联系方式为 491928042@qq.com。

作　者

2023 年 5 月

目　录

第 1 章　认识 Python 程序 …… 1

任务 1.1　选择 Python 程序设计语言 …… 2

1.1.1　算法 …… 2

1.1.2　程序 …… 4

1.1.3　程序设计语言 …… 4

1.1.4　程序设计方法 …… 6

1.1.5　计算思维 …… 6

1.1.6　Python 程序设计语言 …… 7

1.1.7　与其他程序设计语言比较 …… 9

任务 1.2　搭建开发环境 …… 10

1.2.1　Python 解释器 …… 11

1.2.2　Python 开发工具 …… 11

1.2.3　安装 Python 解释器 …… 12

1.2.4　安装 Python 开发工具 …… 13

任务 1.3　测试开发环境 …… 16

1.3.1　程序开发流程 …… 17

1.3.2　程序开发示例 …… 18

本章小结 …… 21

思考探索 …… 22

实训项目 …… 24

拓展项目 …… 25

第 2 章　数据类型和运算 …… 26

任务 2.1　语句和语法格式 …… 27

2.1.1　语句书写格式 …… 27

2.1.2　标识符和关键字 …… 30

2.1.3　输入和输出编程 …… 31

2.1.4 简单对话程序编程 …… 33

任务 2.2 变量和数据类型 …… 35

2.2.1 变量和赋值语句 …… 36

2.2.2 数据类型 …… 37

2.2.3 数据类型转换编程 …… 38

任务 2.3 运算表达式的使用 …… 41

2.3.1 运算符 …… 42

2.3.2 运算符的优先级 …… 44

2.3.3 存款余额计算编程 …… 45

2.3.4 银行利息计算编程 …… 47

本章小结 …… 48

思考探索 …… 49

实训项目 …… 51

拓展项目 …… 52

第 3 章 程序流程控制 …… 53

任务 3.1 条件选择语句编程 …… 54

3.1.1 单分支 if 语句 …… 55

3.1.2 双分支 if-else 语句 …… 55

3.1.3 多分支 if-elif-else 语句 …… 56

3.1.4 if 嵌套语句 …… 57

3.1.5 客户登录判断编程 …… 59

任务 3.2 循环语句编程 …… 62

3.2.1 while 语句 …… 63

3.2.2 for 语句 …… 63

3.2.3 限制误操作次数编程 …… 64

任务 3.3 分支和循环嵌套 …… 67

3.3.1 循环嵌套 …… 68

3.3.2 分支和循环嵌套编程 …… 69

3.3.3 程序中断语句 …… 69

3.3.4 continue 语句 …… 70

3.3.5 菜单功能选项编程 …… 70

本章小结 …… 74

思考探索 …… 75
实训项目 …… 78
拓展项目 …… 79

第 4 章 组合数据类型 …… 80

任务 4.1 字符串应用编程 …… 81
4.1.1 认识组合数据类型 …… 81
4.1.2 字符串介绍 …… 82
4.1.3 字符串编程处理 …… 86
任务 4.2 列表和元组应用编程 …… 88
4.2.1 列表 …… 89
4.2.2 元组 …… 95
4.2.3 异常转账记录处理编程 …… 96
任务 4.3 集合和字典应用编程 …… 98
4.3.1 集合 …… 98
4.3.2 字典 …… 100
4.3.3 ATM 机登录与处理编程 …… 103
本章小结 …… 107
思考探索 …… 107
实训项目 …… 110
拓展项目 …… 111

第 5 章 函数和模块 …… 112

任务 5.1 函数的定义和调用 …… 113
5.1.1 函数的定义 …… 113
5.1.2 函数的调用 …… 114
5.1.3 参数的传递 …… 119
5.1.4 用户取款函数编程 …… 120
任务 5.2 常用内置函数的使用 …… 122
5.2.1 内置函数分类 …… 122
5.2.2 典型函数应用 …… 123
5.2.3 货币兑换函数编程 …… 125
任务 5.3 模块的定义和调用 …… 126

5.3.1 模块的定义 ······127
5.3.2 模块的导入 ······128
5.3.3 Ebank 模块编程 ······129
任务 5.4 包（或库）的使用 ······130
5.4.1 包和库 ······130
5.4.2 第三方库 ······133
5.4.3 bankpage 包编程 ······133
本章小结 ······136
思考探索 ······137
实训项目 ······140
拓展项目 ······141
第 6 章 文件操作和管理 ······142
任务 6.1 文件读写访问编程 ······143
6.1.1 文件的打开和关闭操作 ······143
6.1.2 文件的指针操作 ······145
6.1.3 用户数据的存取编程 ······147
任务 6.2 文件管理操作编程 ······151
6.2.1 文件和目录管理 ······152
6.2.2 文件和路径管理 ······153
6.2.3 文件高级管理 ······154
6.2.4 系统数据备份 ······154
本章小结 ······157
思考探索 ······158
实训项目 ······160
拓展项目 ······161
第 7 章 面向对象编程 ······162
任务 7.1 面向过程程序设计 ······163
7.1.1 面向过程编程概述 ······163
7.1.2 面向过程编程实践 ······164
任务 7.2 面向对象程序设计 ······167
7.2.1 面向对象编程概述 ······168

7.2.2 类的定义 …………169

7.2.3 对象的创建和使用 …………169

7.2.4 类的成员 …………170

7.2.5 特殊方法 …………175

7.2.6 面向对象编程实践 …………177

任务 7.3 面向对象的三大特性 …………180

7.3.1 封装实现 …………181

7.3.2 继承实现 …………182

7.3.3 多态实现 …………183

7.3.4 面向对象的三大特征编程实践 …………183

本章小结 …………186

思考探索 …………186

实训项目 …………189

拓展项目 …………190

第 8 章 异常处理 …………191

任务 8.1 认识错误和异常 …………192

8.1.1 认识异常 …………192

8.1.2 异常的类型 …………193

8.1.3 取款时输入非整型数据异常举例 …………195

任务 8.2 程序异常的处理 …………196

8.2.1 异常的捕获 …………197

8.2.2 异常的抛出 …………202

8.2.3 异常的传递 …………203

8.2.4 自定义异常 …………204

8.2.5 取款金额超过账户余额异常处理编程 …………205

本章小结 …………208

思考探索 …………208

实训项目 …………211

拓展项目 …………212

第 9 章 数据解析和可视化 …………213

任务 9.1 数据解析 …………214

9.1.1 解析网页数据······214
9.1.2 解析图书数据······217
任务 9.2 数据存储······219
9.2.1 Python 操作数据库······220
9.2.2 存储读书数据······221
任务 9.3 数据可视化······223
9.3.1 柱形图······224
9.3.2 折线图······225
9.3.3 饼图······226
9.3.4 图书数据可视化······227
本章小结······231
思考探索······231
参考文献······232

第 1 章

认识 Python 程序

我们在开发计算机应用程序的时候，需要根据应用程序的设计需求选择合适的程序设计语言、开发环境、开发工具等。Python 语言是一门高级程序设计语言，具有简洁优美的语法、易学易用的开发环境、强大的功能和支持开源代码、适合多种操作系统中运行等特点，近年来成为程序员首选的程序设计语言和开发工具之一。

本章主要从 Python 应用程序开发者的视角，通过银行柜员机系统应用程序开发项目实例，围绕项目需求选择程序设计语言、搭建开发环境、测试开发环境三个任务的分析讨论与实践，希望带领读者正确理解程序设计语言的相关知识，了解程序开发工具选择和搭建环境的步骤和方法，为进一步学习理解 Python 语言、掌握 Python 编程能力打好基础。

第1章 认识Python程序

- **任务1.1 选择Python语言**
  - 算法的概念、评定标准与表示方法
  - 流程图的绘图方法
  - 程序的概念、程序设计方法
  - 程序与算法的区别
  - 程序设计语言的概念、构成、分类以及执行的方式
  - 计算思维的概念以及思维方式
  - Python程序设计语言的发展、特点
  - 选择程序设计语言的一般方法
- **任务1.2 搭建开发环境**
  - 什么是解释器
  - 什么是集成开发环境
  - 安装Python解释器的方法和步骤
  - 搭建集成开发环境的方法和步骤
- **任务1.3 测试开发环境**
  - 程序开发的流程
  - 程序编写的基本方法
  - 使用PyCharm集成开发环境创建项目、编写程序

岗位能力：

- ✧ 问题、流程、算法、程序逻辑思维能力
- ✧ 程序设计语言特点比较分析与选择能力
- ✧ 应用程序开发环境搭建与配置部署能力
- ✧ 用 IPO 方法编写、编辑源程序代码能力
- ✧ 集成开发环境下程序的运行与调试能力

技能证书标准：

- ✧ 初步具备问题求解的程序思维
- ✧ 能根据用户需求选择开发语言
- ✧ 能正确安装部署程序开发环境
- ✧ 能正确规范编辑源程序代码

学生技能竞赛标准：

- ✧ 能快速安装程序开发环境
- ✧ 能熟练安装开发工具（包）
- ✧ 能熟练检测优化开发环境

思政素养：

- ✧ 认识理解计算思维，树立工匠意识
- ✧ 了解软件开发方法，培养分析问题、解决问题的能力
- ✧ 关注产业发展，坚定科技兴国，厚植中国道路自信，培养爱国情怀。

任务 1.1　选择 Python 程序设计语言

【任务描述】

eBANK 银行是一家全球性的金融机构，需要在全球不同的国家（或地区）建立数千个银行柜员机系统以方便客户存储货币。为便于部署，该银行技术主管办公室首席技术官（CTO）安排开发小组先开发一个简单的银行柜员机程序，以便验证项目的可行性。CTO 是一位资深的程序员，他要求项目开发小组先充分比较国内外主流程序开发语言，如 C、Java、Python 等语言的功能、特点、工具性、易用性、可维护性，以此为基础推荐适合的程序设计语言作为本项目的开发语言，满足本项目开发和后续维护及升级的需要。本节对程序、算法、流程图、开发工具、计算思维、程序执行方式等知识进行梳理，对 Python 程序设计语言的功能、特点进行分析，根据开发项目业务特点、技术要求和后期运行维护要求等方面的综合考量，对比其他编程语言，给出选择 Python 满足项目需要的理由。

【任务要领】

❖ 算法的概念、评定标准与表示方法
❖ 程序的概念、程序设计方法及程序与算法的区别
❖ 程序设计语言的概念、构成、分类及执行的方式
❖ 计算思维的概念及思维方式
❖ Python 程序设计语言的发展、特点
❖ 确定项目所需的程序设计语言的一般方法

1.1.1　算法

1. 人工管理阶段

计算机出现之前，人类已经积累了许多解决问题的经验，解决问题时并不一定使用计算机，如果使用计算机，只不过在解决问题的时间、空间和精度等方面提供更大的方便而已。

例如，给定两个正整数 p 和 q，如何求出 p 和 q 的最大公约数 g？对于这样一个问题，数学家欧几里得给出了一个解决方案，如例 1-1 所示。

【例 1-1】 求解最大公约数的欧几里得算法。

步骤 1：给定两个正整数 p 和 q。

步骤 2：若 $p<q$，则交换 p 和 q。

步骤 3：令 r 是 p/q 的余数。

步骤 4：若 $r=0$，则令 $g=q$，并终止；否则，令 $p=q$，$q=r$，并转向步骤 2。

按照上述步骤，我们可以计算出任意两个正整数的最大公约数。这种用来解决问题的方法和有限个步骤被称为算法。注意：必须满足了方法和步骤的特性才能被称为算法。这些特性是：

① 有穷性：在执行有限的步骤后，算法必须能够终止。

② 确定性：算法的每个步骤都具有确定的含义，不会出现二义性。

③ 输入性：在算法中可以有零个或者多个输入。

④ 输出性：在算法中至少有一个输出。

⑤ 可行性：算法中执行的任何计算步骤都可以被分解为基本的可执行的操作步骤，即每个计算步骤都可以在有限时间内完成。

也就是说，不满足这 5 个特性的是不能被称为算法的。数学公式显然不是，只有把数学公式转换成满足这 5 个特性的步骤（指令）后，才能被称为算法。

2. 算法评定标准

① 正确性：算法应当能够正确地求解问题。

② 可读性：算法应当具有良好的可读性，有助于人们理解。

③ 健壮性：当输入非法数据时，算法也能适当地做出反应或进行处理，而不会产生莫名其妙的输出结果。

④ 效率与低存储量需求：效率是指算法执行的时间，存储量需求是指算法执行过程中所需要的最大存储空间，两者都与问题的规模有关。

3. 算法表示方法

编写算法的目的是使用程序设计语言编写程序，让计算机能够根据程序来代替人的工作，达到高效、精确目的。我们在表述一个算法时可以使用自然语言，如例 1-1 中关于求解最大公约数的欧几里得算法的表示，还可以使用流程图、伪代码、程序语言等方式来表示算法。在学习程序设计语言的初期，我们常常借助流程图设计算法和程序编写思路，清晰地考察算法是否符合要求，并快速地编写程序。

4. 流程图

以特定的图形符号说明表示算法的图被称为流程图或框图。流程图是流经一个系统的信息流、观点流或部件流的图形代表。在企业中，流程图主要用来说明某过程。这种过程既可以是生产线上的工艺流程，也可以是完成一项任务必需的工作过程。这种借用工具快速完成工作的思维方式是一种工具思维，就像我们拧螺丝需要扳手或螺丝刀作为工具一样，会大大提高工作的效率。

流程图有时也称为输入－输出图，直观地描述一个工作过程的具体步骤。流程图对准确了解事情是如何进行的，以及决定应如何改进过程极有帮助。这个方法可以用于整个企业，以便直观地跟踪和图解企业的运作方式，当然用于表示算法也是非常直观和便捷的。

为便于识别，绘制流程图的习惯做法是：圆角矩形表示“开始”和“结束”，矩形表示行动方案、普通工作环节等，菱形表示问题判断或判定（审核/审批/评审）环节，平行四边形表示输入、输出，箭头代表工作流方向。

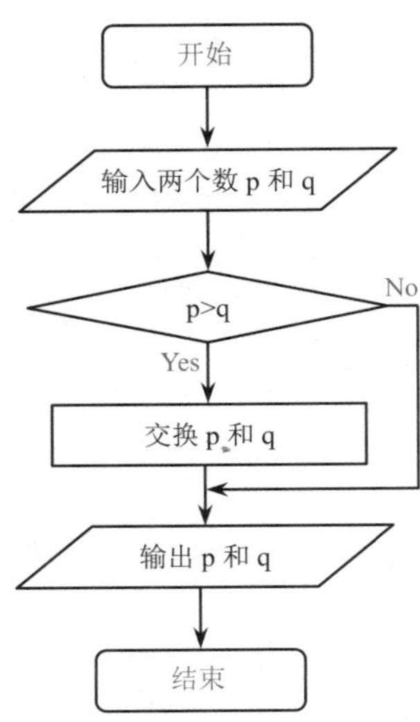

图 1-1　例 1-2 算法流程图

【例 1-2】 用流程图表示“任意输入两个正整数，按照从小到大的顺序输出”的算法。

其算法流程图如图 1-1 所示。

1.1.2　程序

程序是为了实现一个特定的目标而设计的一组可操作的工作步骤。对于计算机而言，程序就是系统可以识别的一组有序的指令。程序能指挥计算机执行我们想要它做的动作，存储在存储介质上，在执行时先从存储介质送到内存，再送到寄存器，最后被 CPU 执行。

对于程序和算法的概念，需要注意以下几点：

① 算法是指解决问题的一种方法或一个过程，可以用多种方式来表示；而程序是算法用某种程序设计语言的具体实现，能够让计算机来完成算法需要解决的问题。

② 程序包含一个或者若干算法；算法就是程序的灵魂，是一个需要实现特定功能的程序；实现程序的算法可以有很多种，所以算法的优劣决定着程序的好坏。

③ 程序可以不满足算法的性质。例如，操作系统是一个在无限循环中执行的程序，因而不是一个算法。操作系统的各种任务可看成单独的问题，每个问题由操作系统中的一个子程序通过特定的算法来实现，该子程序得到输出结果后便终止。

1.1.3　程序设计语言

1. 程序设计语言

通常，计算机不能直接识别人类的语言，人类为保证计算机可以准确地执行指定的命令，需要使用计算机语言向计算机发送指令。计算机语言就是用来定义计算机执行流程的形式化语言，其本质是根据事先定义的规则编写的预定义语句的集合。站在开发者的角度，我们称之为程序设计语言。

2. 程序设计语言的分类

程序设计语言分为三类，分别是机器语言、汇编语言和高级语言。

1）机器语言

机器语言是由 0、1 组成的二进制代码表示的指令，可以被 CPU 直接识别，具有灵活、高效等特点。由于各公司生产的不同系列、不同型号的计算机使用的机器指令集是不同的，编写的程序只能在同一款计算机中使用，不直观、易出错，错误又难以定位。机器语言是第一代编程语言，如今已罕有人学习和使用。

2）汇编语言

汇编语言用带符号或助记符的指令和地址代替二进制代码，因此也被称为符号语言。与机器语言相比，汇编语言的可读性有所提高，但汇编语言是一种面向机器的低级语言，是一

种为特定计算机或同系列计算机专门设计的语言，可移植性仍然很差，对编程人员的要求仍然较高。但正因为与机器的相关性，汇编语言可以较好地发挥机器的特性。汇编语言是第二代编程语言，在某些行业和领域中，汇编语言是必不可少的语言。

3）高级语言

由于第一代和第二代程序设计语言与硬件相关性较高，且符号与助记符量大又难以记忆，编程人员在开发程序前需要花费相当多精力去了解、熟悉设备的硬件。而高级语言与设备硬件结构无关，更接近自然语言，对数据的运算和程序结构表述得更加清晰、直观，人们阅读、理解和学习编程语言的难度也大大降低。

高级语言并非一种语言，而是诸多编程语言的统称。常见的高级语言有 Python、C、C++、Java、JavaScript、PHP、BASIC、C#等。高级语言的可移植性较好，程序开发人员在某系列设备中使用高级语言编写的程序，可以方便地移植到其他不同系列的设备中使用。

3. 程序设计语言的执行方式

高级语言被广泛应用于众多领域，但编写的程序无法被计算机识别与执行，在执行前需要先被翻译成机器语言代码。根据不同的翻译方式，执行分为编译执行和解释执行两种。

1）编译执行

编译执行是指通过编译程序（也称为编译器）将源代码（source code）一次性编译成目标代码（object code），再由计算机运行目标代码的过程，其中源代码指由高级语言编写的代码，如图 1-2 所示。

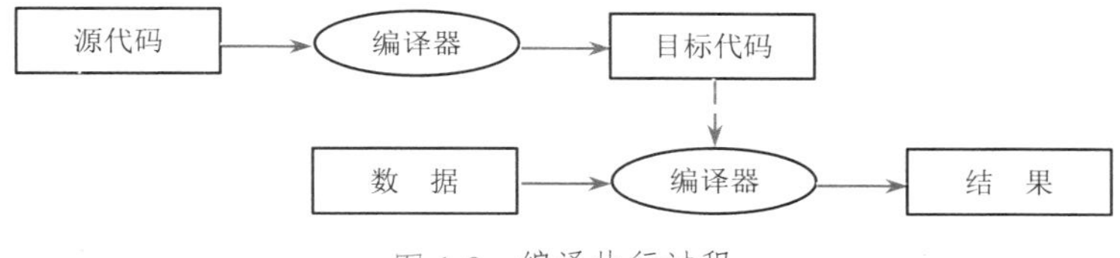

图 1-2　编译执行过程

编译执行方式的特点是：一次解释，多次执行。源程序经编译后不再需要编译器和源代码，目标程序可以在同类型操作系统中自由使用。编译过程只执行一次。相比编译速度，更重要的是编译后生成的目标代码的执行效率。因此，编译器一般会集成尽可能多的优化技术，以提高目标代码的性能。

2）解释执行

解释执行（interpreter）与编译执行主要的区别是，解释执行不产生目标代码，且解释器在翻译源代码的同时执行中间代码，如图 1-3 所示。

解释器在读入源程序时会先调用语言分析程序进行词法分析和部分语法检查，建立助记符表，将源程序字符串转换为中间代码，再调用解释执行程序进行语法检查，逐条解释执行中间代码。简而言之，解释器逐条读取源程序中的语句并翻译，同时逐条执行翻译好的代码。

图 1-3　解释执行过程

解释执行的特点是：边解释、边执行。与编译执行相比，解释执行主要具有两个优点：一是保留源代码，程序维护和纠错比较方便；二是可移植性好，只要存在解释器，源代码可以在任意系统上运行。

根据不同的翻译执行方式，高级语言被分为静态语言和脚本语言两类。静态语言采用编译执行方式，常见的静态语言有 C、Java 等；脚本语言采用解释执行方式，常见的脚本语言有 JavaScript、PHP、Python 等。

1.1.4 程序设计方法

在程序设计过程中，我们必须运用正确的思维方式，按照一些明确的步骤去编写程序，或者利用前人研究、总结、归纳出来的经过论证的一些思维方式和合理的步骤，才能编写出比较规范的、高效的程序，这就是程序设计方法。常见的程序设计方法有结构化程序设计、面向对象程序设计。

1. 结构化程序设计

结构化程序设计方法的要点：一是自顶向下、逐步求解、逐层细化；二是程序采用单入口/单出口控制和分解问题；三是程序内部采用三种基本控制结构来构造程序。结构化程序设计又称为面向过程的程序设计。在面向过程的程序设计中，问题被看作一系列需要完成的任务，每个任务完成一个确定的功能，并具有唯一入口和唯一出口，程序不会出现死循环。

2. 面向对象程序设计

面向对象程序设计是将一切事物看成实体，包括对象、类、数据抽象、继承、消息传递等，以类作为构造程序的基本单位，从实体（类的具体化）的属性来区别不同对象，以实体的行为来处理问题的方法。

面向对象程序设计方法以对象为基础，利用特定的软件工具直接完成从对象客体的描述到软件结构之间的转换。

选择一种程序设计语言作为项目开发工具，首先需要认识和了解该程序设计语言的来龙去脉、功能特点、应用领域和运行环境要求，再与同类程序开发工具进行比较分析后才能确定。eBANK 系统项目已经推荐选用 Python 作为开发语言，所以我们需要掌握 Python 程序设计的方法，验证其是否适合本项目的开发。

1.1.5 计算思维

2006 年 3 月，美国卡内基梅隆大学的周以真（Jeannette M. Wing）教授在美国计算机权威期刊《Communications of the ACM》杂志上提出并定义了计算思维（Computational Thinking）。周以真教授认为，计算思维是运用计算机科学的基础概念进行问题求解、系统设计以及人类行为理解等涵盖计算机科学之广度的一系列思维活动。

计算思维吸取了问题解决采用的一般数学思维方法，现实世界中巨大复杂系统的设计与评估的一般工程思维方法，以及复杂性、智能、心理、人类行为的理解等的一般科学思维方法。计算思维建立在计算过程的能力和限制之上，由人由机器执行。计算方法和模型使我们敢于去处理那些原本无法由个人独立完成的问题求解和系统设计。计算思维中的抽象完全超越物理的时空观并完全用符号来表示，其中数字抽象只是一类特例。与数学和物理科学相比，计算思维中的抽象显得更为丰富和复杂。数学抽象的最大特点是抛开现实事物的物理、化学和生物学等特性，而仅保留其量的关系和空间的形式，而计算思维中的抽象却不仅仅如此。

在本课程中，eBANK 柜员机系统设计项目就是一个充分运用计算思维的活动。首先，运用软件工程思维方法，根据项目提出需求分析，进行概要设计和详细设计，编写代码、测试代码并交付客户的过程；其次，运用数学思维方法，将现实中的钞票抽象为数量，方便运算，第三，对于工作中遇到的问题，如果直接解决有困难，就可以找相应的工具提供帮助。这就是工具思维、例如，我们在表达算法的时候可以借助流程图来更清晰、直观表达。总之，计算思维是一种解决现实问题的工程思维方式、数学方式，是计算机学科思维，读者在本课程的学习中将不断体会这种思维方式，将使解决问题变得简单，你会感受到这种思维方式的奇妙，对以后的工作受益无穷。

1.1.6 Python 程序设计语言

Python 是一种脚本语言，Python 程序采用解释方式执行，Python 解释器中保留了编译器的部分功能，程序执行后会生成一个完整的目标代码。因此，Python 语言被称为高级通用脚本编程语言。Python 易学、易用、可读性良好、性能优异、适用领域广泛，即便与其他优秀的高级语言如 C 语言、Java 等相比，Python 的表现仍然可圈可点。本节将对 Python 语言的发展史、特点和应用领域等知识进行讲解。

1. Python 语言的发展史

Python 语言诞生于 20 世纪 90 年代，其创始人为吉多（Guido van Rossum）。吉多曾参与设计一种名为 ABC 的教学语言，他认为，ABC 这种语言非常优美且强大，但 ABC 最终未能成功。1989 年圣诞节期间，身在阿姆斯特丹的吉多为了打发时间，决心开发一个新的脚本解释程序，作为 ABC 语言的继承。由于非常喜欢一部名为《蒙提·派森的飞行马戏团》（Monty Python's Flying Circus）的英国肥皂剧，吉多选择了“Python”作为这个新语言的名字，Python 语言就此诞生。

1991 年，Python 的第一个版本公开发行，使用 C 语言实现，能调用 C 语言的库文件。Python 的语法很多来自 C 语言，但受到 ABC 语言的强烈影响。自诞生开始，Python 已经具有类（class）、函数（function）、异常处理（exception）和包括列表（list）和字典（dict）在内的核心数据类型，以及以模块为基础的拓展系统。

Python 足够开放又容易拓展，所以 Python 的许多客户加入了拓展或改造 Python 的行列，并通过网络将改动发给吉多。吉多可以决定是否将收到的改动加入 Python 语言或标准库。在这个过程中，Python 语言吸收了来自不同领域的开发者引入的诸多优点，Python 社区不断扩大，进而拥有了自己的 newsgroup、网站（python.org）和基金。

2008 年 12 月，Python 3.0 版本发布，被作为 Python 语言持续维护的主要系列。Python 3.0 在语法和解释器内部都做了很多重大改进，解释器内部采用完全面向对象的方式实现。Python 3.0 与 2.x 系列不兼容，使用 Python 2.x 系列版本编写的库函数必须经过修改才能被 Python 3.0 系列解释器运行。Python 2.x 到 3.0 的过渡过程显然是艰难的。2012 年以来，Python 3.3 及以上版本逐年发布。

2. Python 语言的特点

Python 语言作为一种比较“新”的编程语言，能在众多编程语言中脱颖而出，且与 C、C++、Java 等“元老级”编程语言并驾齐驱，无疑说明其具有诸多高级语言的优点，亦别具一格，拥有自己的特点。Python 语言的优点主要介绍如下。

① 简洁。在实现相同功能时，Python 代码的行数往往只有 C、C++、Java 语言代码数量的 1/5～1/3。

② 语法优美。Python 语言是高级语言，接近人类语言，只要掌握由英语单词表示的助记符，就能大致读懂 Python 代码；通过强制缩进体现语句间的逻辑关系，任何人编写的 Python 代码都规范且具有统一风格，这增加了 Python 代码的可读性。

③ 简单易学。与其他编程语言相比，Python 是一门简单易学的编程语言，使编程人员更注重解决问题，而非语言本身的语法和结构。

④ 开源。Python 是 FLOSS（自由/开放源码软件）之一，客户可以自由地下载、复制、阅读、修改代码，并能自由发布修改后的代码，相当一部分客户热衷于改进和优化 Python。

⑤ 可移植。Python 作为一种解释型语言，可以在任何安装有 Python 解释器的平台中执行，因此具有良好的可移植性，使用 Python 语言编写的程序可以不加修改地在任何平台中运行。

⑥ 扩展性良好。Python 代码从高层上可引入 PY 文件，包括 Python 标准库文件或程序员自行编写的 PY 文件；在底层，可通过接口和库函数调用由其他高级语言（如 C、C++、Java 语言等）编写的代码。

⑦ 类库丰富。Python 解释器拥有丰富的内置类和函数库，世界各地的程序员通过开源社区贡献了十几万个几乎覆盖各应用领域的第三方函数库，使开发人员能够借助函数库实现某些复杂的功能。

⑧ 通用灵活。Python 是一门通用编程语言，可被用于科学计算、数据处理、游戏开发、人工智能等领域。Python 语言介于脚本语言和系统语言之间，开发人员可根据需要，将 Python 作为脚本语言来编写脚本，或作为系统语言来编写服务。

⑨ 模式多样。Python 解释器内部采用面向对象模式实现，但在语法层面既支持面向对象编程，又支持面向过程编程，可由客户灵活选择。

⑩ 良好的中文支持。Python 3.x 解释器采用 UTF-8 编码表达所有字符信息，不仅支持英文，还支持中文、韩文、法文等语言，使得 Python 程序对字符的处理更加灵活和简洁。

3. Python 的应用领域

Python 具有简单易学、类库丰富、通用灵活、扩展性良好等优点，常被应用在以下领域。

① Web 开发。Python 语言是 Web 开发的主流语言，与 JavaScript、PHP 等广泛使用的语言相比，其类库丰富、使用方便，能够为一个需求提供多种方案；支持最新的 XML 技术，

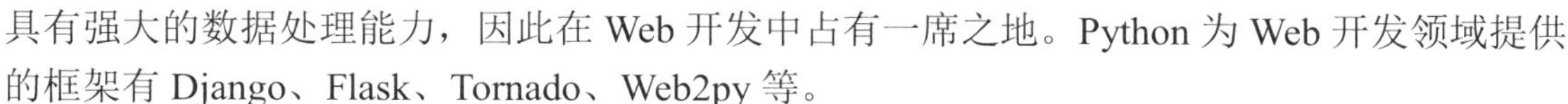

具有强大的数据处理能力，因此在 Web 开发中占有一席之地。Python 为 Web 开发领域提供的框架有 Django、Flask、Tornado、Web2py 等。

② 科学计算。Python 提供了支持多维数组运算与矩阵运算的模块 NumPy、支持高级科学计算的模块 SciPy、支持 2D 绘图功能的模块 MatPlotlib，又具有简单易学的特点，因此被用于编写科学计算程序。

③ 游戏开发。很多游戏开发者先利用 Python 或 Lua 语言编写游戏的逻辑代码，再使用 C++语言编写图形显示等对性能要求较高的模块。Python 标准库提供了 PyGame 模块，利用这个模块可以制作 2D 游戏。

④ 自动化运维。Python 语言是一种脚本语言，Python 标准库提供了一些能够调用系统功能的库，因此常被用于编写脚本程序，以控制系统，实现自动化运维。

⑤ 多媒体应用。Python 语言提供了 PIL、Piddle、ReportLab 等模块，可以处理图像、声音、视频、动画等，并动态生成统计分析图表；PyOpenGL 模块封装了 OpenGL 应用程序编程接口，提供了二维和三维图像的处理功能。

⑥ 爬虫开发。爬虫程序通过自动化程序有针对性地爬取网络数据，提取可用资源。Python 语言拥有良好的网络支持，具备相对完善的数据分析和数据处理库，兼具灵活简洁的特点，因此被广泛用于爬虫领域。

⑦ 数据分析。Python 语言拥有非常丰富的库，在数据分析领域也有广泛的应用，随着 NumPy、SciPy、MatPlotlib 等众多程序库的开发和完善，Python 越来越适合进行科学计算和数据分析。Python 语言不仅支持各种数学运算，还可以绘制高质量的 2D 和 3D 图像。与科学计算领域的 MATLAB、MWORKS 软件相比，Python 语言采用的脚本语言的应用范围更广泛，可以处理更多类型的文件和数据。

⑧ 人工智能。Python 语言在人工智能大范畴领域的机器学习、神经网络、深度学习等方面都是主流的编程语言，得到广泛的支持和应用。最流行的神经网络框架如 Facebook 的 PyTorch 和 Google 的 TensorFlow 都采用 Python 语言。

1.1.7 与其他程序设计语言比较

1. Python 与 C 语言的区别

C 语言是一门面向过程、抽象化的通用程序设计语言，广泛应用于底层开发。C 语言是仅产生少量的机器语言以及不需要任何运行环境支持便能运行的高效率程序设计语言。与 C 语言比较，Python 语言的特点主要体现在以下几方面。

① Python 语言是一种基于解释器的语言，解释器会逐行读取代码并执行；C 语言是一种编译语言，完整的源代码将直接编译为机器代码，由 CPU 直接执行。

② Python 语言使用自动垃圾收集器进行内存管理；在 C 语言中，程序员必须自己进行内存管理。

③ 从应用上，Python 语言是一种通用编程语言，主要支持用于 Web 开发、科学计算、数据分析等；而 C 语言一般用于操作系统、驱动程序等底层开发。

④ 从执行速度上，Python 代码的运行速度较慢；而 C 代码运行很快，C 语言是比较底层的语言，运行效率上要优于 Python 语言。

⑤ Python 程序更易于学习、编写和阅读，而 C 语言的语法比 Python 更难。

2. Python 与 Java 语言的区别

Java 语言是一种可以跨平台的面向对象的程序设计语言，是由 SUN Microsystems 公司于 1995 年 5 月推出的 Java 程序设计语言和 Java 平台（Java SE、Java EE、Java ME）的总称。Java 技术具有卓越的通用性、高效性、平台移植性和安全性，广泛应用于个人计算机、数据中心、游戏控制台、科学超级计算机、移动电话和互联网，同时拥有全球最大的开发者专业社群。在全球云计算和移动互联网的产业环境下，Java 语言具备显著优势和广阔前景。Python 语言与 Java 语言的区别主要体现在以下几方面。

① Python 语言比 Java 语言简单，学习成本低，开发效率高。

② Java 代码运行效率高于 Python，尤其是纯 Python 开发的程序运行效率极低。

③ Java 语言的相关资料多，尤其是中文资料。

④ Java 版本比较稳定，Python 2 与 3 不兼容导致大量类库失效。

⑤ Java 开发偏向于软件工程、团队协同，Python 更适合小型开发。

⑥ Java 开发偏向于商业开发，Python 开发适合数据分析。

3. 明确项目语言

首先，对编程语言初学者而言，Python 语言简洁，代码量相对较小。其次，Python 语言简单易学。Python 语言是一门简单易学的编程语言，使编程人员更注重解决问题，而非语言本身的语法和结构，语法得到了简化，降低了学习难度。第三，语法优美。Python 语言的代码接近人类语言，只要掌握由英语单词表示的助记符，就能大致读懂 Python 代码。而对于专业的程序开发人员而言，Python 语言通用灵活、简洁高效，可移植好，扩展性良好，类库丰富，是一门强大又全能的优秀语言。由 Python 语言与 C 语言、Java 语言的比较也可以发现，C 语言适合底层开发，Java 语言适合大型软件开发，Python 则适合数据分析、小型应用开发，因此 Python 语言是 eBANK 项目最合适的语言之一。

微视频 1-1

任务 1.2　搭建开发环境

【任务描述】

程序员在确定好项目使用的开发语言后，需要为下一步开发做好准备，包括程序开发所

需的计算机设备、程序测试与运行设备等硬件环境，也包括开发所需的程序设计语言、开发工具软件、测试数据等软件环境。

本节对 Python 程序设计语言开发所需的解释器、开发环境进行梳理，有针对性地为程序员搭建应用程序设计、代码编辑、运行调试、部署维护等开发所需的软件环境，为后续程序设计做好准备。

【任务要领】

- 正确理解 Python 程序的解释器和软件集成开发环境
- 掌握 Python 解释器的安装步骤和搭建集成开发环境的要领

技术准备

1.2.1 Python 解释器

Python 是一种面向对象的解释型程序设计语言，Python 程序的执行需要借助 Python 解释器完成。Python 解释器在读入源程序时会先调用语言分析程序进行词法分析和部分语法检查，建立助记符表，将源程序字符串转换为中间代码，再调用解释执行程序进行语法检查，逐条解释执行中间代码。简而言之，解释器逐条读取源程序中的语句并翻译，同时逐条执行翻译好的代码。计算机中安装 Python 解释器并配置好 Python 开发环境后，开发人员可通过不同方式编写和运行程序。

1.2.2 Python 开发工具

集成开发环境（Integrated Development Environment，IDE）是用于提供程序开发环境的应用程序，一般包括代码编辑器、编译器、调试器和图形客户界面工具，是集成了代码编写功能、分析功能、编译功能、调试功能等的一体化开发软件服务。所有具备这个特性的软件或者软件套（组）都可以称为集成开发环境，习惯上称为软件开发工具，如微软公司的 Visual Studio 系列，Borland 公司的 C++ Builder、Delphi 系列等。

Python 解释器捆绑了 Python 的官方开发工具 IDLE（Integrated Development and Learning Environment，集成开发和学习环境）。IDLE 具备 IDE 的基本功能，但开发人员一般会根据自己的需求或喜好选择使用其他开发工具。常用的开发工具有 Sublime Text、Eclipse+PyDev、Vim、Jupyter Notebook、PyCharm 等。

Sublime Text 是一个编辑器，功能丰富，支持多种语言，有自己的包管理器，开发者可通过包管理器安装组件、插件和额外的样式，以提升编码体验。Sublime Text 在开发者群体中非常受欢迎。

Eclipse 是古老且流行的程序开发工具，支持多种编程语言，PyDev 是 Eclipse 中用于开发 Python 程序的 IDE。Eclipse+PyDev 通常被用于创建和开发交互式的 Web 应用。

Vim 是 Linux 系统中自带的高级文本编辑器，也是 Linux 程序员广泛使用的编辑器，具有代码补全、编译和错误跳转等功能，并支持以插件形式进行扩展，可实现更丰富的功能。

Jupyter Notebook，简称 Jupyter，支持实时代码，便于客户创建和共享文档，本质上是一个 Web 应用程序，常被应用于数据分析领域。

PyCharm 具备一般 IDE 的功能，如调试、语法高亮、项目管理、代码跳转、智能提示、单元测试、版本控制等，可以实现程序编写、运行、测试的一体化。

1.2.3　安装 Python 解释器

在 Python 官网可以下载 Python 解释器，Python 解释器针对不同平台分为多个版本。下面演示如何在 Windows 64 位操作系统中安装 Python 解释器。

（1）访问 Python 官网的下载页面，进入 Python 下载页面，如图 1-4 所示。

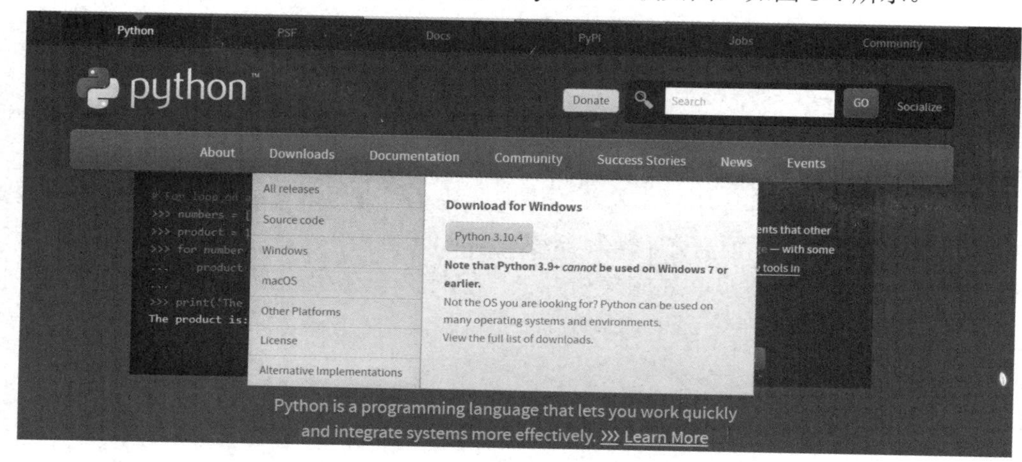

图 1-4　Python 下载页面

（2）单击超链接“Windows”，进入 Windows 版软件下载页面。根据自己的 Windows 操作系统版本选择相应软件包。考虑到主要的 Python 标准库更新只针对 3.x 系列，且正从 2.x 向 3.x 过渡，故本书选用 3.x 系列的版本。

（3）下载完成后，双击安装包启动安装程序，如图 1-5 所示。

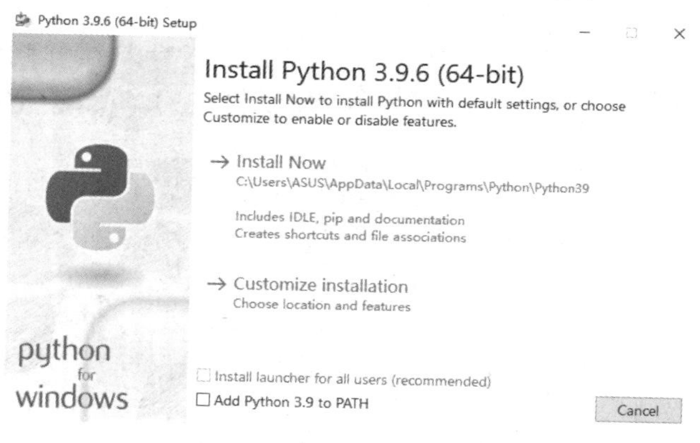

图 1-5　安装程序启动界面

Python 有两种安装方式可供选择，其中“Install Now”表示采用默认安装方式，“Customize installation”表示自定义安装方式。图 1-5 窗口下方有“Add Python 3.9 to PATH”选项，若勾选此选项，则安装完成后 Python 将被自动添加到环境变量中；若不勾选此选项，则在使用 Python 解释器前需手动将 Python 添加到环境变量。

（4）勾选“Add Python 3.9 to PATH”选项，单击“Install Now”后，开始安装 Python。安装成功后，可以在“开始”菜单栏中搜索“python”，找到并单击打开“Python 3.9(64-bit)”项目，如图 1-6 所示。

图 1-6　Python 3.9 解释器

也可以打开控制台窗口，在控制台中执行“python”命令，进入 Python 环境，如图 1-7 所示。

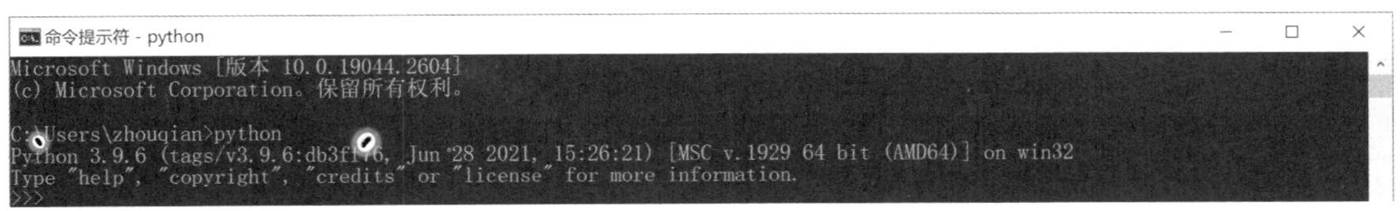

图 1-7　通过控制台窗口进入 Python 环境

通过 quit、exit 命令或按组合键 Ctrl+Z，或者直接关闭控制台窗口或 Python 解释器窗口，可以退出 Python 环境。

1.2.4　安装 Python 开发工具

PyCharm 操作简洁、功能齐全，既适合新手使用，也可满足开发人员的专业开发需求。

1．下载 PyCharm

访问 PyCharm 官网的下载页面，如图 1-8 所示。

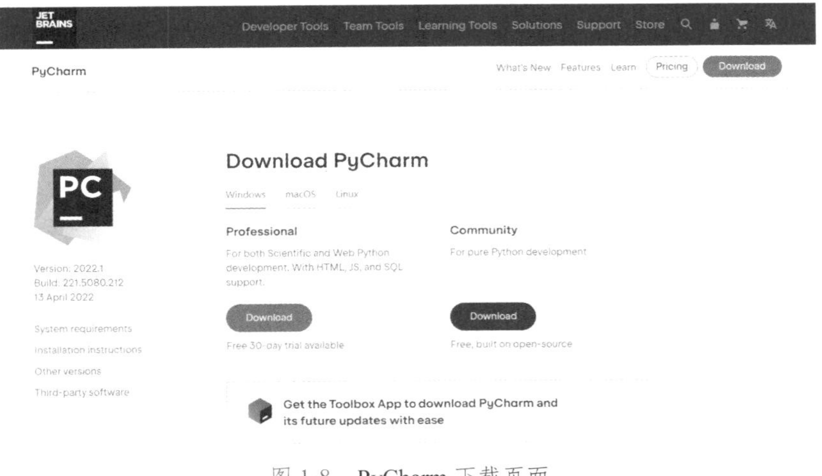

图 1-8　PyCharm 下载页面

“Professional”和“Community”是 PyCharm 的两个版本。

Professional 版本的特点如下：

❖ 提供 Python IDE 的所有功能，支持 Web 开发。
❖ 支持 Django、Flask、Google App 引擎、PyRamid 和 Web2py。
❖ 支持 JavaScript、CoffeeScript、TypeScript、CSS 和 Cython 等。
❖ 支持远程开发、Python 分析器、数据库和 SQL 语句。

Community 版本的特点如下：

❖ 轻量级的 Python IDE，只支持 Python 开发。
❖ 免费、开源，集成 Apache 2 的许可证。
❖ 智能编辑器、调试器，支持重构和错误检查，集成版本控制系统。

2. 安装 PyCharm

这里选择下载 Community 版本。下面以 Windows 操作系统为例演示如何安装 PyCharm。

（1）双击下载好的安装包（pycharm-community-2020.1.1.exe），打开 PyCharm 安装向导，可看到“Welcome to PyCharm Community Edition Setup”界面，如图 1-9 所示。

图 1-9 “Welcome to PyCharm Community Edition Setup”界面

（2）单击“Next”按钮，进入“Choose Install Location”界面，客户可从中设置 PyCharm 的安装路径。此处使用默认路径，如图 1-10 所示。

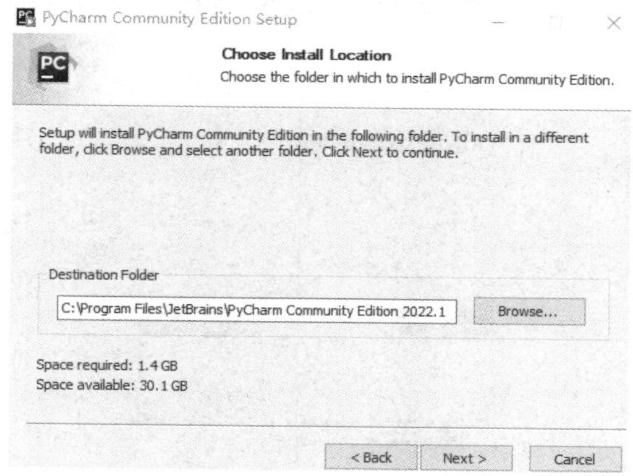

图 1-10 “Choose Install Location”界面

（3）单击“Next”按钮，进入“Installation Options”界面，从中可配置 PyCharm 的选项，如图 1-11 所示。

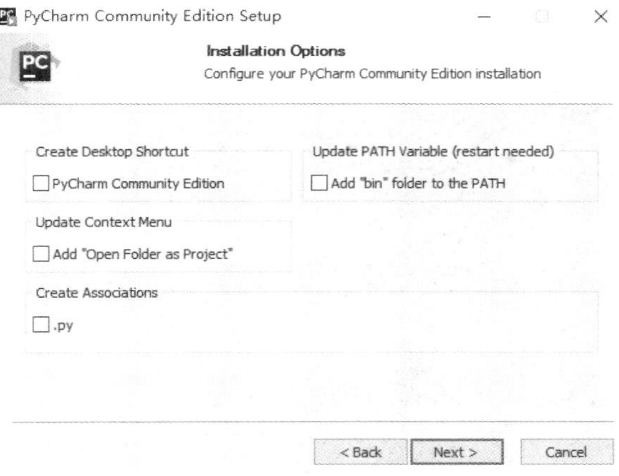

图 1-11 “Installation Options”界面

（4）勾选界面中的所有选项，单击“Next”按钮，进入“Choose Start Menu Folder”界面，如图 1-12 所示。

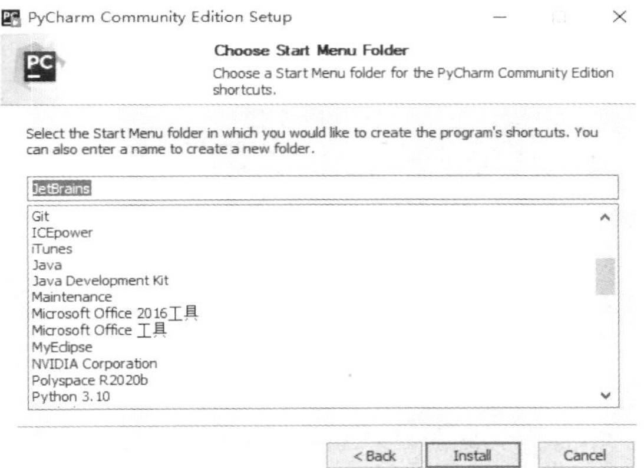

图 1-12 “Choose Start Menu Folder”界面

（5）单击“Install”按钮，安装 PyCharm，出现如图 1-13 所示的界面。

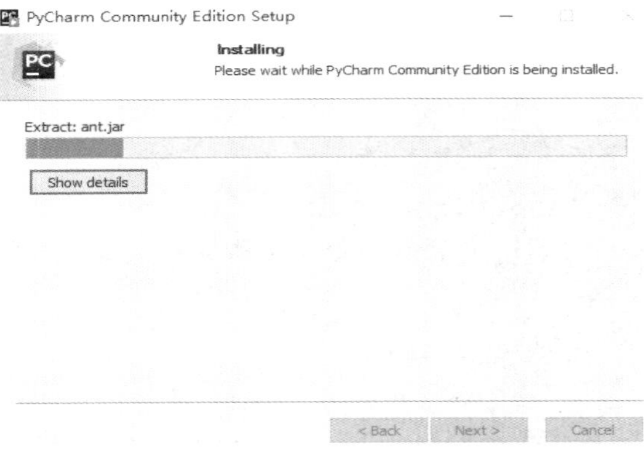

图 1-13 “Installing”界面

（6）等待片刻后，PyCharm 安装完成，界面如图 1-14 所示。单击“Finish”按钮，可结束安装。

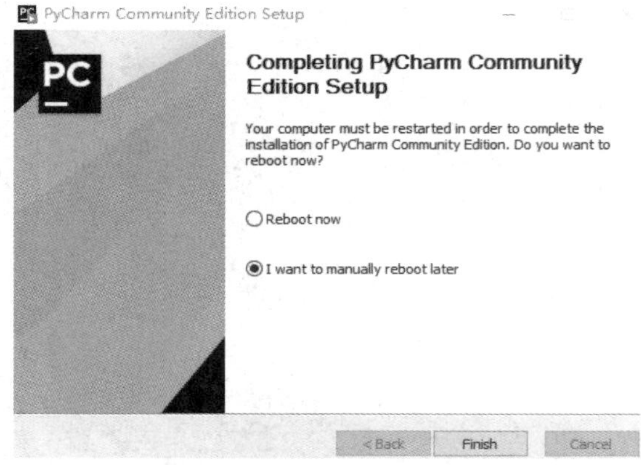

图 1-14 “Completing PyCharm Community Edition Setup”界面

任务 1.3 测试开发环境

【任务描述】

程序员安装好程序设计集成开发环境后，需要编写一些简单的程序，以测试集成开发环境能否正常使用，特别是没有开发经验的程序员更需要了解程序开发的流程、程序开发项目创建和管理、程序代码编辑和运行方法。

【任务要领】

❖ 掌握程序代码编写的基本方法
❖ 掌握使用 PyCharm 集成开发环境创建项目和编写程序的步骤

我们需要使用简单的程序来测试集成开发环境能否正常使用，为此需要了解程序开发的流程、程序设计的方法，以及如何使用 PyCharm 开发工具创建项目和编写程序。

1.3.1 程序开发流程

程序开发是一个复杂的过程，为了保证程序与问题统一，也保证程序能长期稳定使用，人们将程序的开发过程分为以下 6 个阶段。

1. 分析问题

编程的目的是控制计算机解决问题，所以需要充分了解需解决的问题，明确真正的需求，确定程序需要完成的目标及可行性。本教材出现的示例程序比较简单，如“编写一个计算圆面积的程序”，一句话就能清晰确定。但在实际开发中，要与需求方充分沟通，甚至需要撰写专门的报告来清晰界定问题。

2. 划分边界

要站在客户的角度准确描述程序应该要做什么，以及解决这个问题需要的信息（数据以及格式）、解决问题进行的计算和操作及操作流程、应该向客户反馈的信息等。

3. 程序设计

从开发者的角度考虑“怎么做”，即确定程序的结构和流程。对于简单问题，使用 IPO（Input, Process, Output）方法进行描述，再着重设计算法即可。对于复杂程序，应“化整为零，分而治之”，即将整个程序划分为多个“小模块”，每个小模块实现小的功能，将每个小功能当作一个独立的处理过程，为其设计算法，最后“化零为整”，设计可以联系各小功能的流程。IPO 方法是一种针对数据计算和简单问题的适应程序设计的问题描述方法，即输入数据、处理数据和输出数据的运算模式。

① 输入。程序总是与数据有关，在处理数据前需要先获取数据。程序中数据的获取称为数据的输入（Input），根据待处理数据来源的不同，常见的方式有键盘输入、内部变量输入、文件输入、交互界面输入、网络获取等。

② 处理。处理（Process）是程序的核心，蕴含程序的主要逻辑。程序中实现处理功能的方法也被称为“算法（Algorithm）”，算法是程序的灵魂。实现一个功能的算法有很多，但不同的算法性能有高有低，选择优秀的算法是提高程序效率的重要途径之一。

③ 输出。输出（Output）是程序对数据处理结果的展示与反馈，程序的输出方式一般有屏幕显示、系统内部变量输出、文件输出、图形输出、网络输出等。

IPO 不仅是编写程序的基本方法，也是在设计程序时描述问题的方式。

【例 1-3】 以 IPO 的形式写出计算圆面积的算法描述。

（1）输入：获取圆的半径 r。

（2）处理：根据圆面积计算公式 $s=\pi r^2$（π 取 3.14），计算圆的面积 s。

（3）输出：输出求得的面积 s。

其流程图如图 1-15 所示。

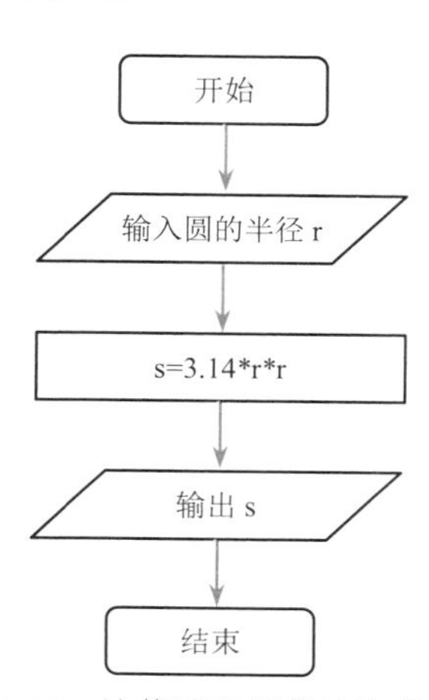

图 1-15 计算圆面积算法流程图

4. 编写程序

在程序有了清晰的设计后，就可以通过编写代码来实现它了。也就是说，将设计构思转变为用程序设计语言描述。一般需要使用文本编辑器或者开发工具来创建一种称为源代码的文件，该文件包含程序设计的具体语言实现形式。

5. 调试程序

运行程序，测试程序的功能，判断功能是否与预期相符，是否存在疏漏。如果程序存在不足，应着手定位和修复（“调试”）程序。在这个过程中应做尽量多的考量和测试。

6. 改进升级

程序总不会完全完成，哪怕它已投入使用。后续需求方可能提出新的需求，此时需要为程序添加新功能，对其进行升级；程序使用时可能产生问题，或发现漏洞，此时需要完善程序，对其进行维护。

综上所述，解决问题的过程不单单是程序编写的过程，问题分析、边界划分、程序设计、程序测试与调试、升级与维护亦是解决问题不可或缺的步骤。对于大型软件的编写，我们将会对这一过程采用软件工程的理论进行细化，在后续的课程将会逐步学习。

1.3.2 程序开发示例

在 PyCharm 集成开发环境中，程序开发需要首先创建一个项目，用于管理这个项目的所有文档和程序，再创建程序。

1. 创建项目（Project）

初次打开 PyCharm 时会弹出“JetBrains Privacy Policy”窗口，从中勾选同意客户协议，然后单击“Continue”按钮，进入数据分享窗口；单击其中的“Don't send”按钮，进入主题选择窗口，从中选择 PyCharm 的主题（如“Light”），单击窗口左下角的“Skip Remaining and Set Defaults”按钮，跳过后续设置；最后进入 PyCharm 的欢迎界面“Welcome to PyCharm”，如图 1-16 所示，其中有 3 个选项。① Create New Project：创建新项目；② Open：打开现有项目；③ Get from Version Control：从版本控制系统（如 Git、Subversion 等）中获取项目。

下面创建一个新项目。单击“Create New Project”选项，进入“New Project”窗口，如图 1-17 所示。

“Location”文本框用于设置项目的路径名，“New environment using”选项用于为项目创建虚拟环境，“Existing interpreter”选项用于配置使用已存在的环境。

在路径“E:\python_study”下创建项目 First_proj，选择“Existing interpreter”选项并配置 Python 解释器，如图 1-18 所示。

单击“Create”按钮，完成项目创建并进入项目管理界面，如图 1-19 所示。

经以上操作后，便在 E:\python_study 路径下创建一个名为 First_proj 的空 Python 项目。

图 1-16 PyCharm 创建项目界面

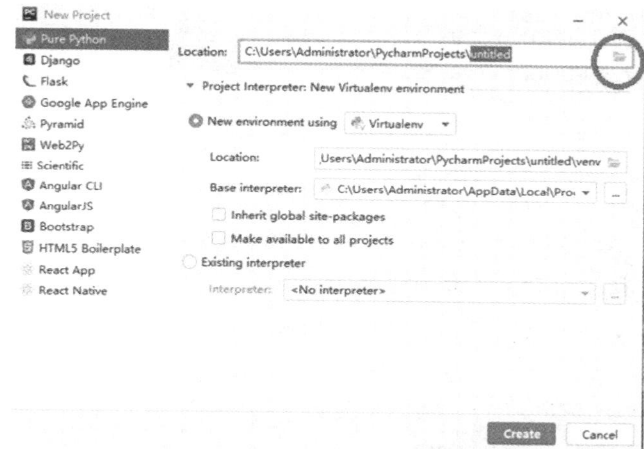

图 1-17 PyCharm 的“New Project”界面

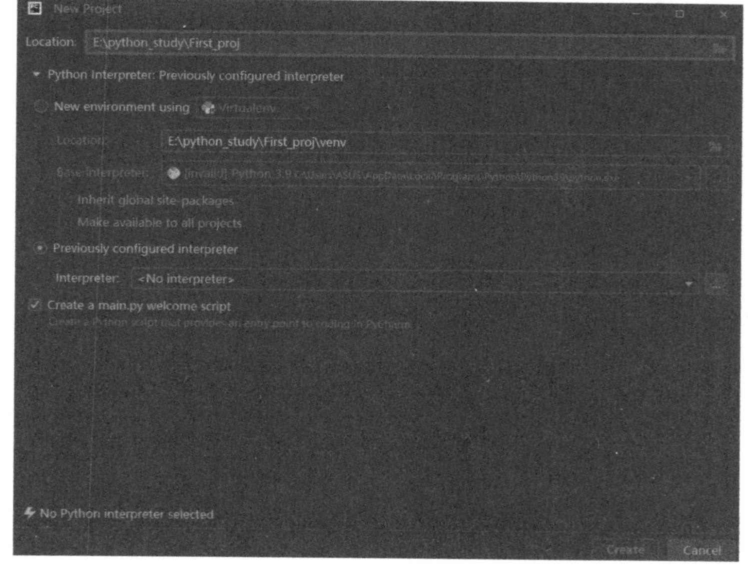

图 1-18 创建项目并配置解释器

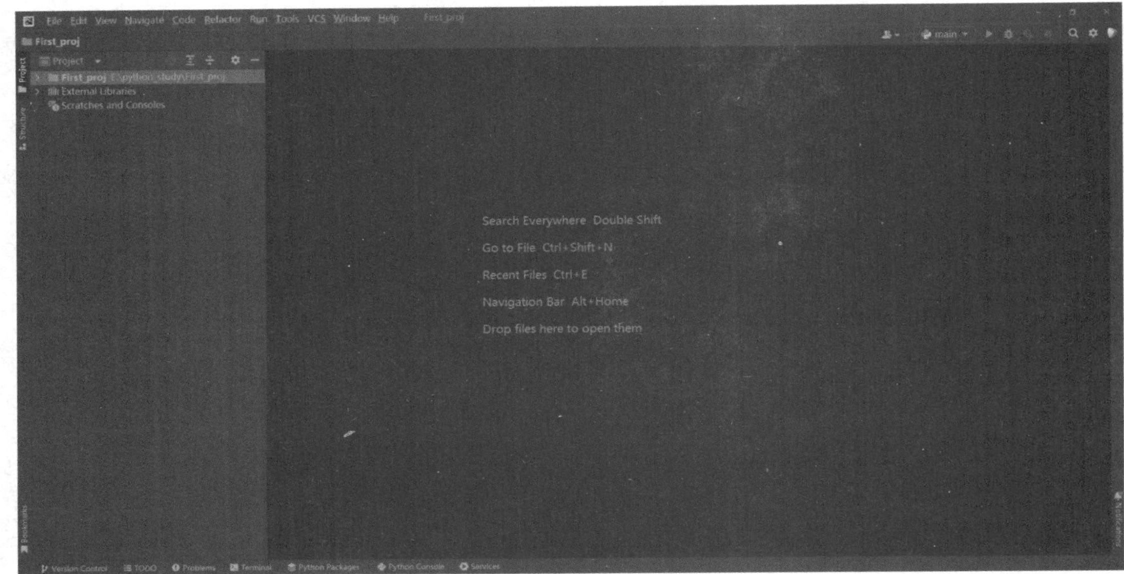

图 1-19　项目管理界面

2. 添加程序

创建好一个项目后，下面来添加第一个程序。

这个程序的要求是：在屏幕上显示一行文字“hello world”。这是一个最简单的程序，没有输入，处理过程就是显示文字，输出就是“hello world”。

（1）在项目中添加 Python 文件。右键单击项目名称，在弹出的快捷菜单中选择“New → Python File”命令（如图 1-20 所示），弹出如图 1-21 所示的“New Python file”标签。

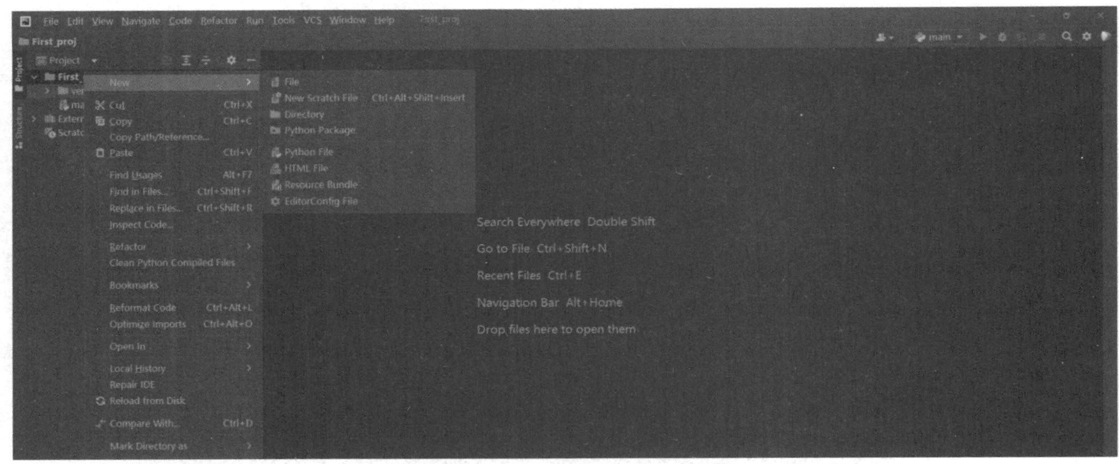

图 1-20　添加 Python 文件

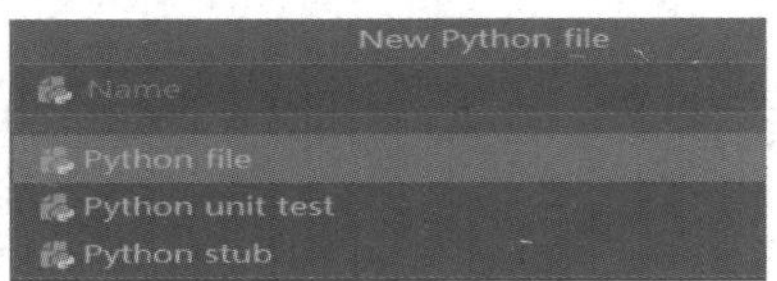

图 1-21　New Python file 标签

（2）在“Name”文本框中输入要添加的 Python 文件的名称，然后按 Enter 键，即可完成文件的添加。若想取消添加文件，可单击“New Python file”窗口外 PyCharm 的空白区域。这里添加的文件为“first.py”。添加文件后的 PyCharm 窗口如图 1-22 所示。

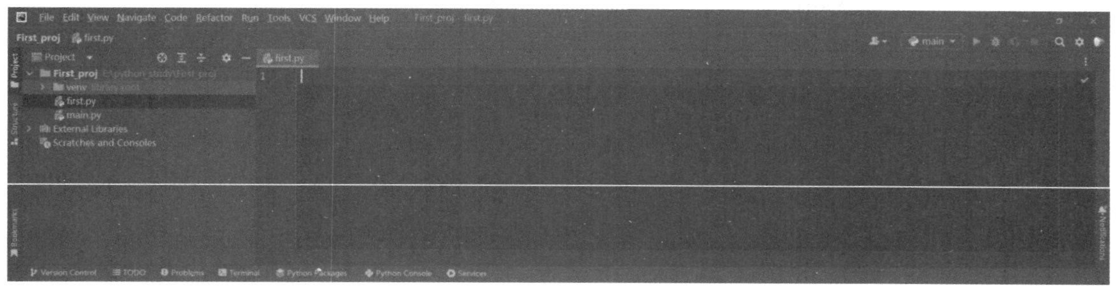

图 1-22　添加文件后的 PyCharm 窗口

3. 编写代码

图 1-22 中显示的 first.py 就是刚刚添加的 Python 文件。接下来在 first.py 文件中编写代码，具体代码如下：

```
print("hello world")
```

4. 测试程序

代码编写完毕，选中要执行的文件 first.py，单击右键，在弹出的快捷菜单中选择“Run 'first'”命令，可执行该文件。文件执行结果将在窗口下方显示，如图 1-23 所示。观察图 1-23，可看到程序的运行结果“hello world”，说明程序成功执行。

Run: first
E:\python_study\First_proj\venv\Scripts\python.exe E:/python_study/First_proj/first.py
hello world
Process finished with exit code 0

图 1-23　运行结果

如果在这个步骤中出现问题，没有看到预期的效果，说明第 3 步“编写代码”的过程出现了错误，这就需要根据出现的提示检查代码是否正确。在今后的学习中，我们经常在第 3 步和第 4 步之间反复操作，直到得到正确的结果，这一反复操作的过程被称为“调试”。

本章小结

本章从开发者的角度出发，以 eBANK 项目在开发前需要做的准备工作，围绕确定程序设计语言、搭建开发环境和测试开发环境三个工作任务，学习了程序开发的一些基本概念，了解了 Python 程序设计语言的发展历史、语言特点和使用领域，掌握了安装 Python 解释器、搭建 PyCharm 集成开发环境、测试开发环境，以及编写一般 Python 程序的步骤和方法，为后续 eBANK 项目开发和 Python 语言的学习打好扎实的基础。

1）程序设计语言

算法是用来解决问题的方法和有限个步骤，程序是为了实现一个特定的目标而设计的一

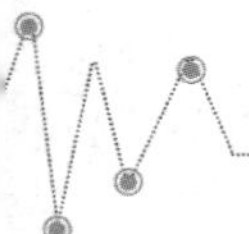

组可操作的工作步骤。对于计算机而言，程序就是采用计算机语言编写的，计算机可以识别的一组有序的指令，程序能指挥计算机执行我们想要它做的动作。

计算机语言是用于编写计算机指令即编写程序的语言，又称为程序设计语言。其本质是根据事先定义的规则编写的预定语句的集合。一种程序设计语言主要由语法和语义两部分组成，语法刻画的是什么样的符号串可组成一个有效的程序，我们根据语法描述可判断任何一个程序是否符合规定的语法。语义描述的是用这种语言编写的程序的含义，即这个程序将做什么。定义一种程序设计语言就是定义这种语言的语法和语义。

计算机语言分为三类：机器语言、汇编语言和高级语言。在执行之前需要先将高级语言代码翻译成机器语言代码。根据不同的翻译方式，执行分为编译执行和解释执行两种。

2）Python 程序设计语言

Python 语言诞生于 20 世纪 90 年代，其创始人为吉多（Guido van Rossum）。Python 语言具有简洁、语法优美、简单易学、开源、可移植、扩展性良好、类库丰富、通用灵活、模式多样、良好的中文支持等诸多优点，适合 Web、科学计算、游戏、自动化运维、多媒体应用、爬虫、数据分析、人工智能、云计算等方面的程序开发。

3）程序开发

程序开发的流程一般分为分析问题、边界划分、程序设计、编写程序、调试程序及改进升级六个步骤。程序设计是一种编写计算机程序的活动，一般有两种方法：一种是结构化程序设计方法，又称面向过程程序设计方法；另一种是面向对象的程序设计方法。

4）程序开发环境

集成开发环境（IDE）是用于提供程序开发环境的应用程序，一般包括代码编辑器、编译器、调试器和图形客户界面工具，集成了代码编写功能、分析功能、编译功能、调试功能等功能。本书采用 PyCharm 开发工具。

5）计算思维

计算思维是运用计算机科学的基础概念进行问题求解、系统设计，以及人类行为理解等涵盖计算机科学之广度的一系列思维活动。计算思维吸取了问题解决所采用的一般数学思维方法，现实世界中巨大复杂系统的设计与评估的一般工程思维方法，以及复杂性、智能、心理、人类行为的理解等的一般科学思维方法。

思考探索

一、填空题

1．Python 是面向________的高级语言。

2．Python 可以在多种平台运行，这体现了 Python 语言的________特性。

3．Python 模块的本质是________文件。

二、判断题

1．相比 C++程序，Python 程序的代码更加简洁、语法更加优美，但效率较低。（　　）

2．Python 语言是开源的跨平台编程语言。（　　）

3．Python 3.x 版本完全兼容 Python 2.x。（　　）

4．PyCharm 是 Python 的集成开发环境。（　　）

5．模块文件的后缀名必定是 .py。（　　）

三、选择题

1．下列选项中，不是 Python 语言特点的是（　　）。

A．简洁　　B．开源　　C．面向过程　　D．可移植

2．（　　）不是 Python 的应用领域。

A．Web 开发　　B．科学计算　　C．游戏开发　　D．操作系统管理

3．下列关于 Python 的说法中，错误的是（　　）。

A．Python 是从 ABC 语言发展起来的　　B．Python 是一门高级程序设计语言

C．Python 只能编写面向对象的程序　　D．Python 程序的效率比 C 程序的效率低

四、简答题

1．简述 Python 的特点。

2．请用自然语言和流程图两种方式描述算法“给定一个圆的半径 r，计算圆面积 s”。

3．请用自然语言和流程图两种方式描述算法“给定三个整数，按照从大到小的顺序输出”。

五、思考与探索

产业发展分析

2022 年 10 月 16 日，中国共产党第二十次全国代表大会在京开幕。大会报告提出，实施科教兴国战略，教育、科技、人才是全面建设社会主义现代化国家的基础性、战略性支撑。

一、教育、科技和人才三位一体是亮点

必须坚持科技是第一生产力、人才是第一资源、创新是第一动力，深入实施科教兴国战略、人才强国战略、创新驱动发展战略。三个战略的关键要素是人才。教育的主要功能是培养人，科技创新要依靠人，科教融合发展，是实现人才强国的重要抓手。报告还提出，“开辟发展新领域新赛道，不断塑造发展新动能新优势”，这里强调发挥自身优势拓展新领域，做出新选择。

二、形成具有全球竞争力的开放创新生态

完善科技创新体系，坚持创新在我国现代化建设全局中的核心地位，健全新型举国体制，强化国家战略科技力量，提升国家创新体系整体效能，形成具有全球竞争力的开放创新生态。中国在全球创新版图中的地位和作用发生了变化，既是国际前沿创新的重要参与者，也是共同解决全球性问题的重要贡献者。

三、坚决打赢关键核心技术攻坚战

加快实施创新驱动发展战略，加快实现高水平科技自立自强，以国家战略需求为导向，集聚力量进行原创性引领性科技攻关，坚决打赢关键核心技术攻坚战，加快实施一批具有战略性全局性前瞻性的国家重大科技项目，增强自主创新能力。

同学们，你们有什么启示呢？

科技报国　责任担当　积极创新　不畏困难　团队协作

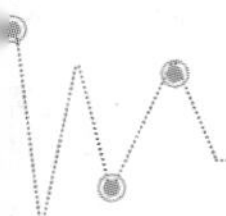

实训项目

“eBANK 银行柜员机系统”项目任务工作单

<table>
<tr><td>任务名称</td><td>搭建编程开发环境并测试</td><td>章　节</td><td>1</td><td>时　间</td><td></td></tr>
<tr><td>班　级</td><td></td><td>组　长</td><td></td><td>组　员</td><td></td></tr>
<tr><td>任务描述</td><td colspan="5">项目开发小组成员需要在各自的工作计算机中下载并安装 Python 语言的解释器和集成开发环境，对开发环境进行测试，以确保准备就绪</td></tr>
<tr><td>任务环境</td><td colspan="5">Python 解释器、开发工具和开发用计算机</td></tr>
<tr><td>任务实施</td><td colspan="5">1．安装解释器
2．安装集成开发环境
3．测试开发环境
4．编写、调试实例程序</td></tr>
<tr><td>调试记录</td><td colspan="5">（主要记录程序代码、输入数据、输出结果、调试出错提示、解决办法等）</td></tr>
<tr><td>总结评价</td><td colspan="5">（总结编程思路、方法，调试过程和方法，举一反三，经验和收获体会等）

请对自己的任务实施做出星级评价
□ ★★★★★　□ ★★★★　□ ★★★　□ ★★　□ ★</td></tr>
</table>

拓展项目

程序调试任务工作单

<table>
<tr><td>任务名称</td><td>程序编辑与运行调试</td><td>章节</td><td>1</td><td>时间</td><td></td></tr>
<tr><td>班　级</td><td></td><td>组长</td><td></td><td>组员</td><td></td></tr>
<tr><td>任务描述</td><td colspan="5">录入一个计算圆面积的程序并进行调试
录入一个学生姓名、专业和班级并显示到屏幕的程序，然后进行调试</td></tr>
<tr><td>任务环境</td><td colspan="5">Python 开发工具、计算机</td></tr>
<tr><td>任务实施</td><td colspan="5">1. 创建一个名为 exe1.py 的程序
2. 录入如下代码
r = 5　　　　　　# 设置圆的半径
s = 3.14*r*r　　　　# 计算圆的面积
print(s)　　　　　# 显示计算结果
3. 运行调试
4. 创建一个名为 exe2.py 的程序
5. 录入如下代码
name = input("请输入姓名: ")
spec = input("请输入专业: ")
cls = input("请输入班级")
print("%s 同学来自%s 专业%s 班。"%(name, spec, cls))
6. 运行调试
（注：编写程序时一定要注意中英文字符的区分；不要求读者完全了解代码的实际含义）</td></tr>
<tr><td>调试记录</td><td colspan="5">（主要记录程序代码、输入数据、输出结果、调试出错提示、解决办法等。允许读者在运行代码的时候出现错误，但需详细记录出现的问题及尽可能地解决了什么问题）</td></tr>
<tr><td>总结评价</td><td colspan="5">（总结编程思路、方法，调试过程和方法，举一反三，经验和收获体会等）

请对自己的任务实施做出星级评价
□ ★★★★★　□ ★★★★　□ ★★★　□ ★★　□ ★</td></tr>
</table>

第 2 章

数据类型和运算

Python 程序处理的对象主要是数据，数据有数字型、字符串型、逻辑型等类型。数据的运算功能实现主要通过常量、变量、运算符所组成的表达式来完成，而复杂的运算需要通过函数程序调用来实现，或编写专门的算法程序去解决。

本章主要从 Python 数据运算编程的视角，围绕程序的基本语句与语法格式、变量与数据类型、运算符与表达式三个任务的分析讨论和编程实践，并通过银行柜员机个人存储业务处理项目案例中输入、输出对话程序和存款利率计算程序功能的实现，带领读者正确理解 Python 程序中数据的类型和数据运算的表达与处理方法，感受 Python 程序的魅力并初步形成 Python 程序代码阅读、输入/输出和运算赋值语句编写、简单的程序运行与调试的能力。

- 第2章 数据类型与运算
  - 任务2.1 语句与语法格式
    - 语句和代码块的概念
    - 代码缩进、空行、注释等语句格式
    - 标识符的定义和规则
    - Python语言中的关键字
    - 输入语句input()的语法及应用
    - 输出语句print()的语法及应用
  - 任务2.2 变量和数据类型
    - 什么是变量
    - 什么是常量
    - 赋值语句的语法及应用
    - 七种标准数据类型
    - 数据类型的转换
  - 任务2.3 运算表达式使用
    - 运算符的类型
    - 运算的优先级
    - 顺序结构程序的特点和编写

岗位能力：

- ✧ 问题分解、系统分析、算法设计、编程求解的计算思维能力
- ✧ 集成开发环境下程序编码和调试能力
- ✧ 规范的代码编程能力

技能证书标准：

- ✧ 具备问题求解的程序思维和计算思维
- ✧ 能根据需求选择数据类型
- ✧ 能够正确规范编辑源程序代码

学生技能竞赛标准：

- ✧ 能熟练运用输入输出语句实现交互
- ✧ 能准确运用数据类型定义变量解决问题
- ✧ 能编写顺序结构程序

思政素养：

- ✧ 认识理解计算思维，树立工匠意识
- ✧ 了解软件开发方法，培养分析问题、解决问题的能力
- ✧ 认识规范编码的重要性，树立严谨的职业精神
- ✧ 培养团队合作和沟通意识

任务 2.1 语句和语法格式

【任务描述】

在 eBANK 银行系统中，进入系统就需要给客户相应提示信息，并提供业务选项给客户选择需要办理的业务。本任务通过 eBANK 银行的柜员机客户存取款操作的功能提示界面程序、键盘输入对话程序的编程训练，初步体验和理解 Python 程序的语句和语法格式，以及运用输入、输出语句编写对话程序的代码、调试和运行程序的方法。

Python 程序是由若干行程序语言的语句构成的，程序的语句往往包含若干元素，如常量、变量、关键字、运算符、表达式等。编写符合规范和满足功能需求的语句，首先需要熟悉 Python 程序设计语言的基本语句知识和语法格式，学会运用知识、规则阅读和分析程序代码，掌握基本语句的编写技能。

【任务要领】

- 语句和代码块的概念
- 代码缩进、空行、注释等代码书写格式
- 标识符的定义
- 合法标识符的规则
- Python 语言中的关键字
- 输入语句 input()的语法及使用
- 输出语句 print()的语法及使用
- 程序的调试和运行

2.1.1 语句书写格式

Python 程序是由若干条符合规范的指令组成的，是能够满足某种功能的指令序列，程序中的每一行指令称为语句。Python 语言在缩进、注释、空行等代码格式上有自己的规则，不符合格式规范的程序是无法运行的。一个具有规范代码格式的程序，不但能够提高正确性，还能够提高可读性。

1. 语句和代码块

Python 程序是语句构成的，语句包含表达式，表达式嵌套在语句中，而变量和常量用于处理对象。Python 的语法实质上是由表达式、语句和代码块构成的。语句是由变量、关键字和表达式构成的，代码块是由多个语句构成的复合语句。

代码块是具有一定格式的多个语句，在 Python 程序中以“:”开始，以结束缩进为结束。

【例 2-1】 代码格式示范程序代码段。

```
# 这是一段“示范”程序代码
x = input('请输入 x 的值：')
y = input('请输入 y 的值：')
# 判断 x、y 的大小
if x > y:                          # 判断 x>y 是否成立，若成立，则执行后续两行语句
    print('x > y')                 # 输出'x>y'文字
    print(x - y)                   # 输出 x-y 的值
else:                              # 若 x>y 不成立，则执行后续一行语句
    print('x <= y')                # 输出'x<=y'文字
```

在这段程序中，第 1、4 行是注释语句，第 2～3 行是输入语句，第 5～7 行是判断代码块，第 8～9 行语句是另一个判断代码块。

2．代码缩进

代码缩进是指每行代码开始前的空白区域，用来表示代码之间的包含和层次关系。Python 语言采用代码缩进来表明程序的格式框架。Python 语言对代码的缩进要求非常严格，如果不合理使用代码缩进，程序运行将抛出异常，或者得不到预期的结果。

缩进可以使用空格键或者制表符（Tab 键）实现。使用空格键缩进时，通常采用 4 个空格作为缩进量；使用制表符时，则采用一个制表符作为一个缩进量。同一级别的代码块的缩进量必须相同，空格和制表符不要混用。

对于类定义、函数定义、流程控制语句、异常处理语句等复合语句，行尾的“:”和下一行的缩进表示一个代码块的开始，同一级别的代码块的缩进量必须相同，缩进结束则表示一个代码块结束。

【例 2-2】 代码缩进示例。

```
# 求 1～10 的和
sum = 0
for i in range(1,11):
    sum = sum + i
    print(i, end = ' ')
print("\nsum = ", sum)
```

运行结果：

```
 1 2 3 4 5 6 7 8 9 10
 sum =  55
```

在这段程序中，第 4～5 行语句，缩进量相同，是第 3 行 for 循环语句的代码块；第 6 行语句没有缩进，不属于 for 循环代码块中的语句。

3．空行

适当的空行能够增加代码的可读性，方便理解。例如，在一个函数定义的开始之前和结束之后使用空行，在流程控制语句功能模块之前和之后添加空行，都能够极大提高程序的可读性。

4. 注释

注释是指在程序中对代码功能进行解释说明的标注性文字。注释的内容对程序的运行结果没有影响，只对程序员阅读源程序和维护程序有提示和帮助作用。

Python 的注释分为单行注释和多行注释。

1）单行注释

单行注释以“#”开头直到换行位置，“#”后所有内容都是注释的内容。单行注释适用于注释量比较少的情况，主要有两种形式：第一种形式，放在要注释代码的前一行，一般用于说明多行代码的功能；第二种形式，放在要注释代码的右侧，一般用于说明单行代码的功能。

【例 2-3】 两种形式的单行注释示例。

```
# 第一种形式：注释在代码的前一行，使用 print 函数输出字符串
print("Hello World!")
print("你好！")
print("Python")                    # 第二种形式：注释在代码的右侧，使用 print 函数输出字符串"Python"
```

2）多行注释

多行注释用三引号包含要注释的内容，可以是三个单引号（'''…'''）或者三个双引号（"""…"""）。多行注释通常用来为 Python 文件、模块、类或者函数等添加版权说明、功能描述、参数信息等，类似于一个简单的说明文档。

【例 2-4】 使用三个单引号（'''）实现多行注释。

```
'''
函数功能：求三个数的和
param a：参数 1
param b：参数 2
param c：参数 3
return：返回参数 1、参数 2、参数 3 之和
'''
def sum_num(a, b, c):
    return a + b + c
```

【例 2-5】 使用三个双引号（"""）实现多行注释。

```
"""
函数功能：求三个数的和
param a：参数 1
param b：参数 2
param c：参数 3
return：返回参数 1、参数 2、参数 3 之和
"""
def sum_num(a, b, c):
    return a + b + c
```

5. 多行语句

Python 语句允许一条语句横跨多行，只需要使用一对括号，如“()”“[ ]”或“{ }”。任何括在括号中的程序代码都可横跨多行。语句会一直运行，直到遇到关闭的括号。例如，下列程序中，第 3～4 行是一条语句，第 6～7 行的“:”前是一条语句，“:”后是另一条语句。

【例 2-6】 多行语句示例。

```
mlist = [1, 2, 3]

x=(a+b
   +c+d)

if (a==1
   and b==2):    print('OK')
```

2.1.2 标识符和关键字

1. 标识符

标识符就是一个名字，就好像我们每个人都有属于自己的名字，它是开发人员在程序中自定义的一些符号和名称，常作为变量、函数、类、模块或其他对象的名字。

标识符可以包括字母、数字和下画线，合法的标识符要遵守以下规则：

① 标识符必须以大小写字母或者下画线开头，不能以数字开头。例如，_abc、ab_12、Abc 是合法的标识符，6x8y 是非法的标识符。

② 标识符是严格区分大小写的。例如，Var 和 var 是两个不同的标识符。

③ 标识符中不能出现分隔符、标点符号或者运算符等。例如，ni hao、stu&d 是非法的标识符。

④ 标识符不能使用关键字，且最好不要使用内置模块名、函数名、类型名或已经导入的模块名及其成员名。例如，for 是关键字，不能作为标识符。

除了以上规则，Python 对于标识符的命名还有以下两点建议。

① 见名知意：标识符应有意义，尽量做到看一眼便知道标识符的含义。例如，用 name 表示姓名，用 student 表示学生。

② 命名规范：常量名使用大写的单个单词或由下画线连接的多个单词（如 ORDER LIST_LIMIT），模块名、函数名使用小写的单个单词或由下画线连接的多个单词（如 with_under），类名使用大写字母开头的单个或多个单词（如 Cat、CapWorld）。

2. 关键字

关键字，又称为保留字，是 Python 中已经被赋予特定意义的一些单词，如表 2-1 所示。

表 2-1 关键字及其说明

关 键 字	说 明
False	布尔类型的值，表示假
None	表示什么也没有，有自己的数据类型 NoneType
True	布尔类型的值，表示真
and	用于表达式运算，表示逻辑与
as	用于类型转换，表示创建别名
assert	断言，用于调试，判断变量或条件表达式的值是否为真
async	用来声明一个函数为异步函数
await	用来声明程序挂起，只能出现在通过 async 修饰的函数中
break	中断整个循环语句的执行
class	用于定义类

（续）

关键字	说明
continue	跳出本次循环，继续执行下一次循环
def	用于定义函数或方法
del	删除变量或序列的值
elif	条件语句，与 if、else 结合使用
else	条件语句，与 if、elif 结合使用，也可以用于异常和循环语句
except	包含捕获异常后的操作代码块，与 try、finally 结合使用
finally	用于异常语句，出现异常后，始终要执行 finally 包含的代码块，与 try、except 结合使用
for	循环语句
from	用于导入模块，与 import 结合使用
global	用于定义全局变量
if	条件语句，与 else、elif 结合使用
import	用于导入模块，与 from 结合使用
in	判断变量是否在序列中
is	判断变量是否为某类的实例
lambda	用于定义匿名函数
nonlocal	声明一个非局部变量，用于标识外部作用域的变量
not	用于表达式运算，表示逻辑非
or	用于表达式运算，表示逻辑或
pass	空的类、方法或函数的占位符
raise	用于抛出异常
return	函数或方法的返回值
try	常用于捕捉异常，与 except、finally 结合使用
while	while 循环语句
with	常与 open 结合使用，用于读取或写入文件
yield	结束一个函数，返回一个生成器，用于从函数一次返回值

注意：在 Python 中，False、None 和 True 的首字母大写，其他关键字全部小写。

任务实施

银行柜员机的程序系统是面向银行客户的自助服务系统，从客户的友好性看，首先需要给客户操作的提示、风险防范等说明，再根据客户的选择，分别执行相应的功能。这里，银行柜员机的程序需要用到键盘输入语句 input 和屏幕显示输出语句 print，只有理解和掌握了输入、输出语句的格式和用法，才能编写出与客户对话的程序。

2.1.3 输入和输出编程

1. 输入语句

Python 提供了 input()内置函数从标准输入设备读入一行文本，默认的标准输入设备是键盘。input 语句的语法格式如下：

```
变量名 = input('提示信息')
```

首先输出“提示信息”，然后等待客户输入，直到按下 Enter 键结束输入。函数的返回值将保存到给定的“变量名”中。

【例 2-7】 input 语句的编写和使用方法，其中 a、b、c、d 是四个不同的变量，用于接收不同的输入值。

```
a = input('输入你喜欢的数字：')
b = input('输入你的名字：')
c = input('输入你的生日：')
d = input('输入你喜欢的专业：')
print('你的姓名：', b)
print('你的生日：', c)
print('你的专业和幸运数字分别为：', d, a)
```

如果运行上述程序时分别输入数字为“88”，名字为“王小二”，生日为“6 月 1 日”，专业为“计算机”，那么输出结果如下：

```
输入你喜欢的数字：88
输入你的名字：王小二
输入你的生日：6月1日
输入你喜欢的专业：计算机
你的姓名：王小二
你的生日：6月1日
你的专业和幸运数字分别为：计算机 88
```

基于 input()函数的输入语句主要有以下特点：

① 当程序执行到 input 语句时，等待客户输入，输入完成后程序才会继续往下执行。

② 当收到客户输入后，input 语句将数据存储到变量中，方便使用。

③ 在 Python 3.x 中，无论客户输入的是数字还是字符，都将被作为字符串读取。如果接收数值，需要对字符串进行类型转换。下一节将介绍输入内容的数据类型转换。

2. 输出语句

输出是指程序向客户显示或打印数据。在 Python 中可以使用 print()函数进行输出。

print()函数的语法格式如下：

```
print(数据1, 数据2, …, 数据n, sep = '文本数据', end = '文本数据')
```

参数说明如下：

① 数据 1～n，表示一次可以输出一个或多个数据对象，输出值可以是数字和字符串，其中字符串需要使用引号括起来，此时将直接输出内容。数据也可以是包含运算符的表达式，此时会先计算表达式，再输出表达式的结果。

② sep='文本数据'，表示输出时数据对象之间的间隔符，“文本数据”即分隔符，如“,”，默认为空格。

③ end='文本数据'，表示输出时以什么符号结尾，默认是换行'\n'。

默认情况下，一条 print 语句输出后会自动换行。如果想一次输出多个内容，而且不换行，可以将要输出的内容使用英文状态的“,”分隔。

【例 2-8】 print()函数的使用。

```
print('欢迎', 123, '客户')                        # 各输出项之间使用默认的空格分隔
print('欢迎', 123, '客户', sep = ',')             # 各输出项之间使用逗号分隔
```

程序运行结果为：

```
欢迎 123 客户
欢迎,123,客户
```

第 1 条 print 语句，由于参数 sep 默认是空格，三个输出项之间自动添加了空格。若希望各输出项之间是“,”，则可以采用第 2 个 print 语句的方法，把 sep 参数赋值为“,”。

2.1.4 简单对话程序编程

在银行营业网点的自动柜员机自助业务程序中，客户需根据银行业务操作流程，按系统提示信息，逐步完成相应的操作。先讨论银行柜员机的客户业务操作提示对话程序编写方法。

1. 银行柜员机操作流程

银行营业网点的自动柜员机办理自助业务时的基本操作流程如下。

第一步，显示银行业务系统的欢迎界面，并提示“办理个人业务请插入银行卡”。

```
****************************************
  *  欢迎使用 eBANK 银行自动柜员机系统  *
  *    办理个人存取款业务请插入银行卡    *
****************************************
       注意：办理个人业务请插入银行卡！
```

第二步，插入银行卡后，提示客户输入银行卡客户密码。

```
****************************************
    欢迎 62**********客户使用本系统！
****************************************
请输入客户密码：
```

第三步，密码正确后，显示客户业务菜单选项。

```
********************************************
1. 存款------------------------------ 请输入 1
2. 取款------------------------------ 请输入 2
3. 查询余额-------------------------- 请输入 3
4. 退出系统-------------------------- 请输入 4
********************************************
               请选择业务项：
```

2. 程序代码编写

银行柜员机客户办理业务欢迎对话程序可以使用 print 输出语句来实现。程序代码如下：

```
# 程序功能：显示客户欢迎界面
print("****************************************")
print("*     欢迎使用 eBANK 银行自动柜员机系统       *")
print("*       办理个人存取款业务请插入银行卡        *")
print("****************************************")
print("    注意：办理个人业务请插入银行卡！    ")
```

```
# 等待并判断客户是否插入银行卡
yhkh=input()                          # 本程序为简化起见，使用键盘输入语句接收银行卡号
```

客户插入银行卡后，提示客户输入银行卡的密码。程序代码如下：

```
# 程序功能：提示客户输入密码
print("****************************************")
print("欢迎", yhkh, "客户使用本系统！     ")
print("****************************************")
yhmm=input("请输入客户密码：")
```

输入和验证密码后，显示提示客户业务菜单选项。程序代码如下：

```
# 程序功能：显示客户业务菜单
print("****************************************")
print("1. 存款----------------------------请输入1")
print("2. 取款----------------------------请输入2")
print("3. 查询余额------------------------请输入3")
print("4. 退出系统------------------------请输入4")
print("****************************************")
yhyw=input("请选择业务项：")
```

3．程序运行测试

运行银行柜员机客户办理业务欢迎对话程序，显示欢迎界面，如图 2-1 所示。

图 2-1　欢迎界面

输入银行卡号，如“621700001234567”，按下 Enter 键，显示提示客户输入银行卡的密码界面，如图 2-2 所示。

```
621700001234567
****************************************
     欢迎 621700001234567 用户使用本系统！
****************************************
请输入用户密码：123456
```

图 2-2　客户密码输入界面

输入客户密码，如“123456”，按下 Enter 键后，显示客户业务菜单选项界面，如图 2-3 所示。

4．程序改进讨论

银行柜员机客户业务菜单选项界面的选项还可以更加完善，布局也可以进行调整，如增加定期存储业务和转账业务：

图 2-3 业务菜单选项界面

```
****************************************
1. 存款                2. 定期存储
3. 取款                4. 转账
5. 查询余额            6. 退出系统
****************************************
请选择业务项:
```

程序代码如下:

```
# 程序功能:显示客户业务菜单(重新布局)
print("****************************************")
print("1. 存款                2. 定期存储")
print("3. 取款                4. 转账")
print("5. 查询余额            6. 退出系统")
print("****************************************")
yhyw = input("请选择业务项: ")
```

运行结果如图 2-4 所示。

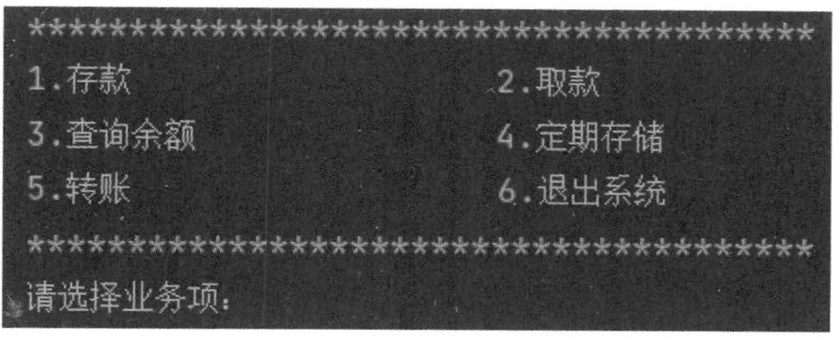

图 2-4 业务菜单选项界面(重新布局)

任务 2.2 变量和数据类型

【任务描述】

在 eBANK 银行系统中,随着客户进行取款、转账、存款等业务操作,客户账户中的余额数量会发生相应变化,需要定义一个变量,使用准确的数据类型来存储相关数据,并在客户完成相应业务后,通过计算得到当前的账户余额。本任务要求编写程序实现客户余额查询业务，将当前账户的余额打印输出。

计算机中所有的数据都可以被看作对象，变量在程序中起到指向数据对象的作用。问题中所涉及的不同对象，可以用不同的数据类型来表示。不同数据类型的表示范围和能力不一样，处理问题的效率也不一样。有了明确的数据类型，程序才能给数据分配明确的存储空间，进行精确的计算。Python 中常用的数据类型有整型、浮点型、复数型、布尔型、字符串、列表、元组、集合、字典等。

【任务要领】

- ❖ 变量的定义和使用
- ❖ 常量的定义和使用
- ❖ 赋值语句的语法和使用
- ❖ Python 的标准数据类型
- ❖ 自动数据类型转换
- ❖ 强制数据类型转换

2.2.1 变量和赋值语句

1. 变量

在 Python 程序中，变量是用于存储和运算时代表数据的一种符号，在程序运行过程中，变量的值可以不断变化。Python 不需要先声明变量及其类型，直接赋值就可以创建各种类型的变量。

变量的命名需要遵守标识符的命名规则，如 abc_xyz、num1、stdNumber 等都是合法的变量名，而 abc#xyz、1num 等是不合法的变量名。变量名的命名必须注意遵循合法性、有效性和易读性的原则。

2. 常量

在 Python 程序中，不变的量就是常量，常量包括数字、字符串、布尔值和空值。常量可以分为字面常量和符号常量，字面常量如 2、5、3.14159、"abcd"等，符号常量就是#define 替代一个字面常量，符号常量的作用域从定义开始。

Python 通常用全部大写的变量名表示常量。Python 中有如下两个比较常见的常量。

PI：数学常量 pi（圆周率，一般用 π 表示）。

E：数学常量 e，即自然常数。

3. 赋值语句

将值赋给变量的语句称为赋值语句，其语法格式为：

```
变量 = 变量值
```

其中，“=”为赋值号，左边是一个变量，右边是一个常量或者是由常量、变量和运算符构成的表达式。若“=”右边是一个表达式，则会先对表达式进行运算，再将结果存储到变量中。如果表达式无法求值或者变量未赋值就在程序中使用，就会导致错误。

【例 2-9】 变量的赋值及使用示例代码。

```
# 声明变量并赋值
name = "张三"
age = 18
hobby = "打篮球"
#使用变量，通过变量名获取变量值
print("个人信息：", name, age, hobby)
```

以上程序第 2～4 行语句声明了 3 个变量并对其赋值，第 6 行语句通过变量名获取变量值并输出。程序运行结果如下：

```
个人信息： 张三 18 打篮球
```

2.2.2 数据类型

Python 有 7 种标准的数据类型，即 number（数字）、bool（逻辑）、string（字符串）、list（列表）、tuple（元组）、set（集合）、dictionary（字典）。

1．数字数据

数字数据的类型有整数（int）、浮点数（float）、复数（complex）三种。

1）整数（int）

整数是没有小数部分的数字，包括正整数、负整数和零，如 0、100、-123。在 Python 中，整数的位数是任意的，没有长度限制，当超过计算机自身的计算能力时，会自动转入高精度计算。

整数类型包括十进制整数、二进制整数、八进制整数和十六进制整数。

十进制整数：十进制整数由 0～9 组成，是我们平常最常用的整数，如 9、23。

二进制整数：二进制整数由 0 和 1 组成，以 0b 或 0B 开头，进位规则是“逢二进一”。例如，0b110 表示二进制数 110，转换为十进制数为 6。

八进制整数：八进制整数由 0～7 组成，以 0o 或 0O 开头，进位规则是“逢八进一”。例如，0o32 表示八进制数 32，转换为十进制数为 26。

十六进制整数：十六进制整数由 0～9 和 A～F 组成，以 0x 或 0X 开头，进位规则是“逢十六进一”。例如，0x32 表示十六进制数 32，转换为十进制数为 50。

2）浮点数（float）

浮点数是带小数的数字，由整数部分和小数部分组成。例如，3.5、5.、.6、-3.1415e2 等都是浮点数，其中 5.相当于 5.0，.6 相当于 0.6，-3.1415e2 相当于-3.1415×10^2，即-314.15，是科学记数法。

浮点数只能以十进制数形式书写。浮点数存在上限和下限，若超出上限或下限，程序会报溢出错误。

3）复数（complex）

复数由实部和虚部两部分组成，其形式为：实部+虚部 j。例如，5 + 8j 表示实部为 5、虚部为 8j，1.2-0.6j 表示实部为 1.2、虚部为-0.6j。

2. 逻辑数据

逻辑类型又称为布尔类型（bool），是用来表示逻辑“是”“非”的一种类型，其值只有True 和 False 两个。

3. 字符串

字符串（str）是用“'”或“"”括起来的字符序列，如'python'、"欢迎光临"。

4. 列表

列表（list）是用“[ ]”将列表中的元素括起来的序列类型，列表中的元素之间以逗号进行分隔，如[1,2,3,4]、["one","two","three","four"]。

5. 元组

元组（tuple）是用“( )”将元素括起来的序列类型，元组中的元素之间以“,”进行分隔，如(1, 2, 3, 4)、("one", "two", "three", "four")。

6. 集合

集合（set），是用“{ }”括起来的一组对象的集合，可以由各种不可变类型元素组成，元素不重复且元素之间没有任何顺序，如{'orange', 'apple', 'banana', 'pear'}。

7. 字典

字典（dict）是 Python 唯一内建的映射类型，是键值对的无序集合，可以用来实现通过数据查找关联数据的功能。字典中的每个元素都包含键和值两部分。字典用“{ }”括起来，每个元素的键和值用“:”分隔，元素之间以“,”进行分隔，如{'1001':'张三', '1002':'李四', '1003': '王五'}。

任务实施

在 eBANK 银行柜员机系统的余额查询业务中，客户的银行卡号信息是字符串，账户余额是浮点型数据，在程序实现时，需要用到数据类型转换和输出，以呈现客户信息及对应的账户余额信息。

2.2.3 数据类型转换编程

不同的数据类型之间是不能进行运算的，所以需要通过数据类型转换把一些数据转换为我们需要的类型。Python 中的数据类型转换有两种：自动类型转换和强制类型转换。

1. 自动类型转换

自动类型转换，就是在计算过程中，程序自动将不同类型的数据转换为同一类型数据进行运算，结果是更高精度的数据。精度等级由小到大顺序为布尔型、整型、浮点型、复数。

【例 2-10】 自动类型转换示例。

```
a = 100
b = True
print(a+b, type(a+b))
```

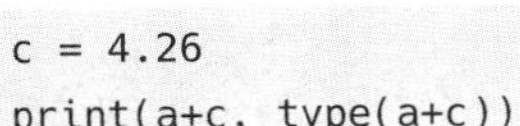

```
c = 4.26
print(a+c, type(a+c))
```

在以上程序中，第 1～3 行语句，在执行“a+b”运算时，a 为整型，b 为布尔型，布尔型被转换为整型，True 被自动转换为 1，False 被自动转换为 0，运行结果为整型；第 4～5 行语句，整型被转换为浮点型，结果也为浮点型。程序运行结果如下：

```
101 <class 'int'>
104.26 <class 'float'>
```

2. 强制类型转换

强制类型转换，即根据不同的开发需求，将一个数据类型强制地转换为另一个数据类型。Python 中常用的执行数据类型之间转换的函数如表 2-2 所示。

表 2-2 常用数据类型转换函数

函数	描述
int(x)	将 x 转换为一个整数。数字类型之间可以相互转换，但容器类型中只有字符串可以转换为数字类型，且字符串中的元素必须为纯数字
float(x)	将 x 转换为一个浮点数
complex(x[,y])	将 x 和 y 转换为一个复数，实数部分是 x，虚数部分是 y。其中，y 可以省略，则虚数部分是 0
str(x)	将 x 转换为字符串。所有类型都可以转化为字符串类型
bool(x)	将 x 转换为布尔型，可以把其他类型转为 True 或 False
list(x)	将 x 转换为一个列表。数字类型不能转换为列表；字符串、元组转列表时，会把每个字符当作列表的元素；字典转列表时，只保留字典中的键；集合转列表时，结果是无序的
tuple(x)	将 x 转换为一个元组。数字类型不能转换为元组；字符串、列表转元组时，会把每个字符当作元组的元素；字典转元组时，只保留字典中的键；集合转元组时，结果是无序的
set(x)	将 x 转换为一个集合。数字类型不能转换为集合；字符串、列表、元组转集合时，结果是无序的；字典转集合时，只保留键且结果是无序的
dict(x)	将 x 转换为一个字典。数字类型、字符串、集合都不能转换为字典；列表和元组可以转换为字典类型，但必须是等长二级容器且其中的元素个数必须为 2

【例 2-11】 强制类型转换示例。

```
a = '258'
result = int(a)                    # 将字符串转换为整型
print(result, type(result))
a = 258
result = float(a)                  # 将整型转换为浮点型
print(result, type(result))
a = 3
b = 14
result = complex(a, b)             # 转换为一个复数
print(result, type(result))
a = 258
result = str(a)                    # 将整型数据转换为字符串
print(result, type(result))
a = ''                             # 空字符串
result = bool(a)                   # 转换为布尔型
print(result, type(result))
a = '258'
```

```
result = list(a)                              # 转换为列表
print(result, type(result))
result = tuple(a)                             # 转换为元组
print(result, type(result))
result = set(a)                               # 转换为集合
print(result, type(result))
a = [[1, 2], ['a','b']]                       # 等长二级列表
result = dict(a)                              # 转换为字典
print(result, type(result))
```

以上代码段中，第 1～3 行语句使用 int()将字符串转换为整型；第 4～6 行语句使用 float()将整型转换为浮点型；第 7～10 行语句使用 complex()将两个整型数据转换为一个复数；第 11～13 行语句使用 str()将整型转换为字符串；第 14～16 行语句使用 bool()将空字符串转换为布尔型数据；第 17～19 行语句使用 list()将字符串转换为列表；第 20～21 行语句使用 tuple()将字符串转换为元组；第 22～23 行语句使用 set()将字符串转换为集合；第 24～26 行语句使用 dict()将列表转换为字典。

程序运行结果如下：

```
258 <class 'int'>
258.0 <class 'float'>
(3+14j) <class 'complex'>
258 <class 'str'>
False <class 'bool'>
['2', '5', '8'] <class 'list'>
('2', '5', '8') <class 'tuple'>
{'2', '8', '5'} <class 'set'>
{1:2, 'a':'b'} <class 'dict'>
```

3．余额查询业务实现

在银行营业网点的自助柜员机自助业务程序中，客户选择余额查询业务，需要显示当前账户所对应的余额信息。

1）银行柜员机操作流程

银行营业网点的自助柜员机办理余额查询业务时基本操作流程如下。

第一步，根据插入的银行卡，或者输入要查询的账号，输入密码，查询账户的余额。

```
请输入账号：
请输入密码：
```

第二步，输出账户信息及对应的余额信息。

```
****************************************
尊敬的62************客户，您好！
您的账户当前余额为：xxxx.xx 元
****************************************
```

2）程序代码编写

输入当前账户银行卡号和密码，通过输出语句显示账户余额。

程序代码如下：

```
# 程序功能：实现余额查询显示
```

```
yhkh = input("请输入账号：")
yhmm = input("请输入密码：")
print("*****************************************")
account = 21045.25
print("尊敬的", yhkh, "客户，您好！")
print("您的账户当前余额为：", account, "元")
print("*****************************************")
```

3）程序运行测试

输入银行卡号，如“621700001234567”，按下 Enter 键，输入客户密码，如“123456”，按下 Enter 键，显示当前账户余额，如图 2-5 所示。

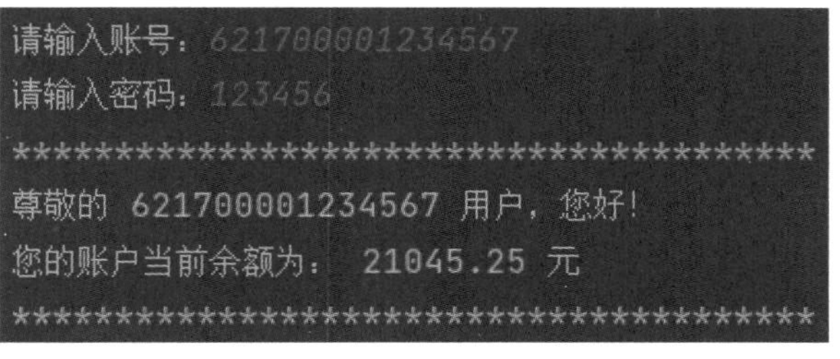

图 2-5　账户余额查询界面

任务 2.3　运算表达式的使用

【任务描述】

在 eBANK 银行中，客户进行转账、取款、存款等业务后，余额都有变化，需要重新计算账户中的余额。客户在定期存款时，需要了解当定期存入一定额度现金，到期后的本息是多少。因此，存款余额计算和银行利息计算是客户常用的业务和功能。本任务的要求是，编写程序，实现 eBANK 银行的存款余额计算和银行利息计算。

编程的本质就是解决运算逻辑，通过各种算法实现各种功能。学习 Python 编程时，我们不仅要掌握各种变量、数据类型，还要深刻理解各类运算符和表达式的使用。具有运算功能的符号称为运算符，参与运算的数据称为操作数。运算符和操作数一起组成的式子称为表达式。运算符和表达式的作用是，为变量建立一种组合关系，实现对变量的处理，以实现项目需求中的某些具体功能。

【任务要领】

- 运算符的定义和类型
- 算术运算符、赋值运算符、关系运算符、逻辑运算符、成员运算符、身份运算符、条件运算符的应用
- 运算符优先级顺序及使用

❖ 顺序结构程序的流程及特点

2.3.1 运算符

运算符是一些特殊的符号，主要用于数学计算、比较大小、逻辑运算等。Python 支持的运算符类型有算术运算符、赋值运算符、关系运算符、逻辑运算符、成员运算符、身份运算符、条件运算符。

使用运算符将不同类型的数据按照一定的规则连接起来的式子称为表达式。表达式由运算符和操作数组成，其中操作数可以是常量、变量、函数的返回值等。

根据运算所需要的操作数据，运算符可以分为三类：① 单目运算符，只有一个操作数；② 双目运算符，需要两个操作数；③ 三目运算符，需要三个操作数。

1. 算术运算符

算术运算符是处理四则运算的符号，如表 2-3 所示。

表 2-3 算术运算符

运算符	名称	描　述	实　例
+	加	正数 一个数加上另一个数 列表、元组、字符串的连接	+6 表示一个正数 6 2+4 表示数字 2 加上数字 4，结果为 6 "a"+"b"表示字符串"a"和"b"连接，结果为"ab"
-	减	负数；相反数 一个数减去另一个数 集合差集	-6 表示一个负数；6 的相反数为-6 8-2 表示数字 8 减去数字 2，结果为 6 {1,2,3} - {2,5}表示差集，结果为{1,3}
*	乘	两个数相乘 序列重复若干次	2*3 表示 2 和 3 相乘，结果为 6 "a"*3 表示"a"重复 3 次，结果为"aaa"
/	除	x 除以 y	5/2 表示 5 除以 2，结果为 2.5
//	整除	x 除以 y，取商的整数部分	5//2 表示 5 整除 2，结果为 2
%	取模	x 除以 y，取余数	5%2 表示 5 除以 2 取模，结果为 1
**	幂	x 的 y 次幂	2**3 表示 2 的 3 次幂，即 2^3，结果为 8

算术运算符的优先级由高到低排序为：第一级，**；第二级，*、/、%、//；第三级，+、-。同级运算符从左至右计算，可以使用“( )”调整计算的优先级。

2. 赋值运算符

赋值运算符主要用来为变量赋值。赋值运算符用“=”表示，一般有以下 3 种形式。

形式一：

```
变量名 = 变量值或表达式
```

例如：

```
a = 10
b = 12+6
```

形式二：

```
变量名 1 = 变量名 2 = 变量值或表达式
```

例如：

```
x = y = z = 1+4
```

表示将表达式 1+4 的计算结果赋值给 x、y、z，运行后 x、y、z 的值都是 5。

```
变量名1，变量名2 = 变量值1或表达式1，变量值2或表达式2
```

例如：

```
a，b = 3，4
```

表示将 3 和 4 分别赋值给 a 和 b。

赋值运算符“=”的左边只能是变量，不能是常量或表达式。例如，8=x 或者 5+2=y 是错误的。

除了简单的赋值运算符“=”，Python 还提供了复合赋值运算符，如表 2-4 所示。

复合赋值运算符的优先级与简单赋值运算符“=”是一样的。

表 2-4 **复合赋值运算符**

运算符	名称	实例
+=	加法赋值运算符	a+=b 相当于 a=a+b
-=	减法赋值运算符	a-=b 相当于 a=a-b
*=	乘法赋值运算符	a*=b 相当于 a=a*b
/=	除法赋值运算符	a/=b 相当于 a=a/b
//=	整除赋值运算符	a//=b 相当于 a=a//b
%=	取模赋值运算符	a%=b 相当于 a=a%b
**=	幂赋值运算符	a**=b 相当于 a=a**b

3．关系运算符

关系运算符也称为比较运算符，主要用于操作数的比较计算，比较的结果通常是一个逻辑值。若比较结果为真，则返回 True，否则返回 False。比较运算符通常用在条件语句中作为判断的依据。关系运算符的含义及用法如表 2-5 所示。

表 2-5 **关系运算符**

运算符	名称	描述	实例
>	大于	比较左操作数是否大于右操作数，若是，则为 True，否则为 False	若 a=8，b=3，则 a>b 为 True
>=	大于等于	比较左操作数是否大于等于右操作数，若是，则为 True，否则为 False	若 a=8，b=3，则 a>=b 为 True
<	小于	比较左操作数是否小于右操作数，若是，则为 True，否则为 False	若 a=8，b=3，则 a<b 为 False
<=	小于等于	比较左操作数是否小于等于右操作数，若是，则为 True，否则为 False	若 a=8，b=3，则 a<=b 为 False
= =	等于	比较左操作数是否等于右操作数，若是，则为 True，否则为 False	若 a=8，b=3，则 a= =b 为 False
!=	不等于	比较左操作数是否不等于右操作数，若是，则为 True，否则为 False	若 a=8，b=3，则 a!=b 为 True

所有关系运算符的优先级相同。

4．逻辑运算符

逻辑运算符用于将两个变量或表达式进行逻辑运算，是对真和假两种布尔值进行运算，运算后的结果仍是一个布尔值。逻辑运算符的含义及用法如表 2-6 所示。

表 2-6　逻辑运算符

运算符	名　称	描　　述	实　　例
and	逻辑与运算	只有两个操作数都为 True，结果才为 True	若 a=True，b=True，则 a and b 为 True 若 a=True，b=False，则 a and b 为 False
or	逻辑或运算	只要有一个操作数为 True，结果就为 True	若 a=True，b=False，则 a or b 为 True 若 a=False，b=False，则 a or b 为 False
not	逻辑非运算	操作数为 True，结果为 False；操作数为 False，结果为 True。	若 a=True，则 not a 为 False 若 a=False，则 not a 为 True

5. 成员运算符

成员运算符用于测试实例中是否包含了一系列成员，如字符串、列表或元组，如表 2-7 所示。

表 2-7　成员运算符

运算符	描　　述	实　　例
in	若在指定的序列中找到对应的成员，则返回 True，否则返回 False	5 in [1,3,5,7,9]为 True；2 in [1,3,5,7,9]为 False
not in	若在指定的序列中没有找到对应的成员，则返回 True，否则返回 False	2 not in [1,3,5,7,9]为 True；5 not in [1,3,5,7,9]为 False

6. 身份运算符

身份运算符用于判断两个标识符身份是否引自同一个对象，如表 2-8 所示。

表 2-8　身份运算符

运算符	名　称	描　　述	实　　例
is	是	比较左操作数与右操作数是否是同一个对象，若是，则为 True，否则为 False。	若 a=(1,2,3)，b=(1,3,2)，则 a is b 为 False 若 a=(1,2,3)，b=a，则 a is b 为 True
is not	不是	比较左操作数与右操作数是否不是同一个对象，若是，则为 True，否则为 False。	若 a=(1,2,3)，b=(1,3,2)，则 a is not b 为 True 若 a=(1,2,3)，b=a，则 a is not b 为 False

7. 条件运算符

条件运算符是三目运算符，其语法格式为：

```
语句 1  if 条件表达式  else 语句 2
```

执行流程为，先对条件表达式进行计算并判断，若为 True，则执行语句 1，并返回执行结果；若为 False，则执行语句 2，并返回执行结果。

【例 2-12】 条件运算符应用示例。

```
x = input('x=')
result = '正数' if int(x)>0  else '非正数'
print(result)
```

若输入 12，则输出“正数”；若输入-3，则输出“非正数”。

2.3.2　运算符的优先级

Python 常见运算符的优先级如表 2-9 所示，按照从高到低的顺序排列，同一行的运算符优先级相同。同级运算符从左至右计算，可以使用“( )”调整计算的优先级。

表 2-9 运算符优先级

运算符	描　述
**	指数（最高优先级）
~ + -	按位反转、一元加号和一元减号（最后两个方法名为+@和-@）
* / % //	乘、除、取模和取整除
+ -	加法、减法
<= <> =>	比较运算符
<> == !=	等于运算符
= %= /= //= -= += *= **=	赋值运算符
is not is	身份运算符
in not in	成员运算符
not or and	逻辑运算符

例如，对于表达式 a = 20+10*5**2，指数运算优先级最高，所以先计算 5**2，再依次进行乘法、加法、赋值运算，最后计算得到结果为 270。

任务实施

在 eBANK 银行柜员机系统的存款业务中，客户存款成功后，账户余额通过算术运算更新，并显示给客户确认。在整存整取定期存储业务中，客户确定存储的本金和存期，结合当时的定期存款年利率，计算定期存款利息。存款余额计算和银行利息计算都需要用到对应的运算和表达式。

2.3.3 存款余额计算编程

在银行营业网点的自助柜员机自助业务程序中，客户选择办理存款业务，存入一定金额后，需要显示当前账户存款余额。

1. 银行柜员机操作流程

银行营业网点的自助柜员机办理存款业务的基本操作流程如下。

第一步：客户选择“存款”业务，界面提示“请将纸币整理好放入存款口验钞”。

```
******************************************
        请将纸币整理好放入存款口验钞
******************************************
```

第二步：柜员机清点纸币并核对存款金额，核对准确后，账户余额增加本次存入的金额。

第三步：界面显示总余额，客户确认。

```
******************************************
存款成功！
当前账户总余额：XXXX.XX
******************************************
```

2. 程序代码编写

为了简化起见，本程序使用键盘输入语句接收当次存款业务存入的金额。

程序代码编写如下：

```
# 程序功能：实现“存款”菜单功能
print("****************************************")
print("         请将纸币整理好放入存款口验钞          ")
print("****************************************")
account = 21045.25                                          # 账户余额
Deposit_amount = float(input("请输入存款金额："))             # 输入存款金额
account_balance = account + Deposit_amount                  # 计算账户当前总余额
# 显示账户余额
print("****************************************")
print("存款成功！")
print("当前账户总余额", float(account_balance))               # 打印当前总余额
print("****************************************")
```

3．程序运行测试

首先，显示放钞提示界面，如图 2-6 所示。然后输入存款金额，如“20000”，按下 Enter 键，显示当前账户余额信息。运行结果如图 2-7 所示。

图 2-6　存款放钞提示界面

图 2-7　存款余额显示界面

4．程序改进讨论

为了提升客户体验，让客户准确知晓存入前的金额，以便更好地进行存款核对，可以在程序中输入存款金额前，增加输出显示存款前的账户余额。

```
****************************************
存款成功！
存款前账户余额：xxxx.xx
本次存入金额：xxxx.xx
当前账户总余额：xxxx.xx
****************************************
```

输出存款前账户余额、本次存入金额及当前账户总余额，实现代码如下：

```
print("****************************************")
print("存款成功！")
print("存款前账户余额：", account)                      # 打印存款前的账户余额
print("本次存款金额：%.2f"%Deposit_amount)              # 打印本次存款的金额
print("当前账户总余额", account_balance)                # 打印当前总余额
print("****************************************")
```

运行结果如图 2-8 所示。

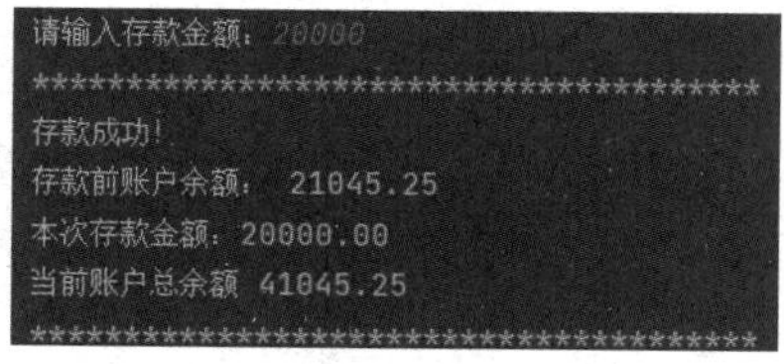

图 2-8　存款余额（含存款前账户余额）显示界面

2.3.4 银行利息计算编程

在银行营业网点的自助柜员机自助业务程序中，提供了整存整取定期存储业务，输入本金、存期、年利率，计算并显示到期存款金额。假定银行年利率为3.25%。

1. 银行柜员机操作流程

银行营业网点的自助柜员机办理整存整取定期存储业务利息计算的基本操作流程如下。

第一步：客户选择整存整取“定期存储”业务，界面提示输入本金和存期。

第二步：计算并显示到期存款金额。其计算公式为：本金 + 本金×年限×年利率/100。

```
****************************************
请输入本金:
请输入存期:
到期存款金额: xxxx.xx
****************************************
```

2. 程序代码编写

程序代码编写如下：

```
# 程序功能: 实现整存整取定期存储业务利息计算
print("****************************************")
capital = int(input("请输入本金: "))                # 输入本金
syear = int(input("请输入存期: "))                  # 输入存期
interest = 3.25                                      # 年利率
tatal_account = capital + capital*syear*interest/100
print("到期存款金额: %.2f"%(tatal_account))
print("****************************************")
```

3. 程序运行测试

首先提示输入本金和存期，然后按下 Enter 键，显示到期存款金额。

运行结果如图2-9所示。

```
****************************************
请输入本金: 10000
请输入存期: 3
到期存款金额: 10975.00
****************************************
```

图2-9 银行利息计算显示到期存款金额界面

4. 程序改进讨论

如以上银行利息计算程序的编码和执行方式，按照从上到下的顺序执行代码，中间没有任何判断和跳转，直到程序结束，这就是顺序结构编程。程序最基本的结构就是顺序结构，如图 2-10 所示。如果银行年利率不论本金及存期是多少，都是固定的，就可以使用顺序结构实现；如果银行年利率由于本金金额的增长、存期的增加，年利率不同，就无法仅用简单的顺序结构实现了。

假设银行年利率：一年利率为3.25，三年利率为4.75，则实现代码如下：

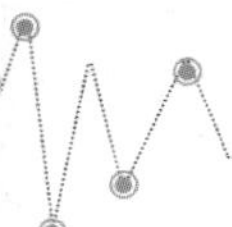

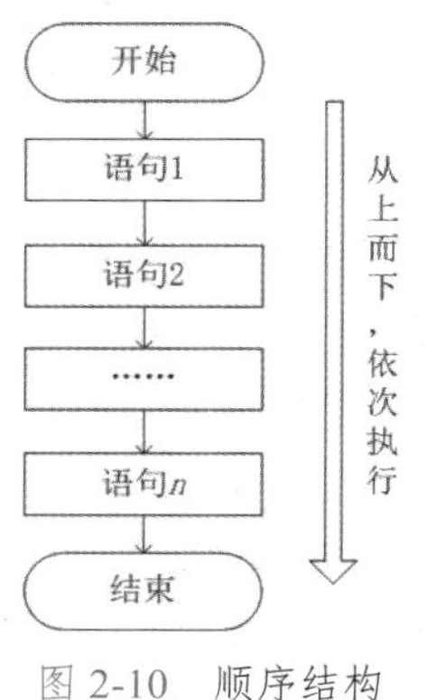

图 2-10　顺序结构

```
# 程序功能：实现整存整取定期存储业务利息计算
print("****************************************")
capital = int(input("请输入本金："))                # 输入本金
syear = int(input("请输入存期："))                  # 输入存期
if(syear < 3):                                      # 年利率
    interest = 3.25
else:
    interest = 4.75
tatal_account = capital + capital*syear*interest/100
print("到期存款金额：%.2f"%(tatal_account))
print("****************************************")
```

若输入本金 10000，存期 1 年，则运行结果如图 2-11 所示。

若输入本金 10000，存期 3 年，则运行结果如图 2-12 所示。

```
****************************************
请输入本金：10000
请输入存期：1
到期存款金额：10325.00
****************************************
```

图 2-11　本金 10000、存期 1 年本息计算结果

```
****************************************
请输入本金：10000
请输入存期：3
到期存款金额：11425.00
****************************************
```

图 2-12　本金 10000、存期 3 年本息计算结果

以上程序中的 if-else 语句不是顺序执行的，而是选择语句，根据存期选择对应的年利率进行计算，其具体应用和编程方法详见第 3 章。

微视频 2-3

本章小结

本章从程序的数据与计算思维的角度出发，主要讲述了 Python 程序的基本语句与语法格式、变量与数据的类型、运算表达式的使用方法，以便读者正确阅读和理解 Python 的程序语句，熟悉基本数据类型，能运用表达式实现计算，能运用输入、输出语句和赋值语句编写简单的对话和计算程序，为后续的学习打下扎实的基础。

1）语句与语法格式

语句一般是由变量、关键字和表达式构成的具有一定功能的指令行。语句只有符合基本格式和书写规范，才能由计算机解释和执行。Python 语句允许一个语句一行，也可以允许一个语句横跨多行，只需要使用一对括号括住即可，“( )”“[ ]”“{ }”不限，但不可以混用。

代码段是由多个语句构成的复合语句，垂直对齐的语句是一个代码段。代码段以“:”开始，以结束缩进为结束。所以，代码缩进是 Python 语法的强制要求。

空行能够增加代码的可读性，方便理解。以“#”开头的语句为注释语句，不是执行语句，也是为了方便读者阅读和理解程序给出的提示。

标识符是由字符或下画线开头的一串符号和名称，常用于作为变量、函数、类、模块等对象的名字，严格区分大小写，中间不能出现分隔符和运算符等。标识符一般不要与 Python 赋予特定意义的一些关键字重名。

2）变量与数据类型

变量是用来存储和运算时代表数据的一种符号，在程序运行过程中，变量的值可以不断变化。变量的命名要遵守规则，注意有效性和易读性。

Python 有数字、逻辑、字符串、列表、元组、集合、字典 7 种标准的数据类型。不同的数据类型之间不能直接进行运算，需要数据类型转换，通常采用强制类型转换的方式，把一些数据转换为需要的类型。

3）运算表达式的使用

运算符是一些具有运算功能的特殊符号，操作数是参与运算的数据。表达式是使用运算符将不同类型的数据按照一定的规则连接起来的式子，由运算符和操作数组成。运算表达式的应用可以有效解决编程中的计算问题。

思考探索

一、填空题

1. Python 用于单行注释的符号是________。
2. 变量只能由________、________、________组成。
3. 已知 a=2，b=4，可以计算 2 的 4 次方的表达式为________。
4. Python 的复数由________和________两部分组成。
5. Python 用于表示逻辑与、逻辑或、逻辑非运算的关键字分别是________、________、________。

二、判断题

1. 标识符能够以数字开头。（　　）
2. 赋值语句采用符号“=”表示。（　　）
3. Python 语言语句块的标记是“;”。（　　）
4. 变量名要选择有意义的单词，做到见名知意，便于程序阅读。（　　）

三、简答题

1. Python 可以使用以下（　　）符号进行多行注释。

A．#　　B．//　　C．"　　D．'''

2. 以下选项中，不是 Python 语言的关键字的是（　　）。

A．while　　B．do　　C．except　　D．pass

3. 关于 Python 程序框架，以下选项中描述错误的是（　　）。

A．Python 语言的缩进可以采用 Tab 键实现

B．Python 单层缩进代码属于之前最邻近的一行非缩进代码，多层缩进代码根据缩进关系决定所属范围

C．Python 不采用严格的缩进来表明程序框架

D．Python 的关键字不能作为变量名。

4. Python 中，关于数据类型，以下说法中错误的是（　　）。

A．Python 数据类型只包括数字类型、字符串类型和布尔类型

B．56、-123 都是整数类型

C．布尔类型只有 True 和 False 两种值

D．"python"是字符串类型

5．语句“print(12//3 + 12%3 - 12/3/2)”的运行结果是（　　）。

A．6.0　　B．2.0　　C．2　　D．4

6．下列语句中，（　　）在 Python 中是非法的。

A．x = (y = z + 1)　　B．x = y = z = 1

C．x, y = y, x　　D．x += y

四、思考题

产业发展分析

人工智能作为一门前沿交叉学科，是研究、开发用于模拟、延伸和扩展人的智能的理论、方法、技术及应用系统的一门新的技术科学，可视为计算机科学的一个分支，其研究包括机器人、语音识别、图像识别、自然语言处理和专家系统等。

人工智能概念的提出始于 1956 年的美国达特茅斯会议。人工智能至今已经有 60 多年的发展历史，从诞生至今经历了三次发展浪潮，分别是 1956—1970 年、1980—1990 年和 2000 年至今。当前人工智能处于第三个发展高潮期，得益于算法、数据和算力三方面共同的进展。

2017 年 7 月，国务院印发了《新一代人工智能发展规划》，将人工智能上升到国家战略层面，受益于国家政策的大力支持，以及资本和人才的驱动，我国人工智能行业的发展走在了世界前列。中国信通院公布的测算数据显示，2021 年中国人工智能产业规模为 4041 亿元，同比增长 33.3%。

近年来，人工智能在经济发展、社会进步、国际政治经济格局等方面已经产生重大而深远的影响。《中华人民共和国国民经济和社会发展第十四个五年规划和 2035 年远景目标纲要》对“十四五”及未来十余年我国人工智能的发展目标、核心技术突破、智能化转型与应用以及保障措施等方面都做出了部署。根据《新一代人工智能发展规划》，到 2025 年，我国人工智能基础理论实现重大突破，部分技术与应用达到世界领先水平，人工智能成为带动我国产业升级和经济转型的主要动力，智能社会建设取得积极进展，人工智能核心产业规模将超过 4000 亿元，带动相关产业规模超过 5 万亿元；到 2030 年，我国人工智能理论、技术与应用总体达到世界领先水平。

（来源：前瞻产业研究院）

同学们，你们有什么启示呢？

科技报国、责任担当、积极创新、不畏困难、团队协作

 实训项目

“eBANK 银行欢迎界面及菜单功能实现程序设计”任务单

任务名称	eBANK 银行欢迎界面及 菜单功能实现程序设计	章节	2	时间	
班 级		组长		组员	
任务描述	eBANK 银行的首页需要设计一个友好的、美观的欢迎界面，给客户以良好的体验感。然后显示对应的业务功能菜单（如存款、取款、查询余额、货币兑换、退出系统等），指导客户选择所需要办理的业务。最后根据客户所选择办理的业务，实现具体的菜单功能，完成业务办理。请编写代码，实现以上功能				
任务环境	Python 开发工具，计算机				
任务实施	1．运用输出语句实现欢迎界面的显示 2．运用输出语句实现业务功能菜单的显示 3．运用输入语句实现菜单选择 4．运用输入语句实现存款金额等输入 5．运用算术运算，计算客户当前余额 6．运用输出语句显示余额等相关信息				
调试记录	（主要记录程序代码、输入数据、输出结果、调试出错提示、解决办法等）				
总结评价	（总结编程思路、方法，调试过程和方法，举一反三，经验和收获体会等） 请对自己的任务实施做出星级评价 □ ★★★★★ □ ★★★★ □ ★★★ □ ★★ □ ★				

拓展项目

“eBANK 银行货币兑换功能程序设计”任务工作单

<table>
<tr><td>任务名称</td><td>eBANK 银行货币兑换功能程序设计</td><td>章节</td><td>2</td><td>时间</td><td></td></tr>
<tr><td>班 级</td><td></td><td>组长</td><td></td><td>组员</td><td></td></tr>
<tr><td>任务描述</td><td colspan="5">eBANK 银行准备新增货币兑换功能：显示各类外币的汇率信息；按照客户选择的外币计算兑换的外币金额；成功兑换后，显示客户账户的当前余额
相关信息如下：人民币兑换外币的公式为“外币=人民币×汇率”。比如，人民币兑美元汇率为：1 人民币=0.1578 美元，那么 10000 元兑成美元就是，10000*0.1578=1578 美元。1 人民币=0.1578 美元，1 人民币=0.1446 欧元，1 人民币=18.5016 日元，1 人民币=195.1569 韩元
请编写代码，实现以上功能</td></tr>
<tr><td>任务环境</td><td colspan="5">Python 开发工具，计算机</td></tr>
<tr><td>任务实施</td><td colspan="5">1. 运用输出语句显示外币的类型及兑换汇率
2. 运用输入语句请客户输入选择的兑换外币类型和兑换金额
3. 运用算术运算，计算出兑换的外币金额
4. 运用算术运算，计算客户当前余额
5. 运用输出语句显示余额等相关信息</td></tr>
<tr><td>调试记录</td><td colspan="5">（主要记录程序代码、输入数据、输出结果、调试出错提示、解决办法等）</td></tr>
<tr><td>总结评价</td><td colspan="5">（总结编程思路、方法，调试过程和方法，举一反三，经验和收获体会等）

请对自己的任务实施做出星级评价
□ ★★★★★ □ ★★★★ □ ★★★ □ ★★ □ ★</td></tr>
</table>

第 3 章

程序流程控制

计算机程序的运行过程原则上是逐条读取指令并按顺序执行指令，当程序运行到某步后，需要根据特定的条件去选择或跳转执行另一段程序，或者反复执行一段程序，这时就需要由程序流程控制语句完成程序的选择、循环或跳转功能。在 Python 程序设计中，除了顺序执行语句，还可以由条件语句和循环语句来实现程序的选择、循环或跳转。

本章主要从 Python 程序流程控制的视角，围绕程序中的条件选择语句编程、循环控制语句编程、异常情况处理编程三个任务进行分析讨论和编程实践，并通过银行柜员机个人存储业务处理项目案例中的条件，执行相应代码块的功能设计和实现，带领读者正确理解程序的基本结构、流程控制语句和利用条件参数来控制程序的执行过程的方法，感受 Python 程序的结构之美，并初步形成程序流程控制的编程能力、程序阅读分析能力和程序调试能力。

第3章 程序流程控制

- 任务3.1 条件选择语句编程
  - 理解分支结构使用场景
  - 了解分支结构特点
  - 掌握单分支if语句的语法和执行过程
  - 掌握双分支if-else语句的语法和执行过程
  - 掌握多分枝if-elif-else语句的语法和执行过程
  - 掌握if嵌套语句的语法和执行过程
  - 熟练完成拥护登录判断任务的分析和编程
- 任务3.2 循环语句编程
  - 理解循环结构使用场景和特点
  - 掌握while语句的语法和执行过程
  - 掌握for语句的语法和执行过程
  - 理解while语句和for语句的区别和联系
  - 熟练完成限制误操作次数任务的分析和编程
- 任务3.3 分支循环嵌套编程
  - 理解循环嵌套的概念
  - 掌握内循环和外循环的关系
  - 理解死循环出现的场景
  - 理解循环嵌套的执行过程
  - 理解分支嵌套与循环嵌套的关系
  - 掌握程序中断语句、continue语句的应用
  - 熟练完成菜单功能选项任务的分析和编程

岗位能力：

- ✧ 问题、流程、算法、程序逻辑思维能力
- ✧ 条件选择语句的比较、分析和应用能力
- ✧ 循环语句的比较、分析和应用能力
- ✧ 程序中断、continue语句的应用能力
- ✧ 使用程序流程控制语句解决实际问题的能力
- ✧ 集成开发环境下程序的运行与调试能力

技能证书标准：

- ✧ 使用PyCharm等集成开发工具编写项目源代码和运行
- ✧ 根据命名规范对文件和代码命名
- ✧ 掌握循环和分支等语句结构
- ✧ 掌握Python数据结构的常用操作

学生技能竞赛标准：

- ✧ 编程基础
- ✧ 程序流程控制语句的语法及应用
- ✧ 对业务逻辑、业务需求及功能的理解
- ✧ 规划业务流程并编码实现功能

思政素养：

- ✧ 理解流程控制语句及思维，树立工匠意识
- ✧ 理解条件和循环结构开发流程，培养分析解决问题的能力
- ✧ 了解程序员的素质要求，培养踏实严谨、吃苦耐劳、一丝不苟的职业素质

任务 3.1　条件选择语句编程

任务分析

【任务描述】

eBANK 柜员机系统需要通过验证才能登录系统，验证的方式是客户银行卡号和密码双重验证。当客户开始使用系统时，系统要求客户输入银行卡号和密码，两者都符合，客户才能登录系统，使用系统相应的功能。

顺序结构程序是指程序中的语句完全按照它们的排列顺序执行。顺序结构程序一般由定义变量、已知变量赋值或输入语句、未知变量求值语句、输出语句等组成。顺序结构程序的编写方法与普通物理题求解十分相似。但在实际问题求解过程中，往往会需要根据输入或计算数据的结果进行分析和判断，以决定执行哪一段程序代码，或需要跳过若干段程序代码去执行其他代码。本节通过 eBANK 银行柜员机客户登录身份验证子系统程序段的案例介绍，让读者感受客户银行卡号和密码双重验证，掌握判断登录成功或失败的程序编写方法，掌握在 Python 程序设计中运用条件选择语句编写多功能应用程序的规范、要求和方法。

【任务要领】

- ❖ 算法的概念
- ❖ 程序的概念
- ❖ 程序设计语言
- ❖ 计算思维的概念
- ❖ Python 程序设计的发展、特点
- ❖ 确定项目所需的程序设计语言的一般方法

技术准备

结构化程序设计方法是软件发展的一个重要里程碑。它的主要观点是：采用自顶向下、逐步求精的程序设计方法；使用三种基本控制结构构造程序，任何程序都可由顺序、选择、循环三种基本控制结构构造，有利于提高程序可读性、易维护性、可调性和可扩充性。

条件选择语句是用来判断给定的条件是否满足，并根据判断的结果（真或假）来决定执行的语句，从而改变代码的执行顺序，实现更多的功能。Python 的选择结构是使用 if 条件语句来实现的。Python 中的 if 条件语句可以分为单分支 if 语句、双分支 if-else 语句、多分支 if-elif-else 语句和 if 嵌套语句。

3.1.1 单分支 if 语句

if 语句是最简单的条件语句，由关键字 if、判断条件和“:”组成。if 语句和从属于该语句的代码段可组成选择结构，其语法格式如下：

```
if 判断条件:
    代码段
```

以上格式中的 if 关键字和“:”分别标识 if 语句的起始和结束，判断条件与 if 关键字以空格分隔，代码段通过缩进与 if 语句产生关联。

执行 if 语句时，若判断条件成立（判断条件的布尔值为 True），则执行之后的代码段；若判断条件不成立（判断条件的布尔值为 False），则跳出选择结构，继续向下执行。if 语句的执行流程如图 3-1 所示。

选择结构
判断条件
True
False
代码段

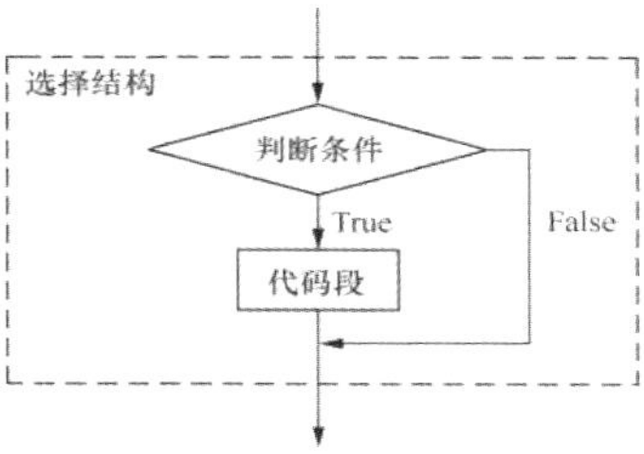

图 3-1 if 语句的执行流程

【例 3-1】假设考试成绩不低于 60 分的学生为“考试及格”，而小明的考试成绩为 88 分，编程实现小明的成绩评估结果的输出。

示例代码如下：

```
score = 88
if score >= 60:
    print("考试及格!")
```

如果将变量 score 的值修改为 55，再次运行代码，那么控制台没有输出任何结果，说明程序未执行 if 语句的代码段。

3.1.2 双分支 if-else 语句

单分支 if 语句只能处理满足条件的情况，但一些场景不仅需要处理满足条件的情况，也需要对不满足条件的情况做特殊处理。因此，Python 提供了可以同时处理满足和不满足条件的 if-else 语句。

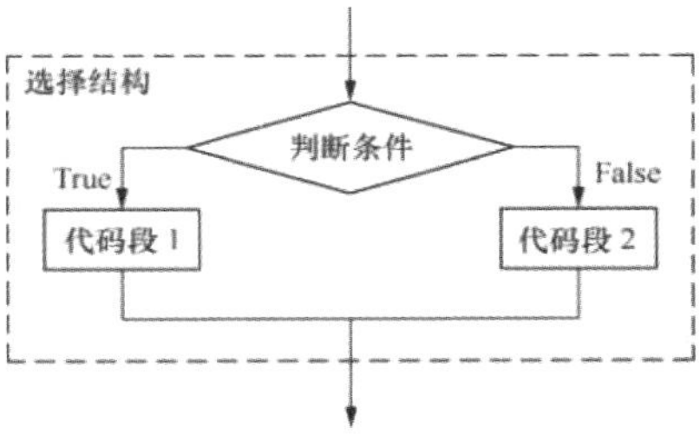

if-else 语句的语法格式如下：

```
if 判断条件:
    代码段 1
else:
    代码段 2
```

如果判断条件成立，就执行 if 语句后的代码段 1，否则执行 else 语句后的代码段 2。if-else 语句的执行流程如图 3-2 所示。

选择结构
判断条件
True
False
代码段 1
代码段 2

图 3-2 if-else 语句的执行流程

【例 3-2】 使用 if-else 语句优化考试成绩评估程序，兼顾考试及格和不及格这两种评估结果。

示例代码如下：

```
score = 88
```

```
if score >= 60:
    print("考试及格！")
else:
    print("考试不及格！")
```

3.1.3 多分支 if-elif-else 语句

根据 3.1.2 节的考试成绩评估程序可知，该程序只能评估考试及格和不及格的情况，但实际评估成绩时会分为优、良、中、差 4 个或更多等级，if-else 局限于两个分支，无法处理这种场景。因此，Python 提供了可创建多个分支的 if-elif-else 语句。

if-elif-else 语句的语法格式如下：

```
if 判断条件 1:
    代码段 1
elif 判断条件 2:
    代码段 2
elif 判断条件 3:
    代码段 3
else:
    代码段 n
```

以上格式中，if 关键字与判断条件 1 构成一个分支，每个 elif 关键字与其他判断条件构成其他任意分支，else 语句构成最后一个分支；每个条件语句及 else 语句与代码段之间均采用缩进的形式进行关联。

执行 if-elif-else 语句时，若 if 的判断条件成立，执行 if 语句后的代码段 1；否则，查看 elif 语句的判断条件 2，若成立，则执行 elif 语句后的代码段 2，否则继续向下执行。以此类推，若所有判断条件均不成立，则执行 else 语句后的代码段。

if-elif-else 语句的执行流程如图 3-3 所示。

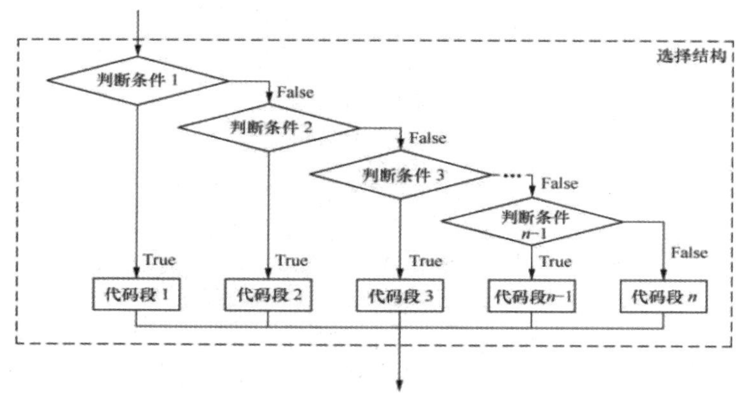

图 3-3　if-elif-else 语句的执行流程

【例 3-3】 使用 if-elif-else 语句优化考试成绩评估程序，使得程序可以根据分值进行优、良、中、差 4 个等级的评估。

考试成绩不低于 85 分时，评估结果为“优”；考试成绩低于 85 分且不低于 75 分时，评估结果为“良”；考试成绩低于 75 分且不低于 60 分时，评估结果为“中”；考试成绩低于

60 分时，评估结果为“差”。具体流程如图 3-4 所示。

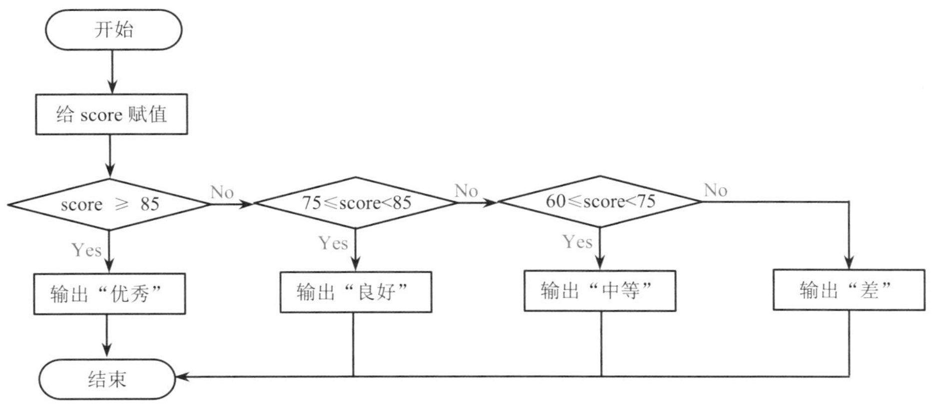

图 3-4　例 3-3 程序执行流程

示例代码如下：

```
score = 88
if score >= 85:
    print("优")
elif 75 <= score < 85:
    print("良")
elif 60 <= score < 75:
    print("中")
else:
    print("差")
```

3.1.4　if 嵌套语句

依据成绩划分优、良、中、差 4 个等级的程序，我们也可以把及格与否作为第一个判断条件，及格的成绩中再把不同分值作为第二个判断条件，形成两个条件之间的嵌套：先判断外层条件，条件满足后才判断内层条件，两层条件都满足时才执行内层的操作。

Python 通过 if 嵌套可以实现程序中条件语句的嵌套逻辑。if 嵌套语句的语法格式如下：

```
if 判断条件 1:                              # 外层条件
    代码段 1
    if 判断条件 2:                          # 内层条件
        代码段 2
```

若外层判断条件（判断条件 1）的值为 True，则执行代码段 1，并对内层判断条件（判断条件 2）进行判断：若判断条件 2 的值为 True，则执行代码段 2，否则跳出内层选择结构，顺序执行外层选择结构中内层选择结构后的代码；若外层判断条件的值为 False，则直接跳过条件语句，既不执行代码段 1，也不执行内层选择结构。

if 嵌套语句的执行流程如图 3-5 所示。

【例 3-4】　使用 if 嵌套语句重新优化考试成绩评估程序。

首先，根据成绩是否大于 60 分作为及格与否的第一个判断条件，若不满足，则输出“差”；

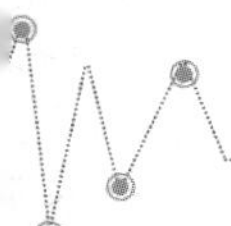

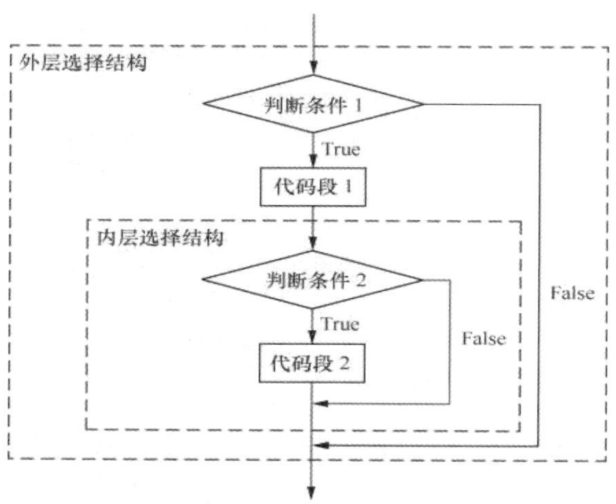

图 3-5　if 嵌套语句的执行流程

否则，判断第二个条件，若满足，则输出“优秀”；否则，判断第三个条件，若满足，则输出“良好”；否则进行第四个条件的判断，若满足，则输出“中等”。

程序执行流程如图 3-6 所示。

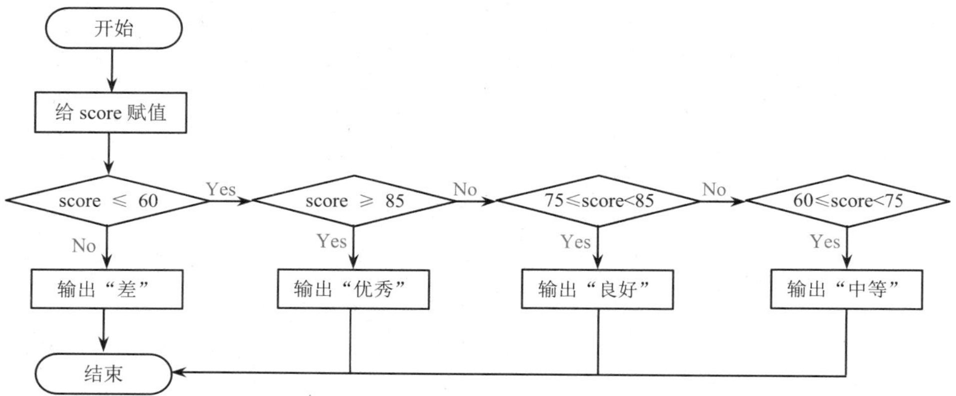

图 3-6　例 3-4 的程序执行流程

示例代码如下：

```
score = 88
if  score >= 60:
    if  score >= 85:
        print("优秀")
    elif  75 <= score < 85:
        print("良好")
    elif  60 <= score < 75:
        print("中等")
else:
    print("差")
```

条件语句是根据给定条件成立与否来决定是否执行某段程序，if 语句用于单分支条件，if-else 语句用于双分支条件，if-elif-else 语句适用多分支条件，当条件较多时，也可以采用 if

嵌套方式来编写程序。

下面利用分支条件语句实现 eBANK 柜员机系统的登录功能，分析客户登录操作流程（常称为业务流程），设计登录功能（程序工作流程）的实现流程，然后编写代码并进行调试。

3.1.5 客户登录判断编程

1. 客户操作流程分析

个人客户到银行营业网点的柜员机上自助办理业务时，首先需要进行客户登录操作，其基本操作流程如下。

第一步：检查柜员机开机状况，查看客户登录提示显示是否正常。

第二步：输入存储客户的银行存折账号或银行储蓄卡号（一般是通过刷卡或存折来自动读取账号）。

第三步：输入存储客户该账号的客户密码。

第四步：程序根据客户输入的账号和密码进行比对，检查输入的正确性。

第五步：根据比对的结果显示客户登录是否成功。

2. 程序工作流程分析

根据客户登录流程的基本操作分析，对应的程序工作流程分析如下。

程序的工作流程与客户操作流程基本相同，即先定义好参数变量，再等待接收客户输入，然后判断输入的正确性。具体程序执行流程如下：

（1）添加程序注释，说明此程序的作用。

（2）使用输出语句显示当前程序是实现登录操作。

（3）使用变量 1 存储客户卡号（设卡号为 622663060001）。

（4）使用变量 2 存储客户密码（设密码为 888888）。

（5）使用输入语句显示“请输入卡号:”，并接受输入。

（6）将输入信息赋值给变量 3。

（7）使用输入语句显示“请输入密码:”，并接受输入。

（8）将输入信息赋值给变量 4。

（9）判断变量 1 与 3、变量 2 与 4 是否相等，相等则显示登录成功，否则显示登录失败。

程序执行流程如图 3-7 所示。

3. 程序代码编写

根据程序工作流程分析，我们可以编写程序代码如下：

```
# 程序功能：客户登录程序
# 显示“存储客户登录”
print('存储客户登录')
# 客户卡号
```

```
account_num = '622663060001'
# 客户密码
account_psw = '888888'
# 提示客户输入卡号
ac_num_in = input('请输入卡号：')
# 提示客户输入密码
ac_psw_in = input('请输入密码：')
# 判断卡号、密码是否正确
if account_num == ac_num_in and
                      account_psw == ac_psw_in:
    print('登录成功！')
else:
    print('登录失败！')
```

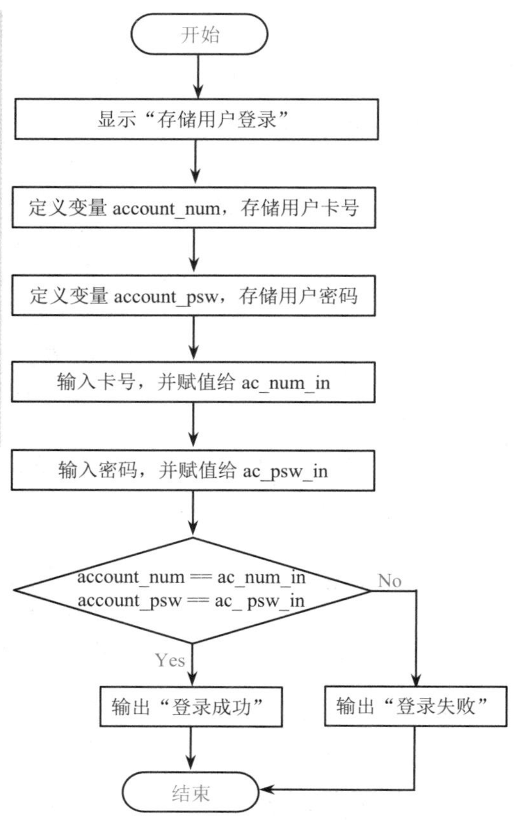

图 3-7　程序执行流程

4．程序运行测试

（1）打开 PyCharm 程序编辑开发环境，在“Python_程序流程控制”项目下新建一个 Python 文件，文件名为“01_实现客户登录.py”。

（2）逐行输入上述代码，检查程序代码、变量、参数的正确性。

（3）单击右键，从弹出的快捷菜单中选择“运行（U）01_实现客户登录”。

（4）根据程序运行的提示，分别输入正确的卡号和密码。

（5）检查程序运行结果的正确性，如图 3-8 所示。

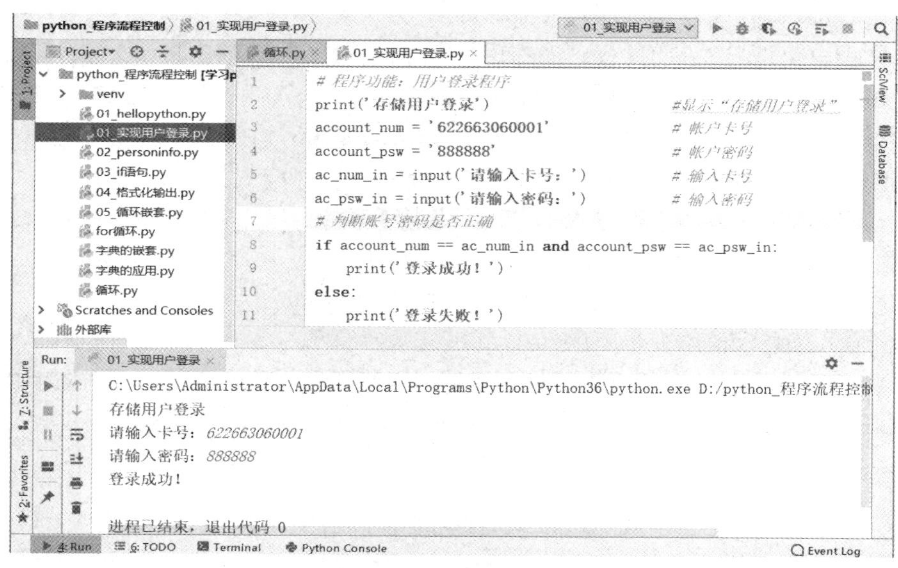

图 3-8　在 PyCharm 中输入代码并运行

当客户输入的卡号或密码出现错误时，判断条件不成立，则程序执行 else 后的语句，输出“登录失败”。例如，密码输入错误，则关系表达式 account_psw == ac_psw_in 为 False，

那么 if 语句后的值为 False，执行 else 后的语句，如图 3-9 所示。

图 3-9 密码输入错误

以上代码中，当客户输入的内容使得变量 ac_num_in = '622663060001'且 ac_psw_in = '888888'时，程序运行后，打印输出“登录成功”；若修改变量 ac_num_in 或 ac_psw_in 任意一个的值，则不满足 account_num == ac_num_in and account_psw == ac_psw_in 的条件，程序再次运行时，就会输出“登录失败”。

注意：当条件程序嵌套层次较多时，需要处理好分支层次关系，否则程序容易出现逻辑错误。解决办法是规范程序代码的编写格式，一是检查语句语法的完整性，二是检查语句中的标点符号的正确性，三是嵌套程序段采用缩进方式排列，四是嵌套程序段增加注释，提高程序的可读性。

5. 程序改进讨论

当程序判断条件不止一个时，我们可以采用 if 嵌套语句来实现客户登录程序，用一个 if 语句判断账户卡号是否正确，只有输入账户卡号正确，才需要继续输入账户密码，再用另一个 if 语句判断账户密码是否正确。具体代码如下：

```
# 程序功能：客户登录程序
print('存储客户登录')                              # 显示“存储客户登录”
account_num = '622663060001'                      # 账户卡号
account_psw = '888888'                            # 账户密码
ac_num_in = input('请输入卡号：')                  # 输入卡号
# 判断账号密码是否正确
if account_num == ac_num_in:
    ac_psw_in = input('请输入密码：')              # 输入密码
    if account_psw == ac_psw_in:
        print('登录成功！')
    else:
        print('账户密码错误！')
```

```
else:
    print('账户卡号错误！')
```

微视频 3-1

任务 3.2　循环语句编程

【任务描述】

eBANK 银行客户在登录 ATM 系统时，有时候根据实际需要会反复进行不同的操作，或者同一操作会重复进行多次，要实现这些功能，可以使用循环语句来实现。

eBANK 银行客户需要通过验证才能登录 ATM 系统，同时系统有登录容错机制，允许客户在登录时不小心输错卡号或密码，但客户在指定时间间隔内只能输入 3 次，如果在指定时间内客户账号或密码错误输入超过 3 次，系统会提示不允许再次登录。在 Python 程序设计中，可以使用循环语句设定条件，使程序按照指定条件重复执行相同操作，直到条件不成立时结束。

【任务要领】

- 循环的概念
- 循环结构
- 循环语句
- 算法设计方法

技术准备

结构化程序设计方法的第二种基本控制结构就是循环语句。循环语句的作用就是当满足给定的条件时，让指定的代码重复地执行，直到条件不成立时结束。其中，给定的条件称为循环条件，重复执行的代码称为循环体，还有一个用来使循环条件发生变化的循环变量，这三个构成了循环语句的三要素。

Python 语言的循环语句有 while 语句和 for 语句两种。

3.2.1 while 语句

while 循环就是在循环条件成立时，重复执行代码段直到循环条件不成立时为止。最常用的应用场景就是让执行的代码按照指定的次数重复执行，其基本语法格式如下：

```
while 条件表达式 :
    代码段
```

其中，条件表达式就是循环条件，代码段就是循环体。

执行 while 语句时，首先计算条件表达式的值，如果为真（True），则执行代码段（循环体）中的代码，执行完再重复计算条件表达式的值是否为真，若仍为真，则继续重复执行代码段，如此重复，直到条件表达式的值为假（False）时退出循环。

while 语句的执行流程如图 3-10 所示。

【例 3-5】 使用 while 循环语句编写程序，求 S=1+2+3+…+100 的值。

程序执行流程如图 3-11 所示。

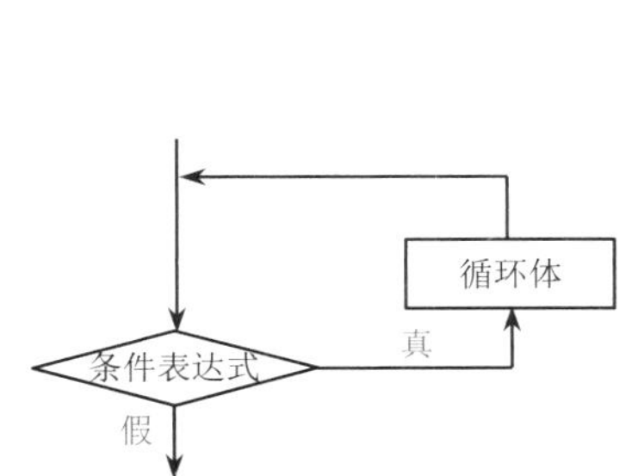

图 3-10 while 语句执行流程

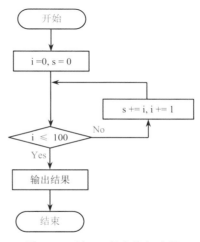

图 3-11 例 3-5 程序执行流程

示例代码如下：

```
i = 1                                # 创建变量 i，赋值为 1
S = 0                                # 创建变量 S，赋值为 0
while i <= 100:                      # 循环，当 i>100 时结束
    S += i                           # 求和，将结果放入 S
    i += 1                           # 变量 i 加 1，修改条件
print("S=1+2+3+…+100 的值时：", S)    # 输出 S 的值 print('账户卡号错误！')
```

while 循环语句是“先判断，后执行”。若刚进入循环时条件就不满足，则循环体一次也不执行。另外，一定要有语句修改判断条件，使其有不成立（为假）的时候，否则将出现“死循环”。

3.2.2 for 语句

for 循环，又称为遍历循环，允许遍历一系列值。在 Python 中，for 循环常用于遍历字符串、列表、元组、字典等序列类型数据，逐个获取序列中的各元素。

for 循环语句的基本语法格式如下：

```
for 循环变量 in 序列:
    代码段
```

其中，for 和 in 是关键字，序列则为一系列的值，可以是字符串、列表、元组和字典等序列类型，代码段就是循环体。

for 循环语句的执行过程为：循环开始后，循环变量首先取得 in 后序列中的第一个值，然后执行循环体，循环体执行完成后，循环变量取序列中的下一个值再执行循环体，如此循环，直到把序列中最后一个值取得并执行完循环体，则整个 for 循环结束，如图 3-12 所示。

【例 3-6】 使用 for 循环语句编写程序，求 S=1+2+3+…+10 的值。

示例代码如下：

```
S = 0                                  # 创建变量 S，赋值为 0
for i in  range(1, 11):                # 循环变量 i 从 1 循环到 10
    s = s + i                          # 求和，将结果放入 S
print("S=1+2+3+…+10 的值是：", S)      # 输出 S 的值
```

for 循环语句经常与 range()函数一起使用。range()函数是 Python 的内置函数，可创建一个连续整数列表，range(1, 11) 表示生成一个 1～10 之间的连续整数序列。

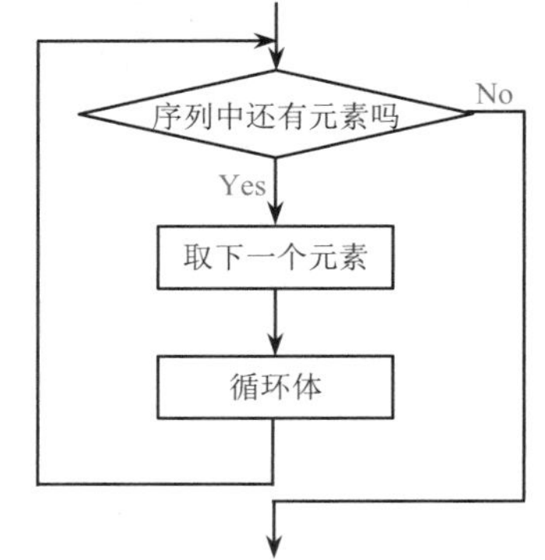

图 3-12　for 循环语句的执行过程

3.2.3　限制误操作次数编程

1. 识别登录误操作流程分析

个人客户到银行营业网点的柜员机上自助办理存储业务时，首先需要进行客户登录操作，如果出现误操作（如账号或密码输入错误），系统会进行相应提示，客户根据系统提示重新进行相应操作。其基本操作流程包括以下几步。

（1）检查柜员机开机状况，查看客户登录提示是否正常。

（2）输入客户的银行存折账号或银行储蓄卡号。

（3）输入相应的密码。

（4）根据客户输入的账户和密码，进行比对，检查输入的正确性。

（5）如果比对的结果正确，就显示登录成功。

（6）如果比对的结果显示客户登录失败，根据系统提示，返回到第二步，重新输入账户和密码，进行比对，直到登录成功或者超过 3 次都不成功时退出。

2. 程序工作流程分析

根据上述客户登录流程的基本操作分析，对应的程序工作流程分析如下所示。

（1）添加程序注释，说明此程序的作用。

（2）使用输出语句显示当前程序是实现识别登录误操作。

（3）使用变量 1 存储卡号（假设卡号为 622663060001）。

（4）使用变量 2 存储密码（假设密码为 888888）。

（5）设置变量记录操作的次数。

（6）判断客户输入次数是否超过 3 次，如果没有超过，就执行循环体，否则退出。

（7）使用输入语句显示“请输入卡号：”，并接受输入，将输入信息赋值给变量 3。

（8）使用输入语句显示“请输入密码：”，并接受输入，将输入信息赋值给变量 4。

（9）判断变量 1 和 3、变量 2 和 4 是否相等，相等，则显示登录成功，退出本循环，否则显示登录失败和剩余登录次数。

（10）使操作次数加 1。

（11）回到第 6 步继续执行程序。

具体工作流程如图 3-13 所示。

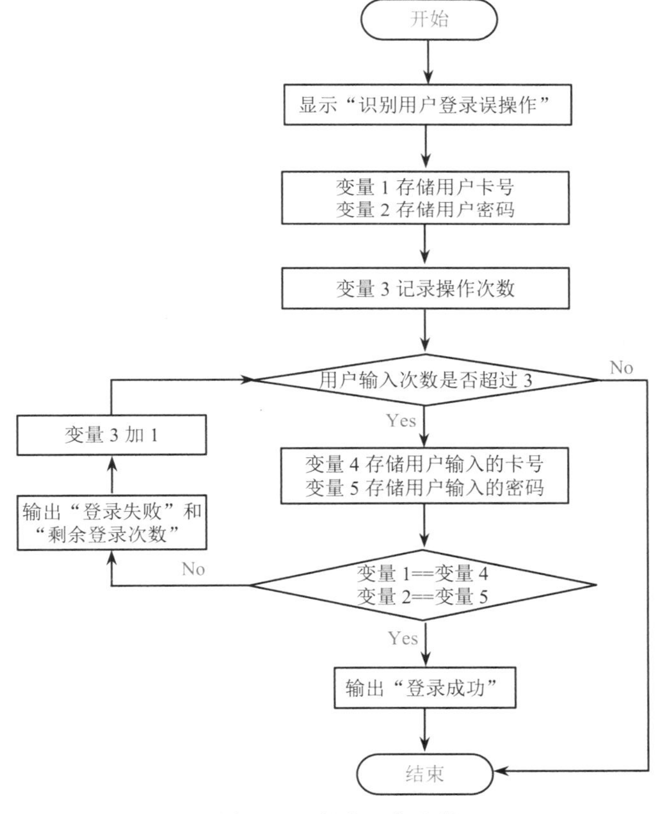

图 3-13　程序工作流程

3. 程序代码编写

根据程序工作流程分析，我们可以逐行编写下列程序代码：

```
# 程序功能：带三次验证的识别登录误操作
print('识别客户登录误操作')                        # 显示“识别客户登录误操作”
account_num = '622663060001'                      # 账户卡号
account_psw = '888888'                            # 账户密码
# 使用 while 循环，实现验证功能
```

```
num = 1                                             # 设置操作的次数
while num <= 3:
    ac_num_in = input('请输入卡号：')                  # 输入卡号
    ac_psw_in = input('请输入密码：')                  # 输入密码
    if account_num == ac_num_in and account_psw == ac_psw_in:    # 判断账号密码是否正确
        print('登录成功！')                            # 显示“登录成功!”，退出程序
        break
    else:
        print('卡号或密码错误，登录失败！剩余登录次数： ', 3-i)
        num = num + 1                                 # 操作次数加 1
```

4．程序运行测试

打开 PyCharm，在“Python_程序流程控制”项目下新建一个 python 文件，文件名为“02_识别登录误操作.py”，逐行输入上述代码，单击右键，从弹出的快捷菜单中选择“运行（U）02_识别登录误操作”命令，按照程序提示，分别输入错误的卡号和密码，程序运行结果如图 3-14 所示。

图 3-14　识别客户登录误操作

以上代码中，当客户输入的次数少于 3 次时，如果客户输入的内容使变量 ac_num_in 或 ac_psw_in 的值不等于预设的 account_num 和 account_psw 变量的值，则不满足 account_num == ac_num_in and account_psw == ac_psw_in 的条件，程序运行时打印输出“登录失败！剩余登录次数:”，同时提示“请输入卡号:”，重复执行循环体。如果客户输入的次数超过 3 次，就退出程序。

如果客户输入的账户和密码正确且次数没有超过 3 次，就提示“登录成功”并退出程序，

如图 3-15 所示。

```
Run: 02_识别登录误操作
识别用户登录误操作
请输入卡号: 1
请输入密码: 1
卡号或密码错误，登录失败!
请重新输入卡号和密码
请输入卡号: 622663060001
请输入密码: 888888
登录成功!

进程已结束，退出代码 0
```

图 3-15 识别用户登录

5. 程序改进讨论

在 Python 中，while 和 for 语句都可以实现循环功能，凡是 while 循环能实现的功能，使用 for 循环也可以实现。本任务也可以使用 for 循环实现相应的验证功能，代码如下：

```
# 使用 for 循环，实现验证功能
for num in range(1:4):
    ac_num_in = input('请输入卡号：')              # 输入卡号
    ac_psw_in = input('请输入密码：')              # 输入密码
    if account_num == ac_num_in and account_psw == ac_psw_in:
        print('登录成功！')                        # 显示“登录成功!”，退出程序
        break
    else:
        print('卡号或密码错误，登录失败！剩余登录次数：', 3-i)
```

微视频 3-2

任务 3.3 分支和循环嵌套

【任务描述】

eBANK 银行客户成功登录 ATM 系统后，会根据客户的输入选项进行判断，决定下一步要执行的业务操作，在此过程中，系统会根据实情进行多次的判断或重复执行相同的业务。在 Python 中如何实现这些需求呢？

eBANK 银行客户通过验证成功登录 ATM 系统后，客户经常进行的主要有存款、取款、查询等业务操作，而且有时候对相应的业务要重复执行多次，直到完成所有业务后退出。要实现这些业务功能，Python 程序可以使用循环语句或者循环语句的嵌套来实现客户多次进行的重复操作，直到完成业务时退出 ATM 系统。

【任务要领】

❖ 循环嵌套的概念

❖ 内循环
❖ 外循环
❖ 死循环
❖ 循环嵌套执行过程
❖ 分支嵌套与循环嵌套的关系

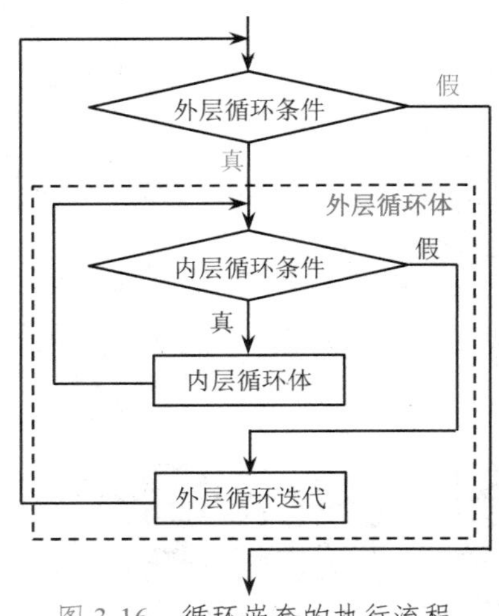

图 3-16 循环嵌套的执行流程

技术准备

3.3.1 循环嵌套

在 Python 中，一个循环中包含另一个或多个循环，称为循环的嵌套，如 while 循环中套入 while 循环或者 for 循环，for 循环中套入 for 循环或者 while 循环。当两个（或多个）循环嵌套时，一般把位于外层的循环称为外层循环或外循环，位于内层的循环称为内层循环或内循环，内层循环是外层循环的循环体一部分。因此，循环嵌套在执行时，外层循环执行一次循环，则内层循环要完全循环一回。循环嵌套的执行流程如图 3-16 所示。

循环嵌套执行过程如下。

（1）若外层条件为真，开始执行外层循环结构中的循环体。

（2）外层循环由内层循环和其他代码构成，当内层条件为真时，开始执行内层循环的循环体；直到内层循环条件为假时，退出内层循环。

（3）若此时外层条件仍为真，则返回（2），继续执行外层循环体；直到外层循环条件为假时，退出整个循环。

【例 3-7】 编写程序，输出九九乘法表，格式如下：

```
1 * 1 = 1
1 * 2 = 2	2 * 2 = 4
1 * 3 = 3	2 * 3 = 6	3 * 3 = 9
1 * 4 = 4	2 * 4 = 8	3 * 4 = 12	4 * 4 = 16
1 * 5 = 5	2 * 5 = 10	3 * 5 = 15	4 * 5 = 20	5 * 5 = 25
1 * 6 = 6	2 * 6 = 12	3 * 6 = 18	4 * 6 = 24	5 * 6 = 30	6 * 6 = 36
1 * 7 = 7	2 * 7 = 14	3 * 7 = 21	4 * 7 = 28	5 * 7 = 35	6 * 7 = 42	7 * 7 = 49
1 * 8 = 8	2 * 8 = 16	3 * 8 = 24	4 * 8 = 32	5 * 8 = 40	6 * 8 = 48	7 * 8 = 56	8 * 8 = 64
1 * 9 = 9	2 * 9 = 18	3 * 9 = 27	4 * 9 = 36	5 * 9 = 45	6 * 9 = 54	7 * 9 = 63	8 * 9 = 72	9 * 9 = 81
```

示例代码如下：

```
row = 1                                         # 定义起始行
while row <= 9: # 最大打印 9 行
    col = 1                                     # 定义起始列
    while col <= row:                           # 最大打印 row 列
        print("%d * %d = %d" % (col, row, row * col), end = "\t")
        col += 1                                # 列数+1
        print("")                               # 一行打印完成时换行
```

```
    row += 1                                          # 行数+1
```

3.3.2 分支和循环嵌套编程

实际应用中，分支代码段中可以嵌套循环程序，循环中的代码段中也可以嵌套分支程序。

注意：嵌套必须是完全嵌入，即分支中套分支，分支中套循环，循环中套分支。嵌套不可以交叉，否则程序运行时会出错。

【例 3-8】 编写程序，输出 100～200 之间的素数。

素数是指只能被 1 和它本身整除的数。算法比较简单，先将这个数被 2 除，若能整除且该数不等于 2，则该数不是素数；若该数不能被 2 整除，再看是否能被 3 整除；若能被 3 整除且该数不等于 3，则该数不是素数；否则，再判断是否被 4 整除。以此类推，该数只要是能被小于本身的某整数整除，就不是素数。

示例代码如下：

```
print("100到200之间的所有素数是：")
i = 100                                               # 判断第一个数100
while  i <= 200:
    j = 2                                             # 从2开始相除
    while  i % j != 0:                                # 不能被2整除
        j += 1
        if  i == j:
            print("%4d" %i)                           # 输出素数
    i = i + 1                                         # 判断下一个数
```

3.3.3 程序中断语句

1. 跳转语句

跳转语句可以在执行过程进行跳过、中断等操作，主要命令是 break、continue。其中，break 是中断循环，continue 是直接执行下一次循环，通常与 for 或 while 配合使用。但由于跳转语句会将代码复杂化，不利于代码的可阅读性，建议少用。

2. break 语句

while 和 for 循环只要循环条件成立，循环就一直执行循环体，只有当循环条件不成立时才退出循环。但在实际应用中，有时希望循环没有结束就强制终止循环，这时可以使用 break 和 continue 语句来实现。

在循环过程中，如果某条件满足后不再希望循环继续执行，可以使用 break 退出循环，其语法格式如下：

```
break
```

执行过程是：立即终止当前循环的执行，即跳出它所在的循环体，转入循环后的其他语句。

【例 3-9】 编写程序，求 S=1+2+3+…+100 的值，当求和到 3 时退出循环语句。

示例代码如下：

```
s = 0                                  # 创建变量s，赋值为0
```

```
i = 1                                          # 创建变量 i，赋值为 1
while  i <= 10:                                # 循环变量 i 从 1 循环到 10
    s = s + i                                  # 求和，将结果放入 s 中
    if i == 3:                                 # i 的值是 3 时退出循环
        break
    i = i + 1
print("S=1+2+3+…+10 的值是：", s)               # 输出 s 的值
```

3.3.4　continue 语句

在循环过程中，如果某条件满足后不希望执行循环代码，但是不希望退出循环，可以使用 continue 语句，也就是说在整个循环中，continue 的作用是终止执行本次循环尚未运行的代码，直接开始继续执行下一次循环。其语法格式如下：

```
continue
```

其执行过程是：在循环体中遇到 continue 后，程序会跳过循环体中余下的语句，直接转向循环条件的测试部分，然后根据循环条件决定下步如何执行。

【例 3-10】 编写程序，输出 1～5 之间的奇数。

示例代码如下：

```
i = 0
while i <= 5:
    i = i + 1
    if  i % 2 == 0:
        continue
    print(i)
```

3.3.5　菜单功能选项编程

1. 完善系统菜单功能操作流程分析

个人客户到银行营业网点的柜员机上自助办理业务时，首先需要进行客户登录操作，如果出现误操作（如账号或密码输入错误），系统会进行相应提示，当客户登录成功后，系统会提示客户选择存款、取款、查询等功能，然后根据客户输入的功能选项，系统进行下一步的处理。客户根据情况一般会多次进行重复的操作，直到选择退出系统功能时，系统退出。其基本操作流程包括以下。

（1）检查柜员机开机状况，查看客户登录提示显示是否正常。

（2）输入存储客户的银行存折账号或银行储蓄卡号。

（3）输入存储客户的该账号的客户密码。

（4）程序根据客户输入的账号和密码进行比对，检查输入的正确性。

（5）根据比对的结果显示客户登录是否成功。

（6）如果比对的结果显示客户登录失败，根据系统提示，返回到第二步，重新输入客户账号和密码进行比对，直到登录成功或者超过 3 次都不成功时退出。

（7）登录成功，显示系统菜单功能。

（8）提示客户选择相应的业务功能。

（9）根据客户输入的功能选项，进行判断，执行相应的业务功能操作，如有暂时无法实现的则显示“成功选择了某某功能”。

（10）客户本次功能结束后，回到第七步，也就是显示系统菜单，提示客户选择业务功能，当客户选择退出时，退出系统。

根据上述系统菜单功能操作流程分析，对应的程序工作流程分析如下所示。

2．程序工作流程分析

（1）添加程序注释，说明此程序的作用。

（2）使用输出语句显示当前程序是实现系统菜单功能；

（3）使用变量 1 存储客户卡号（设卡号为 622663060001）。

（4）使用变量 2 存储客户密码（设密码为 888888）。

（5）设置变量记录操作的次数。

（6）判断客户输入次数是否超过 3 次，如果没有超过，执行循环体，否则退出。

（7）使用输入语句显示“请输入卡号：”，并接受输入，将输入信息赋值给变量 3。

（8）使用输入语句显示“请输入密码：”，并接受输入，将输入信息赋值给变量 4。

（9）判断变量 1 和 3、变量 2 和 4 是否相等，相等则显示登录成功，退出本循环，否则显示登录失败和剩余登录次数。

（10）使操作次数加 1。

（11）回到第 6 步继续执行程序。

（12）使用输出语句显示当前程序是“系统菜单功能”。

（13）使用输入语句接受客户选择的业务并赋值给变量 1。

（14）用循环语句实现系统菜单的存款、取款、查询余额、退出等功能。

（15）根据选择结果执行相应功能，如有暂时无法实现的则显示“成功选择了某某功能”。

（16）返回第 12 步，根据客户输入处理相应业务功能，指导客户输入 5 时退出系统。

程序执行流程如图 3-17 所示。

3．程序代码编写

根据程序工作流程分析，我们可以编写如下程序代码：

```
# 带三次验证的登录功能
account_num = '622663060001'                    # 客户卡号
account_psw = '888888'                          # 客户密码
print('识别客户登录误操作')                      # 显示“识别客户登录误操作”
num = 1                                         # 设置操作的次数
# 判断客户输入次数是否超过 3 次，若没有超过，则执行循环体，否则退出
while num <= 3:
    ac_num_in = input('请输入卡号：')            # 输入卡号
    ac_psw_in = input('请输入密码：')            # 输入密码
```

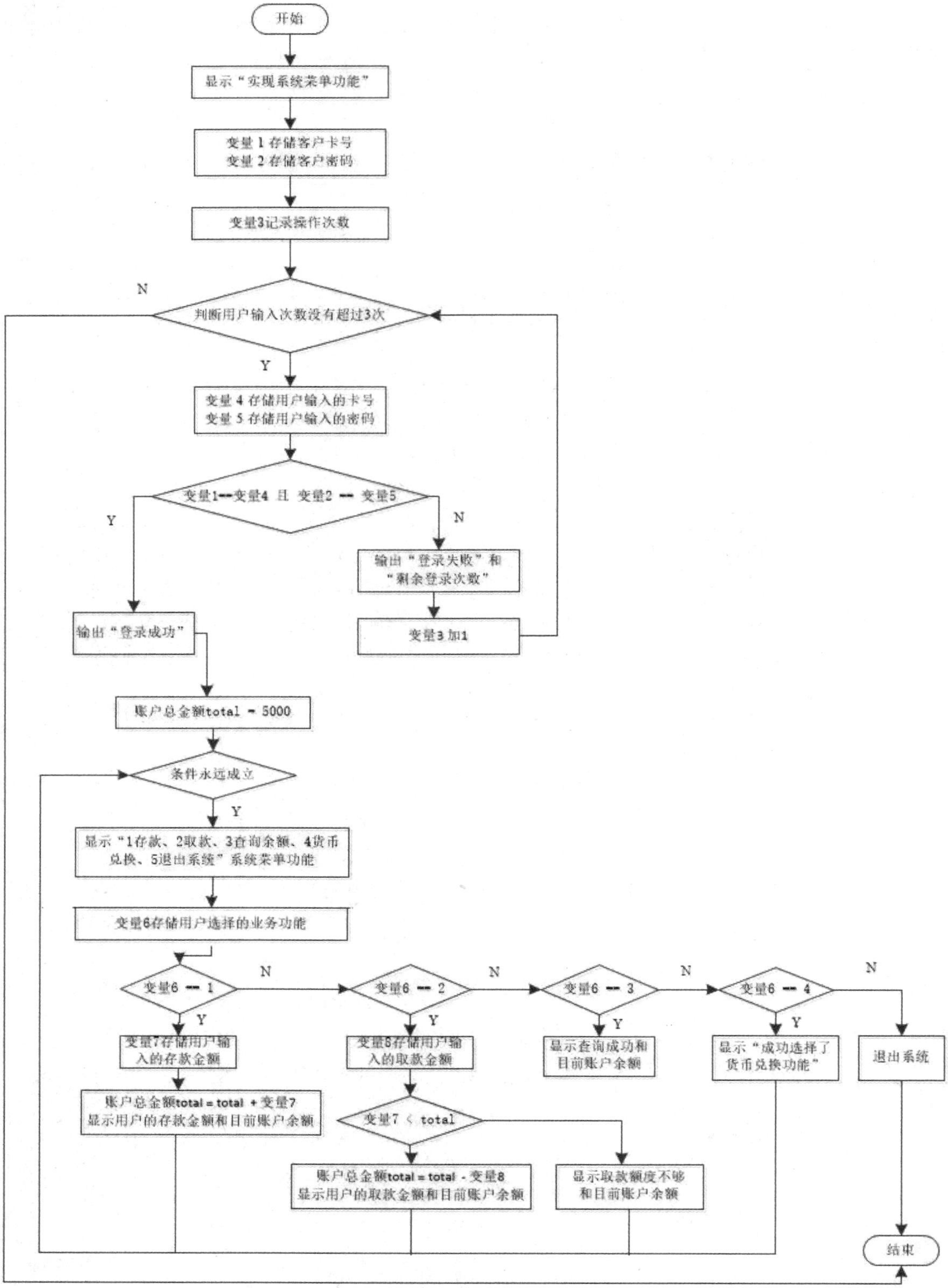

开始

显示“实现系统菜单功能”

变量 1 存储客户卡号
变量 2 存储客户密码

变量3记录操作次数

判断用户输入次数没有超过3次

N

Y

变量 4 存储用户输入的卡号
变量 5 存储用户输入的密码

变量1==变量4 且 变量2 == 变量5

Y

N

输出“登录失败”和“剩余登录次数”

变量3 加1

输出“登录成功”

账户总金额total = 5000

条件永远成立

Y

显示“1存款、2取款、3查询余额、4货币兑换、5退出系统”系统菜单功能

变量6存储用户选择的业务功能

变量6 == 1

N

Y

变量7存储用户输入的存款金额

账户总金额total = total + 变量7
显示用户的存款金额和目前账户余额

变量6 == 2

N

Y

变量8存储用户输入的取款金额

变量7 < total

账户总金额total = total - 变量8
显示用户的取款金额和目前账户余额

显示取款额度不够和目前账户余额

变量6 == 3

N

Y

显示查询成功和目前账户余额

变量6 == 4

N

Y

显示“成功选择了货币兑换功能”

退出系统

结束

图 3-17　程序执行流程

```
    # 判断账号密码是否正确
    if account_num == ac_num_in and account_psw == ac_psw_in:
        print('登录成功！')                          # 显示“登录成功!”，退出程序
        break
    else:
        print('卡号或密码错误，登录失败！剩余登录次数：',3 - num)
        num = num + 1                              # 操作次数加1
total = 5000                                       # 账户当前总额度
while True:                                        # 显示系统菜单功能，并处理客户选择的业务功能
    print("*" * 40)
    print("1、存款" + "-" * 20 + "请输入1")
    print("2、取款" + "-" * 20 + "请输入2")
    print("3、查询余额" + "-" * 16 + "请输入3")
    print("4、货币兑换" + "-" * 16 + "请输入4")
    print("5、退出系统" + "-" * 16 + "请输入5")
    print("*" * 40)
    choose_num = int(input("请选择您需要的业务功能："))
    if choose_num == 1:
        number_in =  float(input("请输入您的存款金额:"))
        total = total + number_in
        print("存款成功，您本次存款的金额是 %.2f 元，目前账户余额是 %.2f 元" % (number_in,total))
    elif choose_num == 2:
        number_out = float(input("请输入取款金额:"))
        if number_out < total:
            total = total - number_out
            print("取款成功，您本次取款的金额是%.2f 元，目前账户余额是%.2f 元" % (number_out, total))
        else:
            print("抱歉，取款额度不够！您目前的账户余额是：%.2f" % total)
    elif choose_num == 3:
        print("查询成功，您目前账户余额是%.2f 元" % total)
    elif choose_num == 4:
        print("您成功选择了货币兑换功能")
    else:
        break
```

程序功能：实现系统的存款、取款、查询、退出四个功能

4．程序改进讨论

在 Python 中，while 和 for 语句都可以实现循环功能，凡是 while 循环能实现的功能使用 for 循环也可以实现，如果可能，在编程时需要注意哪些细节？请读者思考并进行验证。

微视频 3-3

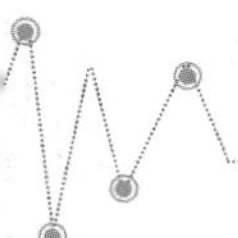

本章小结

在 Python 中，程序的执行过程原则上是依次逐条执行，但需要有选择性地执行某些语句或需要多次反复执行某些语句时，就需要使用程序流程控制语句来改变程序的执行过程。

单分支条件语句（if 判断条件:）可以根据判断条件是否成立来决定是否执行后续代码段，条件不成立则跳过后续代码段，继续向下执行其他程序语句。

双分支条件语句（if-else）是根据判断条件是否成立来决定选择执行其中的一段代码，即如果判断条件成立，执行 if 语句后面的代码段 1，否则执行 else 语句后的代码段 2。

多分支条件语句（if-elif-else）是根据判断条件来选择执行某段代码，即：若 if 条件 1 成立，执行 if 语句后的代码段 1；若 if 条件 1 不成立，继续判断 elif 语句的判断条件 2，条件 2 成立则执行 elif 语句后的代码段 2，否则继续向下执行。以此类推，直至所有的判断条件均不成立，执行 else 语句后面的代码段。

条件语句也可以嵌套使用。当程序的执行条件比较复杂时，可以使用条件嵌套方法来编写多层判断的程序，即在某个条件成立执行的代码段中再次使用 if 等条件语句。此时需要特别注意的是，在执行 if 嵌套时，若外层判断条件（判断条件 1）的值为 True，执行代码段 1，并对内层判断条件（判断条件 2）进行判断，否则，将无法执行到内层嵌套的条件语句。

循环条件语句（while）是根据条件表达式是否成立来决定后续代码段的执行，即 while 循环就是在循环条件成立时，重复执行代码段，直到循环条件不成立时为止。

循环控制语句（for-in）是根据循环变量从初始值到终止值依次取值，并判断是否超过终止值，依此决定是否执行后续代码段，即循环开始后，循环变量首先取得 in 后序列中的第一个值，然后执行循环体，循环体执行完成后，循环变量取序列中的下一个值，再执行循环体，如此循环，直到把序列中最后一个值取得并执行完循环体后，则整个 for 循环结束。

循环程序也可以嵌套使用，即在外循环的代码段中再嵌套内循环程序，当外循环执行一次时，内循环就需要重复循环执行一遍，直到外循环条件不成立为止。

循环程序也可以与条件语句嵌套，即循环体中可以嵌套条件语句程序，或条件程序中可以嵌套循环程序。在编程和调试过程中，需要注意两点：一是必须是内外嵌套要求完整，不可交叉，否则程序会出现程序逻辑错误；二是条件变量和内层变量的初始值设置要合理，否则程序会得不到应有的计算结果，或出现死循环等严重后果。

在程序编码过程中，需要认真检查语句格式、字符和标点符号的使用、变量名称和初始值设置，对于分支、循环程序，在编码时需要注意程序代码的编排格式，以方便检查嵌套程序的正确性。

在程序的调试过程中，测试程序的正确性可以通过穷举法遍历程序可能的执行路径，可以通过设计变量的域值和边界值以测试程序计算和判断结果的正确性。

程序流程控制语句的深度理解和灵活运用是本章的学习重点，可为后续的程序设计和应用学习打好扎实的基础。

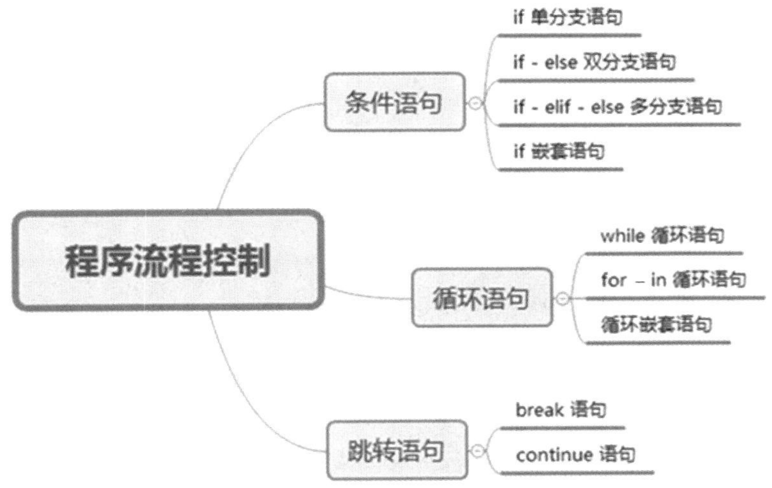

思考探索

一、填空题

1. ________语句是最简单的条件语句。
2. Python 的循环语句有________和________循环。
3. 若循环条件的值变为________，说明程序进入无限循环。
4. ________循环一般用于实现遍历循环。
5. ________语句可以跳出本次循环，执行下一次循环。
6. 下面程序的输出结果是________。

```
i, j, k = 1, 3, 5
while i != 0:
    if i % j == 0:
        print(i)
        break
    i = i + 1
```

7. 以下程序对输入的两个整数按照从小到大的顺序输出，请填空。

```
a = int(input("请输入 a 的值: "))
b = int(input("请输入 b 的值: "))
if ________:
    t = a
    a = b
    ________
print(a, b)
```

二、判断题

1. if-else 语句可以处理多个分支条件。(　　)
2. if 语句不支持嵌套使用。(　　)

3．elif 可以单独使用。（　　）

4．break 语句用于结束循环。（　　）

5．for 循环只能遍历字符串。（　　）

三、选择题

1．下列选项中，运行后会输出 1、2、3 的是（　　）。

A．

```
for  i in range(3):
    print(i)
```

B．

```
for  i in range(2):
    print(i + 1)
```

C．

```
nums = [0, 1, 2]
for  i in nums:
    print(i + 1)
```

D．

```
i = 1
while  i < 3:
    print(i)
    i = i + 1
```

2．如下代码的输出的结果为（　　）。

```
sum = 0
for  i in range(100):
    if(i % 10):
        continue
    sum = sum + i
print(sum)
```

A．5050　　　　B．4950

C．450　　　　D．45

3．已知 x=10，y=20，z=30，以下代码执行后，x、y、z 的值分别为（　　）。

```
if  x < y:
    z = x
    x = y
    y = z
```

A．10，20，30　　　　B．10，20，20

C．20，10，10　　　　D．20，10，30

4．已知 x 与 y 的关系如表 3-1 所示。以下选项中可以正确地表达 x 与 y 之间关系的是（　　）。

表 3-1　x 与 y 的关系

x	y
x<0	x-1
x=0	x
x>0	x+1

A．

```
y = x + 1
if  x >= 0:
    if x == 0:
        y = x
    else:
        y = x - 1
```

B．

```
y = x - 1
if x! = 0:
    if x > 0:
        y = x + 1
    else:
        y = x
```

C．

```
if x <= 0:
    if x < 0:
```

D．

```
y = x
if x <= 0:
```

```
    y = x - 1
  else:
    y = x
else:
  y = x + 1
```

```
if x < 0:
  y = x - 1
else:
  y = x + 1
```

5．下列语句中，可以跳出循环结构的是（　　）。

A．continue　　B．break

C．if　　D．while

四、思考题

产业发展分析

大数据是21世纪的“钻石矿”，中美两国政府高度重视大数据产业发展，都制定了国家大数据发展战略政策体系，为两国大数据产业发展创造良好的政策条件，使两国大数据产业发生深刻变化，使两国成为全球大数据产业发展的引领者。当前美国仍是全球大数据产业的领导者，但中国正处于加紧赶超的状态，在大数据产业发展的部分领域开始具有一定的比较优势。比较中美大数据产业发展来看，我国在互联网普及率、超大型数据中心数量以及产业规模方面仍落后于美国，但在网民规模，数据资源总量、流量规模及增速方面均高于美国，整个大数据产业赶超美国的势头比较迅猛。然而值得注意的是，全球大数据产业发展的底层技术架构，如Hadoop、TensorFlow与Spark等，主要由美国巨头开发，仍然继续引领全球大数据底层技术研发，并在此基础上，形成了比较完整的大数据产业生态系统。相比之下，我国的大数据企业普遍都在基于TensorFlow与Spark的开发，侧重于大数据应用和服务。

（来源：中国新闻网）

同学们，你们有什么启示呢？

科技报国　责任担当　积极创新　不畏困难　团队协作

实训项目

"eBANK 银行登录及界面程序设计"任务工作单

任务名称	eBANK 银行登录及界面程序设计	章节	3	时间	
班 级		组长		组员	
任务描述	eBANK 银行大客户部为有针对性地开发客户资源，拟要求技术主管办公室（CTO）安排开发小组先做一个大客户管理验证系统来获得领导层的支持。职员需要通过验证才能登录系统，验证的方式是职员姓名和密码双重验证。同时系统有登录容错机制，允许职员在登录时不小心输错姓名和密码，但指定时间间隔内只能重新输入 3 次。职员通过验证登录后，需要出现功能选择界面以便客户操作，功能包括录入客户信息、查询客户信息、客户数据统计、客户数据分析、退出系统，要求编写代码，实现以上功能。				
任务环境	Python 开发工具，计算机				
任务实施	1．运用 for-in 循环语句编码控制职员只能登录输入 3 次姓名和密码 2．运用 if 分支语句编码判断输入姓名和密码的正确性，验证登录 3．运用 while 循环语句编码控制功能界面重复出现 4．运用打印语句编码打印登录界面 5．程序的编辑、修改、调试与再现运行等。				
调试记录	（主要记录程序代码、输入数据、输出结果、调试出错提示、解决办法等。）				
总结评价	（总结编程思路、方法，调试过程和方法，举一反三，经验和收获体会等） 请对自己的任务实施做出星级评价 □★★★★★ □★★★★ □★★★ □★★ □★				

拓展项目

“eBANK银行房贷计算器程序设计”任务工作单

<table>
<tr><td>任务名称</td><td>eBANK 银行房贷计算器程序设计</td><td>章节</td><td>3</td><td>时间</td><td></td></tr>
<tr><td>班　级</td><td></td><td>组长</td><td></td><td>组员</td><td></td></tr>
<tr><td>任务描述</td><td colspan="5">eBANK 银行准备开发在线房贷计算器，按客户选择的贷款类型（商业贷款、公积金贷款、组合贷款）、贷款金额（万元）、期限（年）、利率（%）可计算得出每月月供参考（元）、还款总额（元）、支付利息（元）这些信息。这些信息的计算方式如下：
每月月供参考=贷款金额×月利率×(1+月利率)×还款月数÷[(1+月利率) ×还款月数−1]
还款总额=每月月供参考×期限×12
支付利息=还款总额−贷款金额×10000
以上计算方式中，月利率（月利率=利率÷12）指以月为计息周期计算的利息。不同贷款类型的利率是不同的：对于商业贷款而言，5 年以下（含 5 年）的贷款利率是 4.75%，5 年以上的贷款利率是 4.90%；对于公积金贷款而言，5 年以下（含 5 年）的贷款利率是 2.75%，5 年以上的贷款利率是 3.25%。
本案例要求编写程序，根据以上计算方式开发一个房贷计算器。</td></tr>
<tr><td>任务环境</td><td colspan="5">Python 开发工具，计算机</td></tr>
<tr><td>任务实施</td><td colspan="5">1．运用 while 循环语句编码“1．商业贷款　2．公积金贷款　3．组合贷款　4．退出”界面重复出现
2．运用 if 多分支语句实现不同贷款的贷款利息计算
3．贷款利息的公式：
每月月供参考=贷款金额×月利率×(1+月利率)×还款月数÷[(1+月利率)×还款月数−1]
4．合理定义变量：
贷款总额，loan_amount；贷款期限，term；贷款月利率，mon_rate
贷款月供，mon_pay；还款总额，all_pay；贷款利息，interest
5．程序的编辑、修改、调试与再现运行等。</td></tr>
<tr><td>调试记录</td><td colspan="5">（主要记录程序代码、输入数据、输出结果、调试出错提示、解决办法等）</td></tr>
<tr><td>总结评价</td><td colspan="5">（总结编程思路、方法，调试过程和方法，举一反三，经验和收获体会等）

□★★★★★　□★★★★　□★★★　□★★　□★</td></tr>
</table>

第 4 章

组合数据类型

计算机程序不仅要处理数字类型的数据，还要处理一些字符串、列表、元组、集合、字典等组合类型的数据。Python 通过对这些组合数据类型进行规范定义和记录，可以使组合数据类型结构更加清晰，数据访问和运算等操作更加方便，也能极大简化程序员的开发工作，提升开发效率。

本章主要从 Python 程序组合数据运算编程的视角，围绕程序设计中的字符串应用编程、列表与元组应用编程、集合与字典应用编程三个任务的分析讨论和编程实践，并通过 eBANK 银行柜员机系统用户数据处理项目中的组合数据类型的应用设计与实现，希望带领读者正确理解字符串、列表、元组、集合、字典等组合数据的基本结构，组合数据编程处理和应用功能实现方法，感受 Python 程序的组合数据处理的算法魅力并形成程序阅读分析、程序运行与调试的基本能力。

任务 4.1 字符串应用编程

【任务描述】

eBANK 银行信用卡中心需要对用户信用卡的消费进行分析，以便决定如何制定信用卡优惠活动才能更加获得用户的青睐，但是由于操作失误，原来的消费信息变成了一段长长的字符串文字。现在需要通过对字符串数据的编程处理，将字符串消费信息还原成表格样式，以使数据格式更加清晰，方便数据处理与分析。

【任务要领】

- 组合数据类型的认识
- 字符串的概念、创建、访问等基本操作
- 字符串的格式化处理
- 字符串处理的函数
- 字符串编程的执行流程

4.1.1 认识组合数据类型

组合数据类型可将多个相同类型或不同类型的数据组织为一个整体。根据数据组织方式的不同，Python 的组合数据类型可分成 3 类：序列类型、集合类型和映射类型。

1. 序列类型

所谓序列，指的是一块可存放多个值的连续内存空间，这些值按一定顺序排列，可通过每个值所在位置的编号（称为索引）访问它们。Python 中常用的序列类型主要有 3 种：字符串（str）、列表（list）和元组（tuple）。

为了更形象地认识序列，序列可以被看成一家酒店，那么酒店中的每个房间如同序列存储数据的一个个内存空间，每个房间的房间号就相当于索引值。也就是说，通过房间号（索引），我们可以找到这家酒店（序列）中的每个房间（内存空间）。

序列类型在数列的基础上进行了扩展，Python 中的序列支持双向索引：正向递增索引和反向递减索引，如图 4-1 所示。

正向递增索引从左向右依次递增，第 1 个元素的索引为 0，第 2 个元素的索引为 1，以此类推；反向递减索引从右向左依次递减，从右数第 1 个元素的索引为-1，第 2 个元素的索引为-2，以此类推。

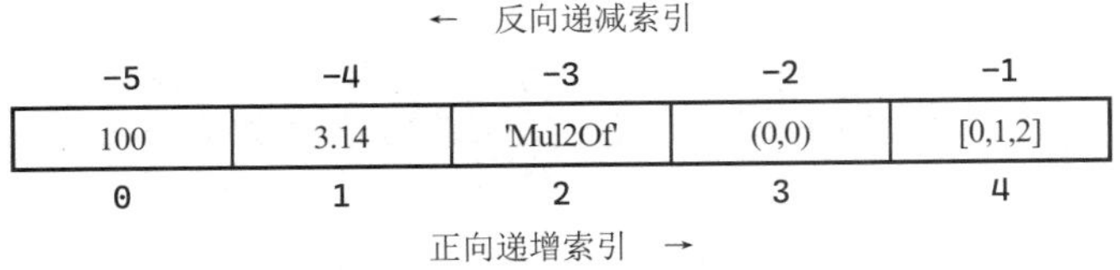

图 4-1 序列的索引体系

2. 集合类型

所谓集合，指的是具有某种特定性质的对象汇总而成的集体，其中组成集合的对象称为该集合的元素。例如，成年人集合的每一个元素都是已满 18 周岁的人。

集合中的元素具有以下特征：① 确定性，集合中的每个元素都是确定的；② 互异性，集合中的元素互不相同；③ 无序性，集合中的元素没有顺序，若多个集合中的元素仅顺序不同，那么这些集合本质上是同一集合。

3. 映射类型

所谓映射，指的是一种关联式的容器类型，存储了对象与对象之间的映射关系，字典是 Python 语言中唯一的映射类型。

字典有两个属性，一个属性是 key（也称为键），一个属性是 value（也称为值），key 和 value 统称为键值对，一个 key 可以对应一个值，也可以对应多个值。通过 key 可以获取到 value。例如，可以把学生编号和姓名以字典方式存储起来，学生编号存储到 key 中，学生姓名存储到 value 中。这样就可以通过学生编号容易找到某位学生了。

4.1.2 字符串介绍

字符串是由字母、符号或数字组成的字符序列，Python 支持使用单引号、双引号和三引号定义字符串，其中单引号和双引号通常定义单行字符串，三引号通常用于定义多行字符串。

1. 创建字符串

字符串是 Python 最常用的数据类型，可以用引号（' 或 "）来创建字符串。创建字符串很简单，只要为变量分配一个值即可。例如：

```
var1 = 'Hello World!'
var2 = "Python Runoob"
```

2. 访问字符串

Python 提供了访问运算符“[ ]”，可以用来访问字符串的单个字符或多个字符。

【例 4-1】 Python 访问子字符串，可以用“[ ]”来截取字符串。

```
var1 = 'Hello World!'
var2 = "Python Runoob"
print ("var1[0]: ", var1[0])
print ("var2[1:5]: ", var2[1:5])
```

运行代码，结果如下：

```
var1[0]:  H
var2[1:5]:  ytho
```

3. 格式化处理字符串

Python 字符串的格式化处理主要是用来将变量（对象）的值填充到字符串中，在字符串中解析 Python 表达式，对字符串进行格式化显示。Python 有 3 种格式化字符串的方式：使用占位符格式化、使用 format()方法格式化和使用 f-string 格式化。

1）使用占位符格式化字符串

使用占位符格式化输出时：在“%”后加数字表示给这个字符多少个位置，不足的会自动使用空格补齐。正数表示右对齐，负数表示左对齐。例如，“%4s”表示右对齐，共占 4 个位置；“%-4s”表示左对齐，共占 4 个位置。Python 中常见的格式符如表 4-1 所示。

表 4-1　Python 中常见的格式符

格式符	格式说明
%s	字符串的格式化，也是最常用的
%d	格式化整数，也比较常用
%c	格式化字符及 ASCII
%f	格式化浮点数，可以指定小数后面的精度，默认是小数点 6 位
%o	格式化无符号八进制数
%x	格式化无符号十六进制数
%e	将整数、浮点数转换成科学记数法
%%	当字符串中存在格式化标志时，需要用“%%”表示一个百分号

【例 4-2】 使用%对字符串进行格式化。

```
name = '小明'
print('我的名字叫%s! '%(name))
print('我的名字叫%4s! '%(name))                    # 右对齐
print('我的名字叫%-4s! '%(name))                   # 左对齐
```

运行代码，结果如下：

```
我的名字叫小明!
我的名字叫  小明!
我的名字叫小明  !
```

2）使用 format()方法格式化字符串

Python 为字符串提供了一个格式化方法 format()，有三种情况的格式化设置。

【例 4-3】 不设置指定位置格式化字符串。

```
name = "{}在{}玩了一天的{}"
data = name.format("小明","网吧","LOL")
print(data)
```

运行代码，结果如下：

```
小明在网吧玩了一天的 LOL
```

【例 4-4】 设置指定名称格式化字符串。

```
name = "{name}在{Location}玩了一天的{game}"
```

```
data = name.format(Location="网吧", game="LOL", name="小明")
print(data)
```

运行代码，结果如下：

```
小明在网吧玩了一天的 LOL
```

【例 4-5】 设置指定位置格式化字符串。

```
name = "{2}在{0}玩了一天的{1}"
data = name.format("网吧", "LOL", "小明",)
print(data)
```

运行代码，结果如下：

```
小明在网吧玩了一天的 LOL
```

3）使用 f-string 格式化字符串

f-string 是一种更为简洁的格式化字符串的方式，在形式上以 f 或 F 引领字符串，在字符串中使用“{变量名}”标识被替换的真实数据和其所在位置。

【例 4-6】 使用 f-string 格式化字符串。

```
age = 20
gendar = '男'
print(f '年龄：{age}，性别：{gendar}')
```

运行代码，结果如下：

```
年龄：20，性别：男
```

4. 字符串的常见操作

1）字符串查找

Python 提供了实现字符串查找操作的 find()方法，查找字符串中是否包含子串，若包含子串，则返回子串首次出现的索引位置，否则返回-1。

【例 4-7】 查找't'是否在字符串'Python'中。

```
word = 't'
string = 'Python'
result = string.find(word)
print(result)
```

运行代码，结果如下：

```
2
```

2）字符串替换

Python 提供了实现字符串替换操作的 replace( )方法，可将当前字符串中的指定子串替换成新的子串，并返回替换后的新字符串。

【例 4-8】 将字符串中的“Then”替换为“then”，并替换 2 次。

```
string = 'He said,"you have to go forward,Then turn left,Then go forward,Then turn right."'
new_string = string.replace("Then","then",2)                # 2 为指定替换的次数
print(new_string)
```

运行代码，结果如下：

```
He said,"you have to go forward,then turn left,then go forward,Then turn right."
```

3）字符串的分割

Python 提供了实现字符串分割操作的 split()方法，可按照指定分隔符对字符串进行分割。

【例 4-9】 分别以空字符、字母 m 为分隔符对字符串进行分割。

```
string = 'The more efforts you make, the more fortune you get.'
print(string.split())
print(string.split('m'))
```

运行代码，结果如下：

```
['The', 'more', 'efforts', 'you', 'make, the', 'more', 'fortune', 'you', 'get.']
['The ', 'ore efforts you ', 'ake,the ', 'ore fortune you get.']
```

4）字符串的连接

Python 提供了实现字符串连接操作的 join( )方法，可以使用指定的字符连接字符串并生成一个新的字符串。

【例 4-10】 使用“*”连接字符串“python”的各字符。

```
char = '*'
string = 'python'
print(char.join(string))
```

运行代码，结果如下：

```
p*y*t*h*o*n
```

Python 中也可以使用运算符“+”连接字符串。例如：

```
string1 = 'Hello'
string2 = 'Python'
print(string1 + string2)
```

运行代码，结果如下：

```
HelloPython
```

5）字符串的大小写转换

Python 提供了实现字符串中字母大小写转换的方法有 upper( )、lower( )、captitalize( )和 title( )。

【例 4-11】 将字符串“hello World”进行大小写转换。

```
string = 'hello World'
print(string.upper())                    # 字符串中的字母转换为大写字母
print(string.lower())                    # 字符串中的字母转换为小写字母
print(string.capitalize())               # 字符串中的字母转换为大写字母
print(string.title())                    # 字符串中的每个单词的首字母转换为大写字母
```

运行代码，结果如下：

```
HELLO WORLD
hello world
Hello world
Hello World
```

6）字符串的对齐

Python 提供了实现字符串对齐的方法有 center( )、ljust( )、rjust( )。

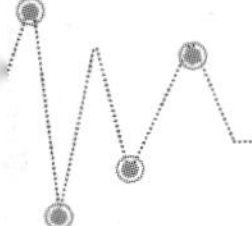

【例 4-12】 将字符串“hello World”对齐。

```
string = 'hello world'
print(string.center(20,"*")                    # 长度为 20，居中显示，使用*补齐
print(string.ljust(20,"*"))                    # 长度为 20，左对齐显示，使用*补齐
print(string.rjust(20,"*"))                    # 长度为 20，右对齐显示，使用*补齐
```

运行代码，结果如下：

```
****hello world*****
hello world*********
*********hello world
```

7）字符串的删除

Python 提供了实现字符串删除的方法有 strip()、lstrip()、rstrip()。

【例 4-13】 将字符串“hello World”删除空格。

```
string = '  hello world!  '
print(string.strip())                          # 删除字符串左右两边的空格
print(string.lstrip())                         # 删除字符串左边的空格
print(string.rstrip())                         # 删除字符串右边的空格
```

运行代码，结果如下：

```
hello world!
hello world!
  hello world!
```

任务实施

在了解了字符串基本概念、字符串格式、字符串操作的基础上，我们现在利用字符串函数实现 eBANK 银行信用卡中心对用户数据进行字符串编程处理，首先对用户数据进行处理的流程（业务流程）分析，其次写出处理功能算法（程序工作流程），然后编写代码，并进行调试。

4.1.3 字符串编程处理

1. 用户操作流程分析

eBANK 银行信用卡中心，需要对用户信用卡的消费进行分析，基本操作流程如下。

（1）原来的消费信息变成了一段长长的字符串文字，需要通过对字符串数据的编程处理。

（2）将字符串消费信息还原成表格样式。

（3）对用户信用卡的消费进行分析，以便决定如何制定信用卡优惠活动才能更加获得用户的青睐。

根据上述用户登录流程的基本操作分析，对应的程序工作流程分析如下。

2. 程序执行流程

（1）添加程序注释，说明此程序的作用。

（2）用 split()函数将消费信息按照行分隔成一个列表。

（3）通过循环结构遍历列表，根据姓名，将列表中的表头列找出来。

（4）用 center()函数将表头居中对齐并保持一定间距。

（5）根据卡号，将列表中的每行找出来，使用 replace()函数，将乱码“@、￥、%、#、^、&”等替换为空白。

（6）使用 strip()函数，去掉首尾空格；使用 upper()函数，进行大小写转换；使用 center()函数，进行数据居中对齐并保持一定间距；最后，输出。

程序执行流程如图 4-2 所示。

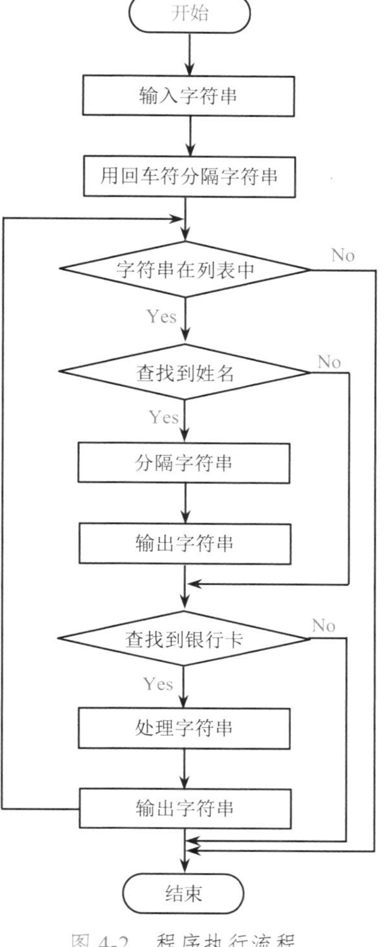

图 4-2　程序执行流程

3. 程序代码编写

本任务的代码如下：

```
import re
def string1(text: str):
    # 中文是两个字符宽度，所以要对其要进行判断
    if re.findall("[0-9]", text):          # 判断是否包含数字
        te = text.center(20, ' ')
    else:
        te = text.center(10, chr(12288))
    return te
string = """
姓名,卡号,信用卡种类,商家,商品,订单号,消费金额
龙￥娅，   62000@@@989780300 ，zn^^82，沙县###小吃，   排&骨& ，
19990388349384593，19.~~~00***
于￥飞，   6200098@9783450 ，us^^14，胖东##来，饮料，
1999&&&0388459385432，10.~~00**
龙￥浩，@@  620009@@89780300 ，cb^^^93，####火车站，高&铁，19990388&&&749383423，59.0~~0****
银行的##记录的 555 发生，到底需 456 要如###%%的发生，又会如何产$生。 本人也 453 是经过***&~了深思熟虑，在每
个 3452 日夜夜思考这个问题。"""
str_list = string.split("\n")                        # 用回车符分割字符串
for  line in str_list:
    if line.find("姓名") == 0:                         # 查找包含姓名的标题列
        titles = line.split(",")
        for t in range(len(titles)):
            titles[t] = string1(titles[t])
        print("".join(titles))
    else:
        if line.find("62000") != -1:                 # 查找包含银行卡共同子串的消费记录
            field_list = line.split("，")             # 用中文逗号分隔字段
            field_list[0] = field_list[0].replace("￥","")                   # 处理字段
            field_list[1] = field_list[1].replace("@","").strip()           # 替换@，去除空格
            field_list[2] = field_list[2].replace("^", "").upper().strip()  # 替换^，转换为大写
            field_list[3] = field_list[3].replace("#", "").strip()          # 替换#，去除空格
            field_list[4] = field_list[4].replace("&", "").strip()
```

```
        field_list[5] = field_list[5].replace("&", "").strip()
        field_list[6] = field_list[6].replace("~", "").rstrip("*")
        for num in range(len(field_list)):
            field_list[num] = string1(field_list[num])
        print("".join(field_list))
```

4. 程序运行测试

运行以上代码，出现如图 4-3 所示的结果。

姓名	卡号	信用卡种类	商家	商品	订单号	消费金额
龙娅	62000989780300	ZN82	沙县小吃	排骨	19990388349384593	19.00
于飞	62000989783450	US14	胖东来	饮料	19990388459385432	10.00
龙浩	62000989780300	CB93	火车站	高铁	19990388749383423	59.00

图 4-3　程序运行结果

微视频 4-1

任务 4.2　列表和元组应用编程

【任务描述】

eBANK 银行风险控制部门需要对一些异常转账记录进行分析，并且找到相关用户，进行冻结处理。已知异常行为包括在不正常时间转账，小笔转账到不同账户等。现提供消费记录和转账记录，运用列表和元组编程统计"转入卡号数"、"00:00-06:00 转账数"、"小于 500 的转账数"的异常记录。

【任务要领】

- 列表、元组的概念
- 列表创建、访问、添加、排序、删除等基本操作
- 列表推导式
- 元组创建、访问等基本操作

4.2.1 列表

列表是 Python 中最灵活的序列类型，没有长度的限制，可以包含任意元素。开发人员可以自由地对列表中的元素进行各种操作，包括创建、访问、添加、排序和删除。

1. 创建列表

Python 列表的创建方式非常简单，既可以直接使用“[ ]”创建，也可以使用内置的 list( ) 函数创建，具体介绍如下。

1）使用“[ ]”创建列表

```
list1 = []                                   # 创建空列表
list2 = [1,2,3]                              # 元素都是数值类型
list3 = ['python','java',2022,1998]          # 元素是字符串和数值类型
list4 = [1,2,['a','b'],'python']             # 元素包括数值类型、字符串和列表类型
```

2）使用 list( )函数创建列表

```
list1 = list(1)                              # 因为 int 类型数据不是可迭代对象，所以列表创建失败
list2 = list('python')                       # 字符串类型是可迭代对象
list3 = list ([1, 'python*'])                # 列表类型是可迭代对象
```

支持通过 for-in 语句迭代获取数据的对象就是可迭代对象。

已学习过的字符串和列表类型的数据可以迭代，它们是可迭代对象，后续将学习的集合、字典、文件类型的数据也是可迭代对象。

2. 访问列表元素

列表中的元素可以通过索引和切片的方式进行访问，也可以在循环中依次访问。下面分别介绍这 3 种访问列表元素的方式。

1）以索引方式访问列表元素

索引就像图书的目录，阅读时可以借助目录快速定位到书籍的指定内容，访问列表时可以借助索引快速定位到列表中的元素。

以索引方式访问列表元素的语法格式如下：

```
list [n]
```

表示访问列表 list 中索引为 n 的元素。

Python 中的序列类型支持双向索引，其中正向索引从 0 开始，自左至右依次递增；反向索引从-1 开始，自右向左依次递减。

【例 4-14】 分别按正向索引和反向索引访问列表中的同一个元素。

```
list1 = ['physics', 'chemistry', 1997, 2000]
print(list1[1])                              # 正向索引
print(list1[-3])                             # 反向索引
```

运行代码，结果如下：

```
chemistry
chemistry
```

2）以切片方式访问列表元素

切片用于截取列表中的部分元素，获取一个新列表。

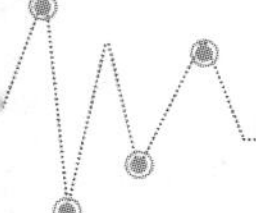

切片的语法格式如下：

```
list[m:n:step]
```

表示按步长 step 获取列表 list 中索引 m～n 对应的元素（不包括 list[n]），其中，step 默认为 1；m 和 n 可以省略，若 m 省略，表示切片从列表首部开始，若 n 省略，表示切片到列表末尾结束。

【例 4-15】 切片方式访问列表元素。

```
list1 = ['physics', 'chemistry', 1997, 2000]
print (list1[1:4:2])        # 按步长 2 获取 list1 中索引 1～4 对应的元素
print (list1[2: ])          # 获取 list1 中索引 2 至末尾对应的元素
print (list1[ :3])          # 获取 list1 中索引 0～3 对应的元素
print (list1[: ])           # 获取 list1 中的所有元素
```

运行代码，结果如下：

```
['chemistry', 2000]
[1997, 2000]
['physics', 'chemistry', 1997]
['physics', 'chemistry', 1997, 2000]
```

3）在循环中依次访问列表元素

列表是一个可迭代对象，在 for-in 语句中逐个访问列表中的元素。

【例 4-16】 for 循环访问列表中元素。

```
list1 = ['physics', 'chemistry', 1997, 2000]
for li in list1:
    print(li, end = " ")
```

运行代码，结果如下：

```
physics chemistry 1997 2000
```

3. 添加列表元素

向列表中添加元素是一种非常常见的列表操作，Python 提供了 append()、extend()和 insert()方法，以满足用户向列表中添加元素的不同需求。关于这些方法的具体介绍如下。

1）append()方法

append()方法用于在列表末尾添加新的元素。

【例 4-17】 用 append()方法列表添加元素。

```
list1 = ['Java', 'C#', 'PHP','HTML']
list1.append('Python')
print(list1)
```

运行代码，结果如下：

```
['Java', 'C#', 'PHP', 'HTML', 'Python']
```

2）extend()方法

extend()方法用于在列表末尾一次性添加另一个列表中的所有元素，即使用新列表扩展原来的列表。

【例 4-18】 extend()方法向列表添加元素。

```
list1 = ['Java', 'C#', 'PHP','HTML']
list2 = [1, 2, 3, 4]
print(list1.extend(list2))
print(list1)
print(list2)
```

运行代码，结果如下：

```
['Java', 'C#', 'PHP','HTML', 1, 2, 3, 4]
[1, 2, 3, 4]
```

3）insert()方法

insert()方法用于按照索引将新元素插入列表的指定位置。

【例 4-19】 insert()方法向列表添加元素。

```
list1 = ['Java', 'C#', 'PHP', 'HTML']
list1.insert(2, 'Python')                    # 将新元素 Python 插入列表 list1，索引为 2 的位置
print(list1)
```

运行代码，结果如下：

```
['Java', 'C#', 'Python', 'PHP', 'HTML']
```

4．排序列表元素

排序列表元素是将列表中的元素按照某种规定进行排列。Python 中常用的列表元素排序方法有 sort()、sorted()、revers()。

1）sort()方法

sort()方法用于按特定顺序对列表元素排序，语法格式如下：

```
sort(key = None, reverse = False)
```

其中，参数 key 用于指定排序规则，该参数可以是列表支持的函数，默认值为 None；参数 reverse 用于控制列表元素排序的方式，可以取值 True 或 False，取值为 True 表示降序排列，取值为 False（默认值）表示升序排列。

【例 4-20】 使用 sort()方法对列表元素排序后，有序的元素会覆盖原来的列表元素，不产生新列表。

```
list1 = [6, 2, 5, 3]
list2 = [7, 3, 5, 4]
list3 = ['Python','Java', 'PHP']
list1.sort()                                 # 升序排列列表中的元素
list2.sort(reverse = True)                   # 降序排列列表中的元素
# len()函数可以计算字符串的长度，按照列表中每个字符串长度排序
list3.sort(key = len)
print(list1)
print(list2)
print(list3)
```

以上代码创建了 3 个列表，其中列表 list1 按照默认方式（升序）排列列表中的元素，列表 list2 按照降序排列列表元素，列表 list3 按照列表中每个元素字符串的长度进行升序排序。

运行代码，结果如下：

```
[2, 3, 5, 6]
[7, 5, 4, 3]
['PHP', 'Java', 'Python']
```

2）sorted()方法

sorted()方法用于按升序排列列表元素，返回值是升序排列后的新列表，排序操作不会对原列表产生影响。

【例 4-21】 sorted()方法排序列表元素。

```
list1 = [4, 3, 2, 1]
list2 = sorted(list1)
print (list1)                                    # 原列表
print (list2)                                    # 排序后的列表
```

运行代码，结果如下：

```
[4, 3, 2, 1]
[1, 2, 3, 4]
```

3）reverse()方法

reverse()方法用于逆置列表，即把原列表中的元素从右至左依次排列存放。

【例 4-22】 reverse()方法排序列表元素。

```
list1 = ['a','b','c','d']
list1.reverse()
print(list1)
```

运行代码，结果如下：

```
['d', 'c', 'b', 'a']
```

5. 删除列表元素

删除列表元素的常用方式有 del 语句、remove()方法、pop()方法和 clear()方法。

1）del 语句

del 语句用于删除列表中指定位置的元素。

【例 4-23】 del 语句删除列表元素。

```
names = ['Baby','Lucy', 'Alise']
del names[0]                                     # 删除指定元素
print(names)
```

运行代码，结果如下：

```
['Lucy', 'Alise']
```

del 语句也可以删除整个列表。例如：

```
del names
```

此时再打印列表 names，程序会出现错误，错误信息如下：

```
NameError: name 'names' is not defined
```

2）remove()方法

remove()方法用于移除列表中的某元素，若列表中有多个匹配的元素，则 remove()方法只移除匹配到的第 1 个元素。

【例 4-24】 remove( )方法删除列表元素。

```
chars = ['h','e','l','l','e']
chars.remove('e')                                 # 移除匹配到的第 1 个'e'
print(chars)
```

运行代码，结果如下：

```
['h', 'l', 'l', 'e']
```

3）pop( )方法

pop( )方法用于移除列表中的某元素，若未指定具体元素，则移除列表中的最后一个元素。

【例 4-25】 pop( )方法删除列表元素。

```
numbers = [1, 2, 3, 4, 5]
print (numbers.pop())                             # 移除列表中的最后 1 个元素
print (numbers.pop (1))                           # 移除列表中索引为 1 的元素
print(numbers)
```

运行代码，结果如下：

```
5
2
[1, 3, 4]
```

4）clear( )方法

clear( )方法用于清空列表。

【例 4-26】 clear( )方法删除列表元素。

```
names = [1, 2, 3]
names.clear()
print(names)
```

运行代码，结果如下：

```
[]
```

由以上结果可知，列表 names 被清空了。

6. 列表推导式

列表推导式是符合 Python 语法规则的复合表达式，能以简洁的方式根据已有的列表构建满足特定需求的列表。由于列表使用“[]”创建，列表推导式用于生成列表，因此列表推导式放在“[]”中。

列表推导式的语法格式如下：

```
[exp for x in list]
```

以上格式由表达式 exp 和之后的 for-in 语句组成。其中，for-in 用于遍历列表（或其他可迭代对象），exp 用于在每层循环中对列表中的元素进行运算。使用上面的列表推导式可方便地修改列表中的每个元素。

【例 4-27】 将列表中的每个元素都替换为它的平方。

```
list1 = [1, 2, 3, 4, 5, 6, 7, 8]
list2 = [data*data for data in list1]
print(list2)
```

运行代码，结果如下：

```
[1, 4, 9, 16, 25, 36, 49, 64]
```

除了上面介绍的基本格式，列表推导式还可以结合 if 条件语句或嵌套 for 循环语句生成更灵活的列表。

1）带有 if 语句的列表推导式

在基本列表推导式的 for 语句后添加一个 if 语句，就组成了带有 if 语句的列表推导式，其语法格式如下：

```
[exp for x in list if cond]
```

其功能是：遍历列表，若列表中的元素 x 符合条件 cond，则按表达式 exp 对其进行运算后，将其添加到新列表中。

【例 4-28】 将上例结果列表中只保留大于 4 的元素。

```
list3 = [data for data in list1 if data>4]
print(list3)
```

运行代码，结果如下：

```
[5, 6, 7, 8]
```

2）嵌套 for 循环语句的列表推导式

在基本列表推导式的 for 语句后添加一个 for 语句，就实现了列表推导式的循环嵌套，其语法格式如下：

```
[exp for x in list_l for y in list_2]
```

以上格式中的 for 语句按从左至右的顺序分别是外层循环和内层循环，可以根据两个列表快速生成一个新的列表。

【例 4-29】 取列表 1 和列表 2 中元素的和作为列表 3 的元素。

```
list1 = [1,2,3]
list2 = [3, 4, 5]
list3 = [x+y for x in list1 for y in list2]
print(list3)
```

运行代码，结果如下：

```
[4, 5, 6, 5, 6, 7, 6, 7, 8]
```

3）带有 if 语句和嵌套 for 循环语句的列表推导式

列表推导式中嵌套的 for 循环可以有多个，每个循环也都可以与 if 语句连用，其语法格式如下：

```
[exp for x in list_l [if cond]
for y in list_2 [if cond]:
   …
   for n in list_n [if cond]]:
```

以上格式中的 for 语句按从左至右的顺序分别形成带条件的外层循环和内层循环。两个列表中满足条件的元素快速生成一个新的列表。

【例 4-30】 取列表 1 和列表 2 中满足条件的元素的乘积作为列表 3 的元素。

```
list1 = [1, 2, 3, 4, 5]
```

```
list2 = [3, 4, 5, 6, 7]
list3 = [x*y for x in list1 if x >3 for y in list2 if y>5]
print(list3)
```

运行代码，结果如下：

```
[24, 28, 30, 35]
```

4.2.2 元组

元组与列表类似，但是元组的元素不能修改。元组使用“()”创建，列表使用“[ ]”创建。元组创建很简单，只需要在“()”中添加元素，并使用“,”隔开即可。

1. 创建元组

元组的表现形式为一组包含在“()”中、由“,”分隔的元素，元组中元素的个数、类型不受限制。

1）使用“()”创建元组

```
t1 = ()                          # 空元组
t2 = (1,)                        # 包含一个元素的元组
t3 = (1, 2, 3)                   # 包含多个元素的元组
t4 = (1, 'c', ('e', 2))          # 元组嵌套
```

注意，若元组中只有一个元素，该元素后的“,”不能省略。

2）使用内置函数 tuple()创建元组

```
tl = tuple()                     # 创建空元组
t2 = tuple([1 ,2, 3])            # 利用列表创建元组(1, 2, 3)
t3 = tuple('python')             # 利用字符串创建元素('p','y','t','h','o','n')
t4 = tuple(range(5))             # 利用可迭代对象创建元组(0, 1, 2, 3, 4)
```

2. 访问元组元素

与列表相同，Python 支持通过索引和切片访问元组的元素，也支持在循环中遍历元组。

【例 4-31】 访问元组元素方法。

```
print(t2[1])                     # 以索引方式访问元组元素
print(t3[2:5])                   # 以切片方式访问元组元素
for data in t4:                  # 在循环中遍历元组元素
    print(data, end = " ")
```

运行代码，结果如下：

```
2
('t', 'h', 'o')
0 1 2 3 4
```

注意，元组是不可变类型，元组中的元素不能修改，即它不支持添加元素、删除元素和排序等操作。

在了解了列表和元组的创建、操作的基础上，我们现在利用列表、元组等组合数据实现 eBANK 银行风险控制部门对一些异常转账记录进行分析，并且找到相关用户，进行冻结处理。首先对异常转账记录处理流程（业务流程）分析，其次写出处理功能算法（程序工作流程），然后编写代码并进行调试。

4.2.3 异常转账记录处理编程

1. 用户操作流程分析

eBANK 银行风险控制部门需要对一些异常转账记录进行分析，并且找到有相关用户，进行冻结处理，基本操作流程如下。

（1）异常行为包括哪些，如在不正常时间转账，小额转账到不同账户等。

（2）统计转入卡号数。

（3）统计 00:00～06:00 时间点的转账数。

（4）统计小于 500 元的转账数。

（5）根据以上数据判断每个账户的异常转账情况。

2. 程序执行流程

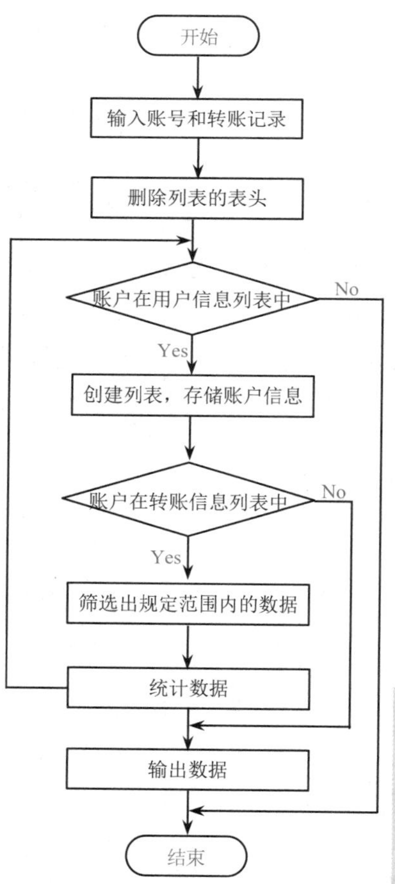

图 4-4　程序执行流程

根据上述异常业务统计操作分析，对应的程序工作流程分析如下。

（1）添加程序注释，说明此程序的作用。

（2）对用户信息列表和转账信息列表的表头去除，只留下记录。

（3）通过循环结构遍历用户信息列表和转账信息列表找到两个表中一对一的卡号。

（4）然后在转账信息列表中找到一对一卡号对应的满足"00:00-06:00 转账数"、"小于 500 的转账数"条件的数据，存入相对应的列表 card_in、time_out、money_out。

（5）统计在这些列表中元素的个数，将这些信息存入统计子列表 tj_son，并最终作为 tj 列表的子元素加入 tj，形成二维列表。

（6）遍历 tj 列表，输出想要的结果。

程序执行流程如图 4-4 所示。

3. 程序代码编写

```
cost = [
    ('姓名', '卡号','账号状态'),
    ('龙娅', '62000989780300',"正常"),
    ('于飞', '62000989783450',"正常"),
    ('龙浩', '62073458680365',"正常")
]
record = [
```

```
    ("转出卡号", "转入卡号", "时间", "金额"),
    ["62073458680365", "62320989723541", "01:00", 500],
    ["62000989783450", "62320989789644", "08:00", 5000],
    ["62000989783450", "62320989789644", "12:00", 9000],
    ["62073458680365", "62320989734210", "02:00", 200],
    ["62000989780300", "62320989778994", "23:30", 10000],
    ["62073458680365", "62327866839400", "00:00", 100],
    ["62000989783450", "62320989789644", "15:00", 3000],
    ["62073458680365", "62320673269404", "04:00", 200],
    ["62000989783450", "62320989789400", "09:00", 30000],
]
# 创建一个新列表统计转账数据
tj = [("姓名","转入卡号数","00:00-06:00 转账数","小于 500 的转账数"),]
cost = cost[1:]                              # 对 cost 切片并重新赋值去掉表头
record = record[1:]                          # 对 record 切片并重新赋值去掉表头
for co in cost:                              # 对每个账户进行分析
    time_out = []                            # 创建时间列表
    money_out = []                           # 创建金额列表
    card_in = []                             # 创建转入卡号列表
    tj_son = []                              # 创建统计子列表
    for re in record:                        # 遍历转账记录
        if re[0] == co[1]:                   # 聚合账号信息
            card_in.append(re[1])            # 添加记录
            if re[2] >= "00:00" and re[2] <= "06:00":
                time_out.append(re[2])
            if re[3] >= 0 and re[3] <= 500:
                money_out.append(re[2])
    time_n = len(time_out)                   # 统计异常时间转账次数
    card_n = len(set(card_in))               # 集合去重，统计卡号数量
    money_n = len(money_out)                 # 统计小额转账数
    tj_son.append(co[0])                     # 添加姓名
    tj_son.append(card_n)
    tj_son.append(time_n)
    tj_son.append(money_n)
    tj.append(tj_son)
for i in tj:
    print(i)
```

4．程序运行测试

运行以上代码，会将满足“00:00-06:00 转账数”和“小于 500 的转账数”两个条件的记录按照要求显示出来，如图 4-5 所示。

```
('姓名', '转入卡号数', '00:00-06:00转账数', '小于500转账数')
['龙娅', 1, 0, 0]
['于飞', 2, 0, 0]
['龙浩', 4, 4, 4]
```

图 4-5　程序运行结果

任务 4.3 集合和字典应用编程

【任务描述】

eBANK 银行用户需要通过验证才能登录 ATM 系统，验证方式是输入的银行卡号和密码必须与用户的银行存储信息一致才能登录成功。登录成功后，系统可以实现用户存款、取款、查询余额、货币兑换等功能，并实时更新用户银行存储信息。Python 程序可以使用字典数据类型来存储用户的银行信息，通过对集合、字典数据的操作，实现银行 ATM 的存款、取款、查询余额、货币兑换等功能。

【任务要领】

- 集合、字典的概念及创建
- 集合的基本操作
- 集合推导式
- 字典的基本操作
- 字典推导式

4.3.1 集合

集合（set）是一个无序的不重复元素序列。集合本身是可变类型，但 Python 要求放入集合中的元素必须是不可变类型。集合与列表和元组的区别是：集合中的元素无序但必须唯一。集合的表现形式为一组包含在“{}”中由“,”分隔的元素。

1. 创建集合

集合可以使用“{}”或者 set()函数创建集合。注意：创建一个空集合必须用 set()，而不能是“{}”，因为“{}”被用来创建一个空字典。

1）使用“{}”可以创建集合

```
s1 = {1}                              # 单元素集合
s2 = {1,'b',(2,5)}                    # 多元素集合
```

2）使用内置函数 set( )创建集合

```
sl = set([1,2,3])                     # 传入列表
s2 = set((2,3,4))                     # 传入元组
s3 = set('python')                    # 传入字符串
s4 = set(range(5))                    # 传入整数列表
```

注意：若使用 set( )函数创建非空集合，需为该函数传入可迭代对象。

2. 集合的常见操作

集合是可变的，可以动态增加或删除其中的元素。Python 提供了一些内置方法来操作集合，如表 4-1 所示。

表 4-1　操作集合的常见方法

常见方法	说　明
add(x)	向集合中添加元素 x，若 x 已存在，则不做处理
remove(x)	删除集合中的元素 x，若 x 不存在，则抛出 KeyError 异常
discard(x)	删除集合中的元素 x，若 x 不存在，则不做处理
pop( )	随机返回集合中的一个元素，同时删除该元素；若集合为空，则抛出 KeyError 异常
clear( )	清空集合
copy( )	复制集合，返回值为集合
isdisjoint(T)	判断集合与集合 T 是否没有相同的元素，没有返回 True，有则返回 False

【例 4-32】 使用表 4-1 中的方法操作本节创建的集合。

```
s1.add('s')                           # 向集合 s1 中添加元素 s
s2.remove(3)                          # 删除集合 s2 中的元素 3
s3.discard('p')                       # 删除集合 s3 中的元素 p
data = s4.pop()                       # 随机返回集合 s4 中的元素
s3.clear()                            # 清空集合 s3
s5 = s2.copy()                        # 复制集合 s2 并赋值给 s5
s4.isdisjoint(s2)                     # 判断集合 s4 和 s2 是否有相同的元素
```

3. 集合推导式

集合也可以利用推导式创建，语法格式与列表推导式的相似，区别在于，集合推导式外侧为“{}”，其语法格式如下：

```
{exp for x in set if cond}
```

其中遍历的可以是集合或其他可迭代对象。

【例 4-33】 利用集合推导式在列表 list 的基础上生成只包含偶数元素的集合。

```
list1 = [1, 2, 3, 4, 5, 6, 7, 8]
set1 = {data for data in list1 if data % 2 == 0}
print(set1)
```

运行代码，结果如下：

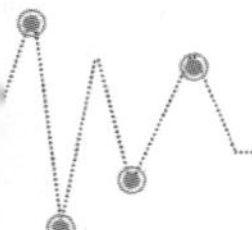


```
{8, 2, 4, 6}
```

集合推导式的更多格式可通过列表推导式类比，此处不再赘述。

4.3.2 字典

Python 中的字典数据与我们平常使用的字典有类似的功能，它以“键值对”的形式组织数据，可以利用“键”快速查找“值”，这个过程称为映射。Python 中的字典是典型的映射类型。

字典的表现形式为一组包含在“{}”中的键值对，每个键值对为一个字典元素，每个元素通过“,”分隔，每对键值通过“:”分隔，语法格式如下：

```
{键 1:值 1, 键 2:值 2, …, 键 N:值 N}
```

键必须是唯一的，但对应的值不必。值可以取任何数据类型，但键必须是不可变的，如字符串、数字。

1. 创建字典

字典像集合一样使用“{}”包裹元素，也具备类似集合的特点：字典元素无序，“键:值”必须唯一。

1）使用“{}”创建字典

```
dl = {}                                          # 创建空字典
d2 = {'A':'123', 'B':135, 'C':680}
```

2）使用内置函数 dict( )创建字典

```
d3 = dict()                                      # 创建空字典
d4 = dict({'A':'123', 'B':'135'})                # 创建非空字典
```

2. 访问字典的值

字典的值利用键访问，语法格式为：

```
字典变量[键]
```

【例 4-34】 通过字典中的键 key 可以访问字典中的值 value。

```
dict1 = {'Name':'Zara', 'Age':7, 'Class':'First'}
print(dict1['Name'])
print(dict1['Age'])
print(dict1['Class'])
```

运行代码，结果如下：

```
Zara
7
First
```

Python 提供了内置方法 get()，根据键从字典中获取对应的值，若指定的键不存在，则返回默认值（default）。get()方法的语法格式如下：

```
get(key[, default])
```

【例 4-35】 通过 get()方法获取字典中的值。

```
dict1 = {'Name':'Zara', 'Age':7, 'Class':'First'}
print(dict1.get('Name'))
print(dict1.get('Age'))
print(dict1.get('Class'))
```

运行代码，结果如下：

```
Zara
7
First
```

字典涉及的数据分为键、值和元素（键值对），除了直接利用键访问值，Python 还提供了用于访问字典中所有键、值和元素的内置方法 keys()、values()和 items()。

【例 4-36】 访问字典中所有键、值和元素的内置方法。

```
dict1 = {'name':'Jack', 'age':23, 'height':185}
print(dict1.keys())                          # 利用 keys()方法获取所有键
print(dict1.values())                        # 利用 values()方法获取所有值
print(dict1.items())                         # 利用 items()方法获取所有元素
```

运行代码，结果如下：

```
dict_keys(['name', 'age', 'height'])
dict_values(['Jack', 23, 185])
dict_items([('name', 'Jack'), ('age', 23), ('height', 185)])
```

【例 4-37】 内置方法 keys()、values()、items()的返回值都是可迭代对象，利用循环可以遍历这些对象。

```
for key in dict1.keys():
    print(key)
```

运行代码，结果如下：

```
name
age
Height
```

3. 添加和修改字典元素

字典支持通过给指定的键赋值或使用 update()方法添加和修改元素，下面介绍如何添加和修改字典元素。

1）字典元素的添加

当字典中不存在某个键时，可以在字典中新增一个元素：

```
字典变量[键] = 值
```

【例 4-38】 通过为指定的键赋值实现字典元素的添加。

```
add_dict = {'name':'Jack', 'age':23, 'height':185}
add_dict['score'] = 98
print(add_dict)
```

运行代码，结果如下：

```
{'name':'Jack', 'age':23, 'height':185, 'score':98}
```

也可使用 update()方法代替以上示例代码中添加元素的语句。例如：

```
add_dict.update(score = 98)
```

2）字典元素的修改

修改字典元素的本质是通过键获取值，再重新对元素进行赋值。修改元素的操作与添加元素的操作相似。

【例 4-39】 修改字典的元素。

```
modify_dict = {'stu1':'小明', 'stu2':'小刚', 'stu3':'小兰'}
modify_dict['stu1'] = '小强'                    # 通过指定键修改元素
modify_dict.update(stu2 = '小美')               # 通过 update()方法修改元素
print(modify_dict)
```

运行代码，结果如下：

```
{'stu1':'小强', 'stu2':'小美', 'stu3':'小兰'}
```

4. 删除字典元素

Python 支持通过 pop()、popitem()和 clear()方法删除字典中的元素。

1）pop()方法

pop()方法可根据指定键删除字典中的指定元素，若删除成功，则返回目标元素的值。

【例 4-40】 pop()方法删除字典中的元素。

```
info_dict = {'001':'张三','002':'李四','003':'王五','004':'赵六'}
print(info_dict.pop('001'))                     # 使用 pop()方法删除指定键为 001 的元素
print(info_dict)
```

运行代码，结果如下：

```
张三
{'002': '李四', '003': '王五', '004': '赵六'}
```

2）popitem()方法

popitem()方法可以随机删除字典中的元素。实际上，popitem()之所以能随机删除元素，是因为字典元素本身无序，没有“第 1 项”和“最后 1 项”之分。若删除成功，popitem()方法返回被删除的元素。

【例 4-41】 用 popitem()方法删除字典中的元素。

```
info_dict = {'001':'张三', '002':'李四', '003':'王五', '004':'赵六'}
print(info_dict.popitem())
print(info_dict)
```

运行代码，结果如下：

```
('004', '赵六')
{'001':'张三', '002':'李四', '003':'王五'}
```

3）clear()方法

clear()方法用于清空字典中的元素。

【例 4-42】 用 clear()方法删除字典中的元素。

```
info_dict = {'001':'张三', '002':'李四', '003':'王五', '004':'赵六'}
info_dict.clear()                               # 使用 clear()方法清空字典中的元素
print(info_dict)
```

运行代码，结果如下：

```
{}
```

由以上运行结果可知，字典 info_dict 被清空，成为空字典。

5. 字典推导式

字典推导式的格式、用法与列表推导式类似，区别在于，字典推导式外侧为“{}”且内部需包含键和值两部分，其语法格式如下：

```
{new_key:new_value for key, value in dict.items()}
```

【例 4-43】 用 popitem()方法删除字典中的元素。

利用字典推导式可快速交换字典中的键和值。

```
old_dict = {'name':'Jack', 'age':23, 'height':185}
new_dict = {value:key for key, value in old_dict.items()}
print(new_dict)
```

运行代码，结果如下：

```
{'Jack':'name', 23:'age', 185:'height'}
```

任务实施

在了解了集合和字典的创建、操作的基础上，我们现在利用字典实现银行 ATM 的用户登录、根据用户操作界面进行存取款等业务。首先对 ATM 机登录和处理流程（常称为业务流程）分析，其次写出登录和处理功能算法（程序工作流程），然后编写代码并进行调试。

4.3.3 ATM 机登录与处理编程

1. 用户操作流程分析

个人用户到银行营业网点的柜员机上自助办理存储业务时，基本操作流程包括如下。

（1）存储用户在银行有银行存折账号或银行储蓄卡号、账户姓名、账户密码、存款余额等存储信息。

（2）检查柜员机开机状况，查看用户登录提示显示是否正常。

（3）输入存储用户的银行存折账号或银行储蓄卡号（现阶段，银行一般是刷卡或存折自动读取账号）。

（4）输入存储用户该账号的用户密码。

（5）根据用户输入的账号和密码与银行存储信息进行比对，检查输入的正确性。

（6）根据比对的结果显示用户登录是否成功，并出现用户操作界面。

（7）根据用户操作界面提示，进行存款、取款、查询余额、货币兑换、退出系统等操作。

2. 程序工作流程

（1）添加程序注释，说明此程序的作用。

（2）使用字典存储每个用户的开户名、卡号（账号）、账户密码、存款余额等信息，列表变量 customer_info 用于存储一组用户信息，列表中的每个元素都是一个字典。

（3）变量 card_no 用于存储用户卡号。

（4）变量 pass_word 用于存储用户密码。

（5）变量 exchange_rate 用于存款货币汇率。

（6）使用输入语句显示“请输入卡号：”和“请输入密码：”，并接受输入信息，分别赋值给变量 card_no、pass_word。

（7）使用条件语句判断 card_no、pass_word 值与存储在字典中的用户是否一致，如果正确，就进入用户操作界面。

（8）通过循环语句和条件语句的结合，实现用户操作界面的存款、取款、查询余额、货币兑换、退出系统等操作。

3. 程序代码编写

程序代码示例如下：

```
# 程序功能：优化用户数据存储
customer_info = [{'name':'张小华','card_no':'622663060001','pass_word':'123456','money':500},
                 {'name':'李小明','card_no':'622663060002','pass_word':'234567','money':1000},
                 {'name':'王一凡','card_no':'622663060003','pass_word':'345678','money':1500},
                 {'name':'谢康明','card_no':'622663060004','pass_word':'456789','money':2500},
                 {'name':'唐艳华','card_no':'622663060005','pass_word':'456789','money':2500}]
exchange_rate = 0.1415
for i in range(3):
    card_no = input('请输入卡号：')
    pass_word = input('请输入密码：')
    for i in customer_info:
        if card_no in i.values() and pass_word in i.values():
            while True:
                # 实现系统的存款、取款、查询、退出四个功能
                print("***********欢迎光临 eBANK 银行***********")
                print("1. 存款--------------------------请输入 1")
                print("2. 取款--------------------------请输入 2")
                print("3. 查询余额-----------------------请输入 3")
                print("4. 货币兑换（美元）-----------------请输入 4")
                print("5. 退出系统-----------------------请输入 5")
                option = input('请按键选择您所需的业务：')
                if option == '1':
                    Deposit_amount = int(input('请输入您的存款金额：'))
                    i['money'] = i['money'] + Deposit_amount
                    print("账户余额：", i['money'], "  存款成功！")
                elif option == '2':
                    draw_money = int(input("请输入您的取款金额："))
                    i['money'] = i['money'] - draw_money
                    print("账户余额：", i['money'], "  取款成功！")
                elif option == '3':
                    print("账户余额为：", i['money'])
                elif option == '4':
                    usd_balance = i['money'] * exchange_rate
                    print("美元余额：", round(usd_balance, 2))
```

```
            elif option == '5':
                print("退出系统！")
                break
        break
    else:
        print('卡号或密码不对，请重输。')
        continue
    break
```

4. 程序运行测试

运行以上代码，输入卡号“622663060001”和密码“123456”，验证通过，出现如下界面：

```
***********欢迎光临 eBANK 银行***********
1. 存款--------------------------请输入 1
2. 取款--------------------------请输入 2
3. 查询余额---------------------- 请输入 3
4. 货币兑换（美元）----------------请输入 4
5. 退出系统-----------------------请输入 5
请按键选择您所需的业务：
```

如果用户需要存款，请按键选择所需的业务“1”，将出现以下界面：

```
请输入您的存款金额：500
账户余额： 1000    存款成功！
```

其他界面功能测试不再赘述。

运行以上代码，输入卡号“622663060005”和密码“234567”，由于卡号或者密码验证不正确，会输出提示“卡号或密码不对，请重输。”。

5. 程序改进讨论

本程序也可以先在银行存储信息中验证卡号是否正确，在卡号正确的前提条件下再验证密码是否正确，系统有登录容错机制，允许用户可以验证卡号或者密码各 3 次。

```
# 优化用户数据存储
customer_info = [{'name':'张小华','card_no':'622663060001','pass_word':'123456','money':500},
             {'name':'李小明','card_no':'622663060002','pass_word':'234567','money':1000},
             {'name':'王一凡','card_no':'622663060003','pass_word':'345678','money':1500},
             {'name':'谢康明','card_no':'622663060004','pass_word':'456789','money':2500},
             {'name':'唐艳华','card_no':'622663060005','pass_word':'456789','money':2500}]
exchange_rate = 0.1415                                  # 货币兑换汇率
card_no = [i['card_no'] for i in customer_info]
card = input("请输入卡号：")
tag1 = 3
tag2 = 3
tag3 = ''
for i in range(3):
    if card not in card_no:
        tag1 = tag1-1
        if tag1 == 0:
            break                                       # 3 次机会用完，退出循环，程序结束
```

```
        else:
            print(f"您输入的卡号不对，您还有{tag1}次输入机会")
            card = input("请输入卡号：")
    else:
        secret = input('请输入密码：')
        for j in customer_info:
            if card == j['card_no']:                    # 通过卡号找到卡号对应的字典
                while True:
                    if secret != j['pass_word']:        # 验证密码
                        tag2 = tag2-1
                        if tag2 == 0:
                            break                       # 3 次机会用完，退出循环，程序结束
                        else:
                            print(f"您输入的密码不对，您还有{tag2}次输入机会")
                            secret = input("请输入密码：")
                    else:
                        print("密码正确")
                        while True:
                            # 实现系统的存款、取款、查询、退出四个功能
                            print("************欢迎光临 eBANK 银行*************")
                            print("1. 存款----------------------------请输入 1")
                            print("2. 取款----------------------------请输入 2")
                            print("3. 查询余额------------------------请输入 3")
                            print("4. 货币兑换（美元）------------------请输入 4")
                            print("5. 退出系统------------------------请输入 5")
                            option = input('请按键选择您所需的业务：')
                            if option == '1':
                                Deposit_amount = int(input('请输入存款金额：'))
                                j['money'] = j['money'] + Deposit_amount
                                print("账户余额：", j['money'], "  存款成功！")
                            elif option == '2':
                                draw_money = int(input("请输入您的取款金额："))
                                j['money'] = j['money'] - draw_money
                                print("账户余额：", j['money'], "  取款成功！")
                            elif option == '3':
                                print("账户余额为：", j['money'])
                            elif option == '4':
                                usd_balance = j['money'] * exchange_rate
                                print("美元余额：", round(usd_balance, 2))
                            elif option == '5':
                                tag3 = "out"                # 给出退出信号
                                print("退出系统！")
                                break
                    if tag3 =="out":                    # 收到退出信号，退出密码判断循环
                        break
        break                                           # 退出卡号判断循环
```

微视频 4-3

本章小结

本章首先介绍了 Python 的组合数据类型概念和分类，然后介绍了 Python 中常用的字符串、列表、元组、集合、字典等组合数据类型的概念、创建、基本操作和推导式，并提供了三个基于 eBANK 银行业务处理的任务供读者实践组合数据类型的用法。通过本章的学习，读者应能掌握并熟练运用各种组合数据来进行编程。

1）序列类型

Python 中常用的序列类型主要有三种：字符串（str）、列表（list）和元组（tuple）。

字符串由单引号或者双引号括起来数据构成，其中的数据可以是任意数据类型。

列表由“[]”括起来的数据构成，其中的数据可以是整数、浮点数、字符串，也可以是另一个列表或者其他的数据结构。列表的每一项称为列表的一个元素，每个元素之间使用英文“,”隔开。

元组由“()”括起来的数据构成，其中的数据可以是整数、浮点数、字符串，也可以包含列表。

字符串和列表都可以进行创建、访问、添加、修改、删除、排序等操作，但元组不支持添加、删除、修改、排序等操作。

2）集合类型

集合（set）本身是可变类型，但 Python 要求放入集合的元素必须是不可变类型。集合类型与列表和元组的区别是：集合中的元素无序但必须唯一。集合可以进行创建、访问、添加、删除等操作。

3）映射类型

字典是 Python 中唯一的映射类型，是一个无序、可变和有索引的集合。在 Python 中，字典用“{}”括起来，拥有键和值。通过“键”查找“值”的过程称为映射。字典可以进行创建、访问、添加、修改、删除等操作。

思考探索

一、填空题

1．使用内置的_________函数可创建一个列表。

2．Python 中列表的元素可通过_________或_________两种方式访问。

3．使用内置的________函数可创建一个元组。

4．通过 Python 的内置方法________可以查看字典键的集合。

5．调用 items()方法可以查看字典中的所有________。

二、判断题

1．列表只能存储同一类型的数据。（　　）

2．元组支持增加、删除和修改元素的操作。（　　）

3．列表的索引从 1 开始。（　　）

4．字典中的键唯一。（　　）

5．集合中的元素无序。（　　）

三、选择题

1．下列方法中，可以对列表元素排序的是（　）。

A．sort()　　B．reverse()

C．max()　　D．list()

2．如下程序运行后，输出结果是（　　）。

```
li_one = [2, 1, 5, 6]
print(sorted(li_one[:2]))
```

A．[1, 2]　　B．[2, 1]

C．[1, 2, 5, 6]　　D．[6, 5, 2, 1]

3．下列方法中，默认删除列表最后一个元素的是（　）。

A．del　　B．remove()

C．pop()　　D．extend()

4．如下程序运行后，输出结果是（　　）。

```
lan_info = {'01':'Python', '02':'Java', '03':'PHP'}
lan_info.update({'03':'C++'})
print(lan_info)
```

A．{'01': 'Python', '02': 'Java', '03': 'PHP'}

B．{'01': 'Python', '02': 'Java', '03': 'C++'}

C．{'03': 'C++','01': 'Python', '02': 'Java'}

D．{'01': 'Python', '02': 'Java'}

5．如下程序运行后，输出结果是（　　）。

```
set_01 = {'a', 'c', 'b', 'a'}
set_01.add('d')
print(len(set_01))
```

A．5

B．3

C．4

D．2

四、思考题

产业发展分析

近年，人工智能在网络优化、自然语言处理、面部识别、医疗影像和诊断、自主导航、农作物监测等领域被广泛探索，人工智能未来将创造可观的商业价值，信息与通信业、制造业和金融服务业是受益最多的三大行业。中美两国的经济较量从来没有停止过，而在经济较量的背后实际上是科技实力的比拼。随着人工智能在科技领域的地位不断攀升，中美两国在人工智能产业的较量逐渐升温。美国在人工智能的人才、设施、研究和商业化四个领域排名世界第一、在开发领域排名世界第二，但在政府策略支持方面排名居中。中国则在人工智能开发和政府政策支持方面位于世界领先地位、在人工智能研究和商业化方面排名世界第二、但在人工智能专业人才方面排名居中。在美国人工智能的相关企业中，Facebook、谷歌、微软等大型科技类公司更具有优势。现阶段的新兴市场中，我国人工智能行业占据领先地位，仍然有较好的投资机会。

同学们，你们有什么启示呢？

创新思维　自主学习　使命担当　为民服务

实训项目

“eBANK 银行大用户管理系统功能程序设计”任务工作单

<table>
<tr><td>任务名称</td><td>eBANK 银行大用户管理系统功能程序设计</td><td>章节</td><td>4</td><td>时间</td><td></td></tr>
<tr><td>班 级</td><td></td><td>组长</td><td></td><td>组员</td><td></td></tr>
<tr><td>任务描述</td><td colspan="5">eBANK 银行大用户部为针对性地开发用户资源，拟要求技术主管办公室（CTO）安排开发小组先做一个大用户管理验证系统来获得领导层的支持。大用户的银行存储信息如用户卡号、用户名称、用户类型（企业或个人）、存储金额必须采用一定的数据类型进行存储。大用户管理系统必须出现以下功能界面以方便对大用户的操作；功能包括录入用户信息、查询用户信息、用户数据统计、用户数据分析、退出系统；用户数据统计包括统计用户 1000 万以上用户数量。用户数据分析包括用户类型比例、各类型金额占比等</td></tr>
<tr><td>任务环境</td><td colspan="5">Python 开发工具，计算机</td></tr>
<tr><td>任务实施</td><td colspan="5">1．运用打印语句编码打印大用户管理功能界面。
2．运用 while 循环语句及 if 多分支语句编码控制功能界面重复出现及功能选择。
3．录入大用户银行存储信息，编码将用户信息通过组合数据进行存储。
4．实现查询用户信息、用户数据统计、用户数据分析、退出系统等功能，编码操作组合数据来完成。
5．程序的编辑、修改、调试与再现运行等。</td></tr>
<tr><td>调试记录</td><td colspan="5">（主要记录程序代码、输入数据、输出结果、调试出错提示、解决办法等）</td></tr>
<tr><td>总结评价</td><td colspan="5">（总结编程思路、方法，调试过程和方法，举一反三，经验和收获体会等）

请对自己的任务实施做出星级评价
□ ★★★★★　□ ★★★★　□ ★★★　□ ★★　□ ★</td></tr>
</table>

拓展项目

“eBANK银行大用户管理系统功能程序设计”任务工作单

<table>
<tr><td>任务名称</td><td>eBANK银行柜员系统程序设计</td><td>章节</td><td>4</td><td>时间</td><td></td></tr>
<tr><td>班 级</td><td></td><td>组长</td><td></td><td>组员</td><td></td></tr>
<tr><td>任务描述</td><td colspan="5">eBANK银行柜台业务需要开发一个柜员系统，柜员系统的基本功能包括用户开户、销户、存款、取款、查询用户存取款记录等功能。柜员系统必须出现用户开户、销户、存款、取款、查询用户存取款记录等内容的功能界面，并能实现每个功能</td></tr>
<tr><td>任务环境</td><td colspan="5">Python开发工具，计算机</td></tr>
<tr><td>任务实施</td><td colspan="5">1. 运用打印语句编码打印柜员界面
2. 运用while循环语句及if多分支语句编码控制功能界面重复出现及功能选择
3. 录入用户银行存储信息，编码cust_info、money_info和bank_admin三个包含字典的列表分别作为用户信息、存取款信息，以及银行柜员账号的保存载体，用户信息、存取款信息之间是用字典的cust_id键值联系起来的
4. 实现开户、销户功能、存款、取款、功能查询用户存取款记录等功能，编码操作组合数据来完成
5. 程序的编辑、修改、调试、再现运行等</td></tr>
<tr><td>调试记录</td><td colspan="5">（主要记录程序代码、输入数据、输出结果、调试出错提示、解决办法等）</td></tr>
<tr><td>总结评价</td><td colspan="5">（总结编程思路、方法，调试过程和方法，举一反三，经验和收获体会等）

请对自己的任务实施做出星级评价
□ ★★★★★ □ ★★★★ □ ★★★ □ ★★ □ ★</td></tr>
</table>

第 5 章

函数和模块

在计算机编程中，如果需要多次执行某项功能或者操作，就可以将代码整合成一个功能模块，从而使其在不同的地方被重复利用。在 Python 程序设计中，可以使用函数把完成功能或者操作的程序段从程序中独立出来定义，不仅可以提高程序的模块性、减少代码冗余，还有利于后期的代码维护。如编写程序中的类和函数较多时，可以使用模块和包对它们进行组织和管理，复杂度较低的可以使用模块管理，复杂度高的则使用包进行管理。

本章主要从代码复用与模块化设计的视角，围绕函数的定义和调用、常用内置函数使用、模块的定义和调用、开发包与库的使用四个任务的分析讨论和编程实践，希望带领读者正确理解模块化编程思想，感受 Python 程序的函数与模块之美，并初步形成模块化的编程能力、程序阅读分析能力和程序调试能力。

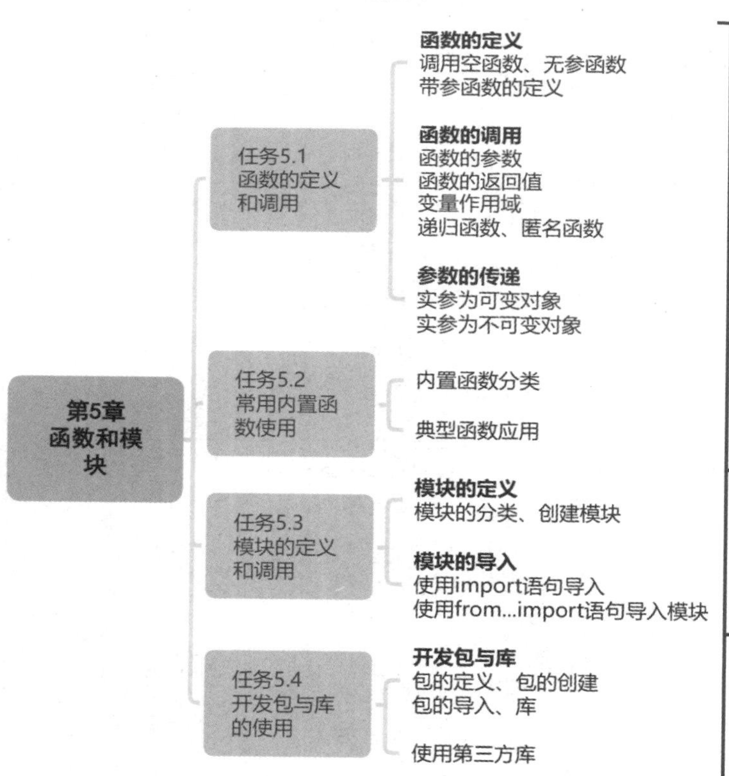

岗位能力：

- ✧ 问题、流程、算法、程序逻辑思维能力
- ✧ 用 IPO 方法编写、编辑源程序代码能力
- ✧ 集成开发环境下程序的运行与调试能力
- ✧ 集成开发环境下运用函数思维编程能力
- ✧ 集成开发环境下模块化思维编程能力
- ✧ Python项目开发源代码持续优化能力

技能证书标准：

- ✧ 能使用函数思维解决问题
- ✧ 能使用函数思维进行程序开发
- ✧ 能提高程序代码的利用率
- ✧ 能持续优化程序源代码
- ✧ 能针对实际问题进行程序编码
- ✧ 能以模块化的方式组织项目的源代码

学生技能竞赛标准：

- ✧ 能使用函数思维解决问题
- ✧ 能使用函数思维进行程序开发
- ✧ 能提高程序代码的利用率
- ✧ 能持续优化程序源代码

思政素养：

- ✧ 理解模块思维，树立工匠意识
- ✧ 理解函数、模块开发流程，培养分析解决问题的能力
- ✧ 了解程序员的素质要求，培养踏实严谨、吃苦耐劳、一丝不苟的职业素质

任务 5.1 函数的定义和调用

【任务描述】

在 eBANK 银行柜员机系统中，用户通过验证登录后，可以选择存款、取款、查询余额等操作。用户在使用这些操作过程中，某些操作可能会被多次重复使用。这些操作的程序代码就需要在多个位置重复编写，后期业务需求变化时，需要到多个位置去修改程序。为了提高代码的可复用性，降低程序的维护成本，可以将存款、取款、查询余额等操作的代码段使用函数进行封装，在所有需要用到这个功能的地方直接调用函数。在 Python 程序设计中，使用函数可精简代码量，程序结构更清晰，也方便后期维护。

本节通过 eBANK 银行柜员机用户取款、存款、查询余额等函数程序段的案例学习，让读者掌握在 Python 程序设计中运用函数编写多功能应用程序的规范、要求和方法。

【任务要领】

- ❖ 函数的概念
- ❖ 函数的定义
- ❖ 函数的调用
- ❖ 函数的参数传递

技术准备

结构化程序设计方法是按照模块划分原则以提高程序可读性和易维护性、可调用性和可扩充性为目标的一种程序设计方法。在设计较复杂的程序时，一般采用自顶向下的方法，将问题划分为几部分，各部分再进行细化，直到分解为较好解决问题为止。

模块化设计，简单地说，就是程序的编写不是一开始就逐条录入计算机语句和指令，而是首先用主程序、子程序、子过程等框架把软件的主要结构和流程描述出来，并定义和调试好各框架之间的输入、输出的关系，得到一系列以功能块为单位的算法描述并逐步求精的过程。模块化的目的是降低程序复杂度，使程序设计、调试和维护等操作简单化。

利用函数、模块，不仅可以实现程序的模块化，使得程序设计更加简单和直观，从而提高程序的易读性和可维护性，还可以把程序中经常用到的一些计算或操作编写成通用函数，以供随时调用。

5.1.1 函数的定义

函数是完成特定功能的一段程序，是可复用程序的最小组成单位。通常，一个程序由一个个任务组成，函数就是代表一个任务或者一个功能。Python 的函数分为自定义函数、内置函数和系统函数。函数能提高应用的模块性，也是代码复用的通用机制。

定义函数就是创建一个函数，语法格式如下：

```
def 函数名([参数列表]):
    ['''文档字符串''']
    函数体
```

其中，关键字 def 标志着函数的开始，后接函数名称和“()”。函数名由字母、数字和下画线组成，与变量命名规则一致。“()”内是形式参数列表，形式参数不需要声明类型，当有多个参数时，用“,”隔开。

函数无参数，也必须保留空的“()”，这种函数称为无参函数；若带有参数，则函数调用时，实参列表必须与形参列表一一对应。

函数的第一行语句'''文档字符串'''，可以选择性地使用文档字符串，用于存放函数说明。

函数内容以“:”起始，并且缩进，最后使用 return 退出函数。若函数体中包含 return 语句，则结束函数执行并返回值，否则返回 None 值。

定义一个函数只需给出函数一个名称，指定函数包含的参数列表和代码块结构。这个函数的定义完成后，可以通过另一个函数调用执行，也可以直接从 Python 提示符执行。

【例 5-1】 定义空函数。

```
def pass_dis():                              # 空函数定义
    '''空函数'''
    pass
```

上面的 pass 语句什么都不做，用于占位符。比如，现在没想好怎么写函数代码，就可以先放一个 pass 语句，让代码能运行起来。

【例 5-2】 定义无参函数 printmsg，打印字符串 helloworld。

```
def printmsg():                              # 函数定义
    '''打印 helloworld'''
    print('helloworld')                      # 函数体
```

【例 5-3】 定义带参函数，用来一个比较两个数大小的函数。

```
def Max(a, b):                               # 函数定义
    '''实现两个数的比较，并返回较大的值'''
    if a > b:
        print(a, '较大值')
    else:
        print(b, '较大值')
```

5.1.2 函数的调用

定义了函数后，相当于有了一段具有特定功能的代码，要想执行这些代码，则需要调用函数。函数的调用也就是函数的执行，其基本语法格式如下：

```
函数名([实际参数列表])
```

其中，函数名是指需要调用的函数名称，必须是已经定义好的；实际参数列表可选，用于指

定各参数的值。在调用有参数的函数时，函数的调用者和被调用的函数之间有数据传递关系。若需要传递多个参数值，则各参数间用“,”分隔。若该函数没有参数，则直接写“()”即可。

1. 函数的参数

在函数定义时，函数名后“()”中的参数为“形式参数”，简称形参。在调用有参数的函数时，函数名后“()”中的参数称为“实际参数”，简称实参，就是函数的调用者提供给函数的参数。函数定义中可能包含多个形参。函数调用时向函数传递实参的方式有很多，如位置参数、关键字参数、默认值参数、可变参数等。

1）位置参数

函数调用时，实参默认按位置顺序传递，其数量与形参匹配，将函数调用中的每个实参都关联到函数定义中的每个形参。关联方式是基于实参的顺序，这被称为“位置参数”。

【例 5-4】 位置参数。

```
def fun1(a, b, c):                          # 函数定义
    print(a, b, c)
fun1(2, 3, 4)                               # 函数调用
fun1(2, 3)                                  # 会报错，位置参数不匹配
```

函数 fun1(a, b, c)的作用是输出 a、b 和 c 的值。调用 fun1(2, 3, 4)时，a 的值是 2，b 的值是 3，c 的值是 4；调用 fun1(2, 3)时，形参有 3 个，只提供了 2 个实参，位置参数不匹配，程序报错。

2）关键字参数

当函数的参数较多时，参数的顺序很难记住，可以按照形参的名称来传递参数，称为“命名参数”或“关键字参数”。在调用函数时，明确指定参数值赋给哪个形参，语法格式如下：

```
函数名称(形参 1=实参 1, 形参 2=实参 2, …)
```

【例 5-5】 关键字参数。

```
def fun1(a, b, c):                          # 函数定义
    print(a, b, c)
fun1(c = 4, a = 2, b = 3)                   # 命名参数函数调用
```

调用函数 fun1(c=4, a=2, b=3)时，指定了参数的名称和对应值，c=4、a=2、b=3 与参数所在的位置无关，明确了实参和形参的对应关系。

3）默认值参数

我们可以为某些参数设置默认值，这样参数在传递时就是可选的，称为“默认值参数”。

【例 5-6】 默认值参数。

```
def fun1(a, b = 3, c = 4):                  # 函数定义
    print(a, b, c)
fun1(2)                                     # 函数调用
fun1(a = 2)
fun1(2, 10)
fun1(b = 10, a = 2)
fun1(2, 10, 20)
```

定义函数 fun1 时，其中参数 b 的默认值是 3，参数 c 的默认值是 4，因此调用时可以不传递 b 和 c 的值，只需传递 a 的值即可，直接传值或使用参数名赋值都可以。f1(2)和 f1(a=2)

的结果是相同的。当传递 b 的值是 10 时，此时 b 的默认值不起作用，因此 f1(2, 10)和 f1(b=10, a=2)输出时，b 的值是 10。调用 f1(2, 10, 20)时，b 和 c 的默认值不起作用。

注意：默认值参数必须放到位置参数后面，如下函数定义是错误的。

```
def fun1(a = 2, b):                          # 错误的函数定义
    print(a, b)
```

在函数 fun1 的定义中，位置参数 b 在默认参数 a=2 的后面，语法出现了错误。

4）可变参数

可变参数指的是“可变数量的参数”。如果函数中的参数个数不确定，就可以用可变参数，分为两种情况：第一种情况，*param（一个星号），将多个参数收集到一个“元组”对象中；第二种情况，**param（两个星号），将多个参数收集到一个“字典”对象中。

【例 5-7】 可变参数。

```
def fun1(a, b, *c):                          # 函数 fun1 定义
    print(a, b, c)
fun1(8, 9, 19, 20)                           # 函数调用

def fun2(a, b, **c):                         # 函数 fun2 定义
    print(a, b, c)
fun2(8, 9, name = '张三', age = 20)          # 函数调用

def fun3(a, b, *c, **d):                     # 函数 fun3 定义
    print(a, b, c, d)
fun3(8, 9, 20, 30, name = '张三', age = 20)  # 函数调用
```

如在函数定义中带“*”的可变参数后增加新的参数，则在调用时必须“强制命名参数”。

```
def f1(*a, b, c):                            # 函数定义
    print(a, b, c)
f1(2, b =3 , c = 4)                          # 函数调用
```

如使用代码 f1(2, 3, 4)调用函数会报错，因为 a 是可变参数，会将 2、3、4 全部收集，造成参数 b 和参数 c 没有赋值。

2. 函数的返回值

Python 可以在函数体内使用 return 语句为函数指定返回值，所有函数都有返回值，如果没有 return 语句，就会隐式地调用 return None 作为返回值；如果函数体中包含 return 语句，就结束函数执行并返回值。

【例 5-8】 定义一个返回两个数之和的函数。

```
def sum(num1, num2):                         # 定义函数，返回 2 个参数的和
    total = num1 + num2
    return total
total = sum(10, 20)                          # 调用 sum 函数
```

若函数要返回多个返回值，则可以使用列表、元组、字典、集合将多个值“存起来”。

【例 5-9】 函数返回多个值。

```
def fun1(a, b):                              # 定义函数 fun1，返回多个值，结果以元组形式表示
    return a, b, a+b
```

```
def fun2(a, b):                          # 定义函数 fun2，返回多个值，结果以列表形式表示
    return [a, b, a+b]
def fun3(a, b):                          # 定义函数 fun3，返回多个值，结果以字典形式表示
    d = dict()
    d['a'] = a
    d['b'] = b
    d['c']=a+b
    return d
print(fun1(1, 2))                        # 调用函数 fun1 并输出
print(fun2(1, 2))                        # 调用函数 fun2 并输出
print(fun3(1, 2))                        # 调用函数 fun3 并输出
```

程序输出结果为：

```
(1, 2, 3)
[1, 2, 3]
{'a':1, 'b':2, 'a+b':3}
```

3. 变量作用域

变量的作用域是指变量的有效范围，指程序代码能够访问该变量的区域，如超出该区域，再访问时就会出现错误。Python 有两种最基本的变量作用域：全局变量和局部变量。

局部变量（Local Variable）是指在函数内部定义的变量，它的作用域也仅限于函数内部，只能被函数内部引用，不能在函数外引用。当函数被执行时，Python 会为其分配一块临时的存储空间，所有在函数内部定义的变量都会存储在这个空间中。函数执行完毕，这块临时存储空间随即会被释放并回收，该空间中存储的变量自然也就无法再被使用。

除了在函数内部定义变量，Python 还允许在所有函数的外部定义变量，这样的变量称为全局变量（Global Variable）。与局部变量不同，全局变量的默认作用域是整个程序，即全局变量既可以在各函数的外部使用，也可以在各函数内部使用。

如果局部变量和全局变量同名，就在函数内隐藏全局变量，只使用同名的局部变量。

【例 5-10】 使用局部变量和全局变量。

```
a = 100                                  # 全局变量 a
def f1():                                # 定义函数 f1
    a = 3                                # 同名的局部变量
    print('函数体内：局部变量 a=', a)
f1()                                     # 调用函数 f1
print('函数体外：全局变量 a=', a)          # 全局变量 a 仍然是 100，没有变化
```

在函数体内定义全局变量，可以使用 global 关键字对变量进行修饰，修饰后该变量就会变为全局变量。在函数体外也可以访问到该变量，并在函数体内可以对其修改。

【例 5-11】 在函数体内定义全局变量。

```
def test():                              # 定义函数 test
    global a                             # 将 a 声明为全局变量
    a = 100
    print('函数体内访问：', a)
test()                                   # 调用函数 test
print('函数体外访问：', a)                 # 在函数体外输出全局变量的值
```

4．递归函数

在 Python 程序设计中，函数可以直接或间接调用函数本身，则该函数称为递归函数。

每个递归函数必须包含如下两部分。

① 终止条件：表示递归什么时候结束。一般用于返回值，不再调用自己。

② 递归步骤：把第 n 步的值和第 n-1 步相关联。

递归函数由于会创建大量的函数对象、过量消耗内存和运算能力，因此在处理大量数据时需谨慎使用。

【例 5-12】 使用递归函数计算阶乘（factorial），求 5!。

```
def factorial(n):                          # 定义阶乘函数
    if n == 1:
        return 1
    else:
        return n*factorial(n-1)
print(5, '!=', factorial(5))               # 调用函数求 5!
```

函数的递归调用过程很复杂，接下来通过图 5-1 来分析整个调用过程。图 5-1 描述了例 5-12 中整个程序的调用过程，其中 factorial()函数被调用了 5 次，每次调用时，n 的值都会递减。当 n 的值为 1 时，所有递归调用的函数都以相反顺序相继结束，所有返回值会累乘，最终得到结果 120。

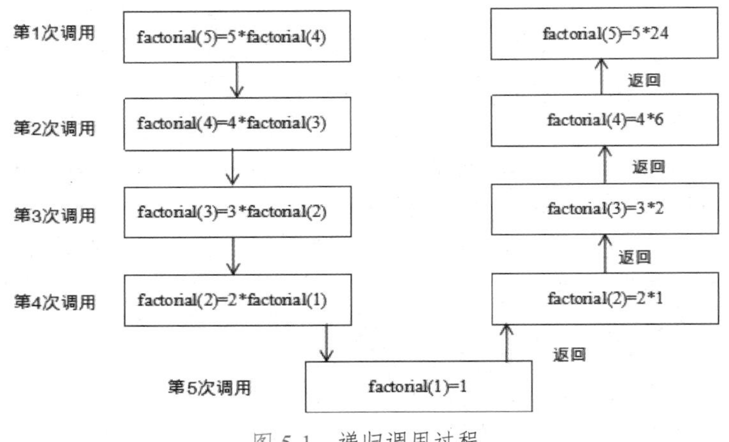

图 5-1 递归调用过程

【例 5-13】 斐波那契数列。

斐波那契数列的排列是：1，1，2，3，5，8，13，21，34，55，89，144……依次类推，从第三个数开始，后一个数等于前两个数之和。

输出斐波那契数列的前 20 项：

```
def fibo(n):                               # 定义递归函数 fibo，输出斐波那契数列
    if n <= 1:
        return n
    else:
        return (fibo(n-1) + fibo(n-2))
for i in range(1, 20):                     # 通过循环输出斐波那契数列的前 20 项
    print(fibo(i))
```

5. 匿名函数

在程序中，当某功能仅使用一次就没有再重复使用的必要了，就可以定义成匿名函数。在 Python 中，通过 lambda 关键字来定义匿名函数。lambda 函数是一个函数对象，不需要显式地定义函数名，直接使用“lambda+参数+表达式”的方式。lambda 表达式只允许包含一个表达式，不能包含复杂语句，该表达式的计算结果就是函数的返回值。

lambda 表达式的基本语法如下：

```
lambda arg1, arg2, arg3, … : <表达式>
```

其中，arg1、arg2、arg3 等为函数的可选参数；<表达式>相当于函数体。其运算结果是表达式的运算结果。

【例 5-14】 匿名函数的使用。

```
lambda_a = lambda: 100                                  # 无参数匿名函数
print(lambda_a())
lambda_b = lambda num: num * 10                         # 一个参数的匿名函数
print(lambda_b(5))
lambda_c = lambda a, b, c, d: a + b + c + d             # 多个参数的匿名函数
print(lambda_c(1, 2, 3, 4))
lambda_d = lambda x: x if x % 2 == 0 else x + 1         # 表达式分支的匿名函数
print(lambda_d(6))
```

5.1.3 参数的传递

函数的参数传递本质上就是从实参对形参的赋值操作。Python 中“一切皆对象”，所有赋值操作都是“引用的赋值”。因此，Python 中参数的传递都是“引用传递”，不是“值传递”。在修改该类型变量时是否产生新对象，若是在原对象上进行修改，则为可变对象，若是产生新的对象，则是不可变对象。

1. 实参为可变对象

当函数传递的参数是可变对象（列表、字典、集合、自定义的其他可变对象等），实际传递的还是对象的引用。在函数体中不创建新的对象副本，而是可以直接修改所传递的对象，对“可变对象”进行“写操作”直接作用于原对象本身。那么，怎么判断是否产生新的对象呢？可以用 Python 内建 id( )函数来判断，这个函数返回对象在内存中的位置，如果内存位置有变动，就表明变量指向的对象已经被改变。

【例 5-15】 传递可变对象的引用。

```
def swap(m):                                 # 定义函数 swap，实现 m 的两个元素的值交换
    m[1], m[0] = m[0], m[1]
    print('m:', id(m))                       # b 和 m 引用同一个对象
    print('在 swap 函数中，m 的值是',m)
b = [10, 20]
print("b:", id(b))
swap(b)                                      # 调用函数 swap
print("交换结束后，b 的值是", b)
```

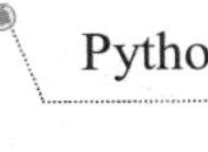

运行结果：

```
b:2829659072320
m:2829659072320
在 swap 函数中，m 的值是[20,10]
交换结束后，b 的值是[20,10]
```

由运行结果可知，b 和 m 引用同一个对象，在 swap()函数中，列表的两个元素的值被交换成功。不仅如此，当 swap()函数执行结束后，主程序中列表的两个元素的值也被交换了。

2. 实参为不可变对象

当函数传递的参数是不可变对象（int、float、字符串、元组、布尔值等），实际传递的还是对象的引用。在“赋值操作”时，由于不可变对象无法修改，系统会新创建一个对象。

【例 5-16】 传递不可变对象的引用。

```
def swap(a, b) :                              # 定义函数 swap，实现 a、b 变量的值交换
    a, b = b, a
    print('在 swap 函数中，a 的值是', a, ', b 的值是', b)
a = 10
b = 20
swap(a, b)                                    # 调用函数 swap
print("交换结束后，变量 a 的值是", a, "，变量 b 的值是", b)
```

运行结果如下：

```
在 swap 函数中，a 的值是 20，b 的值是 10
交换结束后，变量 a 的值是 10，变量 b 的值是 20
```

由运行结果可知，在 swap( )函数中，a 和 b 的值分别是 20、10，交换结束后，变量 a 和 b 的值是 10、20。因此，程序中实际定义的 a 和 b 并不是 swap( )函数的 a 和 b。

任务实施

在 eBANK 银行柜员机系统中，用户通过验证登录后，可以选择存款、取款、查询余额等操作。用户在使用这些操作过程中，存款、取款、查询余额操作可能会被多次重复使用。自定义函数可以在程序中多次被调用，可以避免重复的代码，还可以与其他程序共享。

5.1.4 用户取款函数编程

1. 取款操作流程分析

用户取款操作流程如下。

（1）当用户登录成功后，系统会提示用户选择存款、取款、查询等功能，用户输入 2，进入取款业务办理界面。

（2）界面提示“请输入您的取款金额：”。

（3）用户输入取款金额并确认。

（4）在原有账户余额基础上减少本次取款的金额，界面显示账户余额，并提示“取款成

功！”。

2. 程序工作流程分析

根据上述用户取款流程的基本操作分析，对应的程序工作流程分析如下。

（1）添加程序注释，说明此程序的作用。

（2）定义取款函数，使用 draw_money 作为函数名，参数为账户余额 account_balance。

（3）在函数中，使用输入语句，提示用户输入取款金额。

（4）在函数中，计算取款后的账户余额（账户余额减去取款金额），使用输出语句，打印用户当前账户总余额和“取款成功！”的信息，并返回账户余额。

3. 程序代码编写

根据程序工作流程分析，程序代码如下。

```
# 程序功能：取款函数定义
def draw_money(account_balance):                              # 取款函数，参数为账户余额
    draw_money = int(input("请输入您的取款金额："))            # 输入取款金额
    account_balance = account_balance - draw_money             # 计算取款后账户余额信息
    print("账户余额：", account_balance, "  取款成功！")       # 输出账户余额，取款成功
    return account_balance                                     # 返回取款后的账户余额
```

4. 程序运行测试

修改菜单代码，在用户选择取款业务时调用取款函数：

```
account_balance = draw_money(account_balance)                  # 调用取款函数
```

5. 程序改进讨论

用户取款操作时，输入取款金额，判断输入的取款金额是否大于原有的账户总金额，若输入的取款金额小于账户原有金额，则取款成功；若输入的取款金额大于账户原有金额，则提示用户余额不足，可以使用系统异常来处理。

当程序中有多个功能时，可以把每个功能用不同的函数来实现。例如，把系统的用户登录、存款、查询等功能用函数来实现。

```
# 程序功能：用户登录功能函数定义
def denglu():
    account_num = '622663060001'                                     # 账户卡号
    account_psw = '888888'                                           # 账户密码
    ac_num_in = input('请输入卡号：')                                 # 输入卡号
    ac_psw_in = input('请输入密码：')                                 # 输入密码
    if account_num == ac_num_in and account_psw == ac_psw_in:
        print('登录成功！')
    else:
        print('登录失败！')
# 程序功能：存款函数定义
def deposit(account_balance):                                        # 存款函数，参数为账户余额
    Deposit_amount = int(input('请输入您的存款金额：'))               # 输入存款金额
    account_balance = account_balance + Deposit_amount               # 计算存款后账户余额信息
    print("账户余额：", account_balance, "  存款成功！")              # 输出账户余额，存款成功
```

```
    return account_balance                              # 返回存款后的账户余额
# 程序功能：查询余额函数定义
def check_balance(account_balance):                     # 查询余额函数，参数为账户余额
    print("账户余额为：", account_balance)               # 输出账户余额
    return account_balance    #返回账户余额
```

微视频 5-1

任务 5.2　常用内置函数的使用

【任务描述】

eBANK 银行的用户分布在不同的国家（或地区），需要在全球建立 5000 个柜员机系统，以方便用户存储货币。eBANK 系统中存在不同的货币种类，需要按照一定的汇率，可以实现不同货币间的兑换。

通过 eBANK 货币兑换（人民币兑换美元）功能程序段的案例介绍，读者可以掌握在 Python 程序设计中运用内置函数编写多功能应用程序的规范、要求和方法。

【任务要领】

- 内置函数的分类
- 典型内置函数的应用

除了本身的语法结构，Python 还提供常用的内置函数。内置函数是 Python 预先定义的函数，是内置对象类型之一，随 Python 解释器自动导入，不需要额外导入任何模块即可直接使用。内置函数是程序员经常使用到的方法，极大提升了程序员的效率和程序的阅读。

5.2.1　内置函数分类

Python 中的内置函数主要分为入门函数、数学函数、数据类型函数、对象相关函数等几大类，如表 5-1 所示。

表 5-1　常用内置函数

分　类	函　数	函数功能描述
入门函数	input([prompt])	接受标准输入，返回字符串类型
	print(*objects,sep=' ', end='\n', file=sys.stdout, flush=False)	打印函数
	help([object])	用于查看函数或模块用途的详细说明
数学函数	sum(iterable[,start])	对序列进行求和计算
	min(x, y, z,…)	返回给定参数的最小值，参数可以为序列
	max(x, y, z,…)	返回给定参数的最大值，参数可以为序列
	abs(x)	求数值的绝对值，其中参数可以是整型，也可以是复数。若参数是复数，则返回复数的模
	divmod(a, b)	分别取商和余数
	pow(x,y[, z])	返回 x 的 y 次幂
	round(x[,n])	四舍五入，小数点可保留 n 位
数据类型函数	float([x])	将一个字符串或数转换为浮点数。若无参数，则返回 0.0
	int([x[, base]])	将一个字符转换为 int 类型，base 表示进制
	long([x[, base]])	将一个字符转换为 long 类型
	bool([x])	将 x 转换为 Boolean 类型
	str([object])	转换为 string 类型
	tuple([iterable])	生成一个 tuple 类型
	list([iterable])	将一个集合类转换为另一个集合类
	dict([arg])	创建数据字典
	set()	set 对象实例化
对象相关函数	len(s)	返回对象（字符、列表、元组等）长度或项目个数
	xrange([start], stop[, step])	与 range( )类似，但并不创建列表，而是返回一个 xrange 对象
	map(function, iterable, …)	遍历每个元素，执行 function 操作
	id(object)	返回对象的唯一标识
	isinstance(object, classinfo)	判断 object 是否是 class 的实例
	type(object)	返回该 object 的类型
对象相关函数	format(value[, format_spec])	格式化输出字符串
	eval(expression[, globals[, locals]])	执行一个字符串表达式并返回表达式的值
	file(filename [, mode[, bufsize]])	file 类型的构造函数，作用为打开一个文件

5.2.2　典型函数应用

内置函数是自动加载的，Python 的解释器可以识别，因此不需要导入模块，不需要引用就可以调用。下面介绍典型函数应用。

1. help()函数

help( )函数用来查看函数或模块的详细信息，语法格式如下：

```
help([object])
```

其中，object 为对象，可以是一个具体的函数，也可以是一个数据类型。例如：

```
>>>help('sys')                                  # 查看 sys 模块的帮助
```

2. int()函数

int()函数用于将一个字符串或数字转换为整型，语法格式如下：

```
int(x,base=10)
```

其中，参数 x 可以是字符串或数字，base 表示进制数，默认十进制。x 可能为字符串或数值，将 x 转换为一个普通整数。

如果参数是字符串，那么它可能包含符号和小数点。如果超出了普通整数的表示范围，就返回一个长整数。例如：

```
>>>int('12')
12
>>>int('12',16)
18
>>>int('12',8)
10
```

3. round()函数

round()函数返回浮点数 x 的四舍五入值，语法格式如下：

```
round(x[, n])
```

其中，参数 x 是数值表达式，n 代表小数点后保留几位。例如：

```
>>>round(3.1415926, 2)
3.14
```

4. list()函数

list()函数创建列表或者用于将序列转换为列表，语法格式如下：

```
list(iterable)
```

其中，参数 iterable 为要转换的代表可迭代对象，如元组、字典、字符串等。例如：

```
# 序列为元组
>>>s=(123,'abc','hello','Python')
>>>list(s)                    # 输出[123, 'abc', 'hello', 'Python']
# 序列为字符串
>>>s='我喜欢 Pyhon 编程'
>>>list(s)                    # 输出['我', '喜', '欢', 'P', 'y', 'h', 'o', 'n', '编', '程']
# 序列为字典
>>>s={'name':'张三','age':20,'addresss':'changsha'}
>>>list(s)                    # 输出['name', 'age', 'addresss']
```

5. tuple()函数

tuple()函数将列表转换为元组，语法格式如下：

```
tuple(iterable)
```

其中，参数 iterable 代表要转换为元组的可迭代序列。例如：

```
>>>tuple([1,2,3,4])
(1, 2, 3, 4)
>>>tuple({'name':'张三','age':20})
('name', 'age')
```

```
>>>tuple('我喜欢编程')
('我', '喜', '欢', '编', '程')
```

6. format()函数

format()函数可以接受不限参数个数，不限顺序，语法格式如下：

```
format(value, format_spec)
```

例如：

```
s = "helloworld!"
print(format(s,"^20"))                    # 居中
print(format(s,">20"))                    # 右对齐
print(format(11,'d'))                     # □进制:11
print(format(11, 'o'))                    # 八进制:13
print(format(1.23456789, '0.2f'))         # 小数点计数法，保留2位小数：1.23
```

任务实施

eBANK 银行柜员机系统中存在不同的货币种类，需要按照一定的汇率，实现货币间的兑换。下面实现美元与人民币间的货币兑换。

5.2.3 货币兑换函数编程

1. 货币兑换流程分析

个人用户到银行营业网点的柜员机上自助办理货币兑换业务时，其基本操作流程如下。

（1）输入需要兑换前的金额。

（2）根据原始货币，目标货币的最新兑换汇率计算出兑换后的金额。人民币兑换外币的公式：外币=人民币×汇率。比如，人民币兑美元汇率为 1 人民币=0.1415 美元，那么 10000 元兑成美元就是 10000×0.1415=1415 美元。

（3）将兑换后的金额四舍五入，小数点后保留 2 位。

2. 程序代码编写

（1）货币兑换函数定义

```
# 程序功能：货币兑换
def exchange(account_balance):                     # 货币兑换函数定义
    exchange_rate = 0.1415                         # 人民币与美元的兑换汇率
usd_balance = account_balance * exchange_rate      # 计算兑换后的金额
print("美元余额：", round(usd_balance, 2))          # 使用 round 四舍五入，小数点后保留 2 位
```

（2）货币兑换函数的调用

```
account_balance = 1000                             # 账户余额
account_balance =exchange(account_balance)         #调用函数
```

3. 程序改进讨论

eBANK 的用户分布在不同的国家（或地区），存在多种货币种类。考虑更多货币种类间

的兑换和货币的汇率的更新；在货币兑换中，用户可以根据自身需要，自行选择兑换的原始货币和目标货币。

任务 5.3　模块的定义和调用

【任务描述】

随着银行的业务不断扩大和发展，eBANK 系统的功能日益增多。用户登录、取款、转账、查询余额等功能会在其他业务里多次引用。为了提高 eBANK 系统代码的可维护性和可复用性，可以将特定的功能分组，分别放到不同的文件中，封装成不同的模块。一个模块实现后，可以被反复调用。在使用过程中，项目中需要变更或重建的模块，不需过多修改项目代码，可以单独维护。

通过 eBANK 模块程序段的案例，读者可以掌握在 Python 程序设计中运用模块编写多功能应用程序的规范、要求和方法。

【任务要领】

- 模块的定义
- 模块的分类
- 模块导入

技术准备

在日常生活中，我们很早就接触模块化思想。例如，建筑行业很早提出了模块化建筑概念，建筑中间用的标准件、预制板都可以看成模块，即在工厂里预制各种房屋模块构件，然后运到项目现场组装成各种房屋。机动车上的发动机变速箱、车轮可以看成模块。同样，在程序设计过程中，解决复杂任务的有效方法是将一个总任务表达为若干小任务组成的形式，再使用同样方法进一步分解小任务，直至小任务可以用计算机简单明了地解决。执行某特定任务的数据结构和程序代码被称为模块。

在模块化编程（Modular Programming）中，可以自顶向下、逐步分解、分而治之，将一个较大的程序按照功能分割成一些小模块，各模块相对独立、功能单一、结构清晰、接口简单，每个模块像积木一样，便于后期的反复使用、反复搭建。

模块的使用不仅可以提高代码的可维护性，还可以提高代码的可重用性。当编写好一个模块后，只要编程过程中需要用到该模块中的某功能，不需要再重复代码的编写工作，直接在程序中导入该模块即可使用该功能。

5.3.1 模块的定义

模块是代码组织的一种方式，是将一系列相关代码组织到一起的集合体。模块中可以包含变量、类、函数和 Python 脚本中可用到的其他任何元素。在 Python 中，一个模块就是一个扩展名为 .py 的源程序文件。模块好比承载工具的工具包，可以很好地组织 Python 代码段。模块之间代码共享，可以相互调用，实现代码重用。

1. 模块的分类

在 Python 中模块分为三种：Python 标准库模块、第三方模块和应用程序自定义模块。

Python 标准库模块是 Python 内部已经定义好的模块。Python 标准库的模块非常多，有操作系统功能、网络通信、文本处理、文件处理、数学运算等基本的功能模块，如 random（随机数）、math（数学运算）、time（时间处理）、file（文件处理）、os（和操作系统交互）、sys（和解释器交互）等。

第三方模块就是开源模块，如一些优秀程序员分享的非常好用的模块。Python 提供了海量的第三方模块，这些第三方模块可以在 Python 官方推出的网站（第三方模块）上找到。在使用第三方模块前，需要先下载并安装该模块，然后可以像使用标准模块一样导入并使用。

除了标准库模块、第三方模块，用户也可以根据自己的需求自定义模块。

2. 创建模块

要在 Python 中创建自定义模块，需要创建一个新的 Python 文件，可以将模块中的相关代码（变量、函数、类等）编写其中，并将该文件命名为“模块名+.py”的形式。需要注意的是，创建模块时，设置的模块名尽量不要与 Python 自带的标准模块名称相同。

每个模块中都有一个全局变量_name_，它的作用是获取当前模块的名称。若当前模块是单独执行的，就是当一个模块被作为程序入口时（主程序、交互式提示符下），则其__name__的值就是__main__；否则，若作为模块导入，则其__name__的值就是模块的名字。每个模块都有一个名称，通过特殊变量 name 可以获取模块的名称。

【例 5-17】 自定义模块 CalcTwoNum，创建加减乘除运算的模块。

```
#文件名：CalcTwoNum.py
def sum(a, b):                                   # 加法函数
    return  a+b
def sub(a, b):                                   # 减法函数
    return a-b
def mul(a, b):                                   # 乘法函数
    return a*b
def div(a, b):                                   # 除法函数
    return a/b
if __name__== '__main__':
    print(sum(3, 4))
```

模块 CalcTwoNum 中定义了加法、减法、乘法和除法四个函数，它们处理的问题是同类的，可以作为一个模块来定义。

5.3.2 模块的导入

创建模块后，就可以在其他程序中使用该模块了。模块使用前，需要加载模块中的代码，因此第一步就是导入模块。

1. 使用 import 语句导入模块

import 语句用于导入模块，语法格式如下：

```
import  模块 1[, 模块 2, …, 模块 N]]                # 导入一个或多个模块
```

用 import 语句导入模块，就在当前的名称空间（namespace）建立一个对该模块的引用。这种引用必须使用全称，也就是说，当使用在被导入模块中定义的函数时，必须包含模块的名字。所以，引用模块中的函数时不能只使用函数名，而应该使用“模块名.函数名”引用。

【例 5-18】 导入标准库模块 math。

```
import math                                # 导入 math 模块
print(type(math))                          # 输出<class 'module'>
print(math.pi)                             # 输出 pi 的值 3.141592653589793
```

math 模块被加载后，实际会生成一个 module 类的对象，该对象被 math 变量引用，可以通过 math 变量引用模块中所有的内容。

如果模块名比较长且不容易记住，可以在导入模块时使用 as 关键字为其设置一个别名，通过别名来调用模块中的函数、变量和类等。其语法格式如下：

```
import  模块名 as 模块别名                    # 导入模块并使用新名字
```

【例 5-19】 导入前面定义的模块 CalcTwoNum，并设置别名为 C。

```
import CalcTwoNum as C                     # 导入 CalcTwoNum 模块并设置别名为 C
print(C.sum(10, 20))                       # 执行模块中的 sum 函数
print(C.sub(10, 20))                       # 执行模块中的 sub 函数
print(C.mul(10, 20))                       # 执行模块中的 mul 函数
print(C.div(10, 20))                       # 执行模块中的 div 函数
```

如果需要一次性导入多个模块，可以使用 import 语句导入，模块之间使用“,”分隔。

2. 使用 from-import 语句导入模块

Python 可以使用 from-import 导入模块中的成员，语法格式如下：

```
from  模块名  import  成员 1, 成员 2, …
```

【例 5-20】 使用 from-import 语句导入前面定义的模块 CalcTwoNum。

```
from CalcTwoNum import sum, sub, mul, div      # 导入 CalcTwoNum 模块的 sum、sub、mul、div 函数
print(sum(10, 20))
print(sub(10, 20))
print(mul(10, 20))
print(div(10, 20))
```

如果希望导入一个模块中的所有成员，就可以采用如下方式：

```
from  模块名  import *
```

例如：

```
from CalcTwoNum import *                    # 导入 ComputeTwoNum 模块中的全部定义
print(sum(10, 20))
print(sub(10, 20))
print(mul(10, 20))
print(div(10, 20))
```

在一般生产环境中尽量避免使用“from 模块名 import *”。使用 from-import 语句导入模块中的定义时，需要保证所导入的内容在当前的命名空间中是唯一的，否则将出现冲突，后导入的同名变量、函数或类会覆盖先导入的，而且可读性极其差。

随着函数和变量的增加，可以将功能类似的函数放到一个模块中。因此，取款、转账、查询余额等功能可以放入模块，实现程序模块化编程。

5.3.3 Ebank 模块编程

1. 创建自定义模块 Ebank

创建模块，命名为 Ebank.py，其中 Ebank 为模块名，设计并实现取款、转账、查询余额等功能。文件 Ebank.py：

```
# 存款
def deposit(account_balance):
    Deposit_amount = int(input('请输入您的存款金额：'))
    account_balance = account_balance + Deposit_amount
    print("账户余额：", account_balance, "  存款成功！")
    return account_balance
# 取款
def draw_money(account_balance):
    draw_money = int(input("请输入您的取款金额："))
    account_balance = account_balance - draw_money
    print("账户余额：", account_balance, "  取款成功！")
    return account_balance
# 查询余额
def check_balance(account_balance):
    print("账户余额为：", account_balance)
    return account_balance
```

2. 导入 Ebank 模块

程序运行测试，如在 eBANK 系统中其他程序中使用该模块，需要导入模块 Ebank：

```
Import Ebank
```

3. 程序改进讨论

eBANK 系统的业务众多，可以分解成多个模块，优化项目代码结构，实现团队协同开发，提升编程效率。

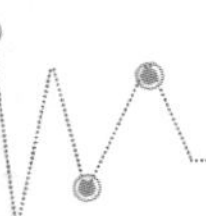

微视频 5-2

任务 5.4　包（或库）的使用

【任务描述】

随着 eBANK 系统的模块数目的增多，为了更好地组织开发代码，根据不同业务将模块进行归类划分，并将功能相近的模块放到同一目录下形成包（或库）。包和库的使用可以规范代码，使整个项目更富有层次，也能避免合作开发中模块名重名引发的冲突。

通过 eBANK 系统中 bankpag 包的案例，读者可以掌握在 Python 程序设计中运用包编写多功能应用程序的规范、要求和方法。

【任务要领】

- ❖ 包的定义
- ❖ 创建包
- ❖ 包的导入
- ❖ 使用第三方库

技术准备

在实际项目开发中，一个大型的项目往往需要使用成百上千的 Python 模块，如果将这些模块都堆放在一起，势必不好管理。因此，Python 使用包对模块进行分类管理。

5.4.1　包和库

一个模块就是一个 PY 文件，当一个项目中有很多个模块时，需要再进行组织划分不同的文件夹，多个有联系的模块可以将其放到同一个文件夹下，使项目（程序）易于管理且概念清晰。

1. 包的定义

Python 中，包（Package）是在模块之上的概念，是一种 Python 模块的集合。包是一个

分层次的目录结构，不提供任何功能，而是类似一个文件夹，里面放着各种模块（.py 文件），也可以有子文件夹（子包）。通常为了方便调用，会将一些功能相近的模块组织在一起，或是将一个较为复杂的模块拆分为多个组成部分，可以将这些 Python 源程序文件放在同一个包下。这样既可以起到规范代码的作用，又能避免模块名重名引发的冲突。

2. 包的创建

创建包实际上就是创建一个文件夹，并在该文件夹中创建一个名称为“__init__.py”的 Python 文件。__init__.py 文件可以编写 Python 代码，也可以为空。当有其他程序文件导入包时，会自动执行__init__.py 文件中代码。注意，包名要尽量与内置的模块名不相同，不然会覆盖内置的模块。

【例 5-20】 在 D 盘根目录下创建名为 MyPackage 的包，在包中添加 Rectangle 模块。

（1）双击桌面上的“计算机”图标，进入资源管理器，再进入 D 盘，新建一个名为“MyPackage”的文件夹。

（2）在 IDLE 中，创建一个名称为“__init__.py”的文件，文件中不写任何内容，把该文件保存在 D:\MyPackage 文件夹下。至此，名称为 MyPackage 的包创建完毕。

（3）向包中添加模块（也可以添加包）。在 MyPackage 包创建矩形模块，对应的文件名为 Rectangle.py，在该文件定义计算周长和面积的函数。

```
# Rectangle 模块
def Perimeter(width, height):                    # 计算矩形周长函数
    return (width + height) * 2
def Area(width, height):                         # 计算矩形面积函数
    return width * height
```

也可以在 PyCharm 开发环境中创建包，非常简单。在要创建包的地方单击右键，在弹出的快捷菜单中选择“New → Python package”即可，如图 5-2 所示。输入包名，PyCharm 会自动生成带有__init__.py 文件的包。

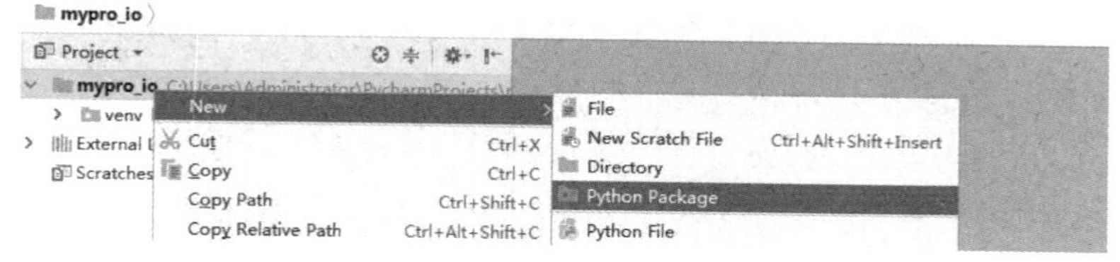

图 5-2 在 PyCharm 中创建包

3. 包的导入

创建包以后，就可以在包中创建相应的模块，再使用 import 语句从包中加载模块。包本质上还是模块，因此导入模块的语法同样适用于导入包。无论导入我们自定义的包，还是导入从他处下载的第三方包，导入方法可归结为以下 3 种。

1）import 包名[.模块名 [as 别名]]

通过此语法格式导入包中的指定模块后，在使用该模块中的成员（变量、函数、类）时，需添加“包名.模块名”为前缀。

【例 5-21】 以前面创建好的 MyPackage 包为例，导入 Rectangle 模块并使用该模块中的函数。

```
import  MyPackage.Rectangle
print('周长为：', MyPackage.Rectangle.Perimeter(3, 4))
print('面积为：', MyPackage.Rectangle.Area(3, 4))
```

当然，如果使用 as 格式起一个别名，就使用直接使用这个别名作为前缀使用该模块中的方法了。

```
import  MyPackage.Rectangle as Rect
print('周长为：', Rect.Perimeter(3, 4))
print('面积为：', Rect.Area(3, 4))
```

2）from 包名　import 模块名 [as 别名]

使用此语法格式导入包中模块后，在使用其成员时不需要带包名前缀，但需要带模块名前缀。

【例 5-22】 导入 MyPackage 包并使用模块中成员。

```
from  MyPackage  import Rectangle
print('周长为：', Rectangle.Perimeter(3, 4))
print('面积为：', Rectangle.Area(3, 4))
```

同样可以使用 as 为导入的指定模块定义别名。

3）from 包名.模块名　import 成员名 [as 别名]

此语法格式用于向程序中导入“包.模块”中的指定成员（变量、函数或类），导入的变量（函数、类）在使用时可以直接使用变量名（函数名、类名）调用。

【例 5-23】 以前面创建好的 MyPackage 包为例，导入 Rectangle 模块并使用该模块中的成员。

```
from  MyPackage.Rectangle  import Perimeter, Area
print('周长为：', Perimeter(3, 4))
print('面积为：', Area(3, 4))
```

同样可以用 as 为导入的成员起一个别名。在使用此种语法格式加载指定包的指定模块时，可以使用“*”代替成员名，表示加载该模块下的所有成员。例如：

```
from  MyPackage.Rectangle  import *
print('周长为：', Perimeter(3, 4))
print('面积为：', Area(3, 4))
```

4. 库

库是具有相关功能模块（包）的集合。一些大型的项目需要实现比较多的功能，创建了许多的包和模块，就可以将所有包放在一起，形成一个库。其实库是个抽象的概念，只要某个模块或者一组模块供其他模块调用，就可以称为库。

Python 拥有一个强大的标准库，核心只包含数字、字符串、列表、字典、文件等常见类型和函数，而由 Python 标准库提供系统管理、网络通信、文本处理、数据库接口、图形系统、XML 处理等功能。例如，可以通过 random 模块实现随机数处理、math 模块实现数学相关的运算、time 模块实现时间的处理、file 模块实现对文件的操作、OS 模块实现和操作系统的交互、sys 模块实现和解释器的交互等。

5.4.2 第三方库

在进行 Python 程序开发时，除了可以使用 Python 官方制作的标准库，还有很多第三方库可以使用。据网络搜索结果，目前 Python 第三方库达到了十多万种，众多开发者为 Python 贡献了自己的力量。若想搭建网站时，可以选择功能全面的 Django、轻量的 Flask 等 Web 框架；若想做一个爬虫，可以使用 Scrapy 框架；若想做数据分析，可以选择 Pandas 数据框架等。这些都是一些很成熟的第三方库。那么，如何根据自己的需求找到相应的库呢？可以在 pypi.org 网站上按照分类去查找需要的库。在使用第三方库前，需要先下载再安装该库，然后就可以像使用标准库一样导入并使用。

下载和安装第三方库可以使用 Python 提供的 pip 命令实现，大多数库都可以通过 pip 命令安装，语法格式如下：

```
pip <command> [lib]
```

其中，command 用于指定要执行的命令，常用的参数值有 install（用于安装第三方模块）、list（用于显示已经安装的第三方模块）、show（用于安装完查看安装路径）、search（用于搜索包）、freeze（用于查看已经安装的包及版本信息）、uninstall（用于卸载安装包）等；lib 为可选参数，用于指定要安装或者卸载的第三方库名。

图 5-3 为使用 pip 命令安装 bs4 的示例。

```
C:\WINDOWS\system32\cmd.exe
C:\Users\admin>pip install bs4
Collecting bs4
  Downloading bs4-0.0.1.tar.gz (1.1 kB)
  Preparing metadata (setup.py) ... done
Collecting beautifulsoup4
  Downloading beautifulsoup4-4.10.0-py3-none-any.whl (97 kB)
     |████████████████████████████████| 97 kB 93 kB/s
Collecting soupsieve>1.2
  Downloading soupsieve-2.3.1-py3-none-any.whl (37 kB)
Using legacy 'setup.py install' for bs4, since package 'wheel' is not installed.
Installing collected packages: soupsieve, beautifulsoup4, bs4
    Running setup.py install for bs4 ... done
Successfully installed beautifulsoup4-4.10.0 bs4-0.0.1 soupsieve-2.3.1
```


图 5-3 使用 pip 命令安装 bs4

【例 5-23】 安装 pip install bs4。

除了使用 pip 命令安装下载第三方库，还可以在 Pycharm 中直接安装到项目中。在 Pycharm 中依次选择“File → Setting → Project:本项目名 → Project Interpreter”，在如图 5-4 所示的界面中单击“+”，然后输入要安装的第三方库“pillow”，再单击 “Install Package”按钮，等待安装成功即可。

这样，我们就可以在项目中直接使用第三方库 pillow 了。

5.4.3 bankpage 包编程

随着 eBANK 系统中模块数目的增多，可以使用包对模块进行分类管理。

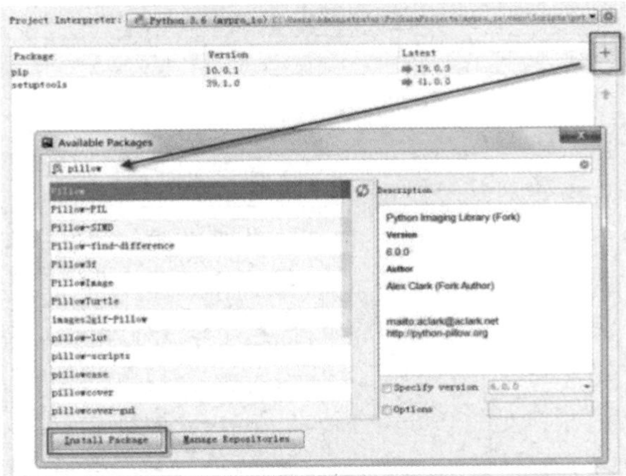

图 5-4　在 Pycharm 中安装 pillow

下面把银行日常的操作放到 bankpage 包中。

1. 创建 bankpage 包

创建如图 5-5 所示的包结构，其中 bank 为项目名，bankpage 为包名，其中的包中包含了_init_.py 文件和 Ebank.py 模块文件。

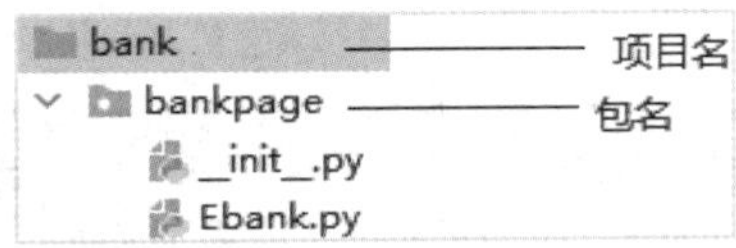

图 5-5　项目的包结构

init.py 文件代码为空。Ebank.py 的代码如下：

```
# 系统菜单功能
def print_wel():
    print("******************************")
    print("*  欢迎使用 eBANK 银行柜员机系统 *")
    print("******************************")
# 显示欢迎界面
def print_fun():
    print("********************************************")
    print("1. 存款---------------------------------请输入 1")
    print("2. 取款---------------------------------请输入 2")
    print("3. 查询余额-----------------------------请输入 3")
    print("4. 货币兑换-----------------------------请输入 4")
    print("5. 退出系统-----------------------------请输入 5")
def denglu():
    account_num = '622663060001'                              # 账户卡号
    account_psw = '888888'                                    # 账户密码
    ac_num_in = input('请输入卡号：')                         # 输入卡号
    ac_psw_in = input('请输入密码：')                         # 输入密码
    if account_num == ac_num_in and account_psw == ac_psw_in:
        print('登录成功！')
```

```
    else:
        print('登录失败！')
# 存款
def deposit(account_balance):
    Deposit_amount = int(input('请输入您的存款金额：'))
    account_balance = account_balance + Deposit_amount
    print("账户余额：", account_balance, "  存款成功！")
    return account_balance
# 取款
def draw_money(account_balance):
    draw_money = int(input("请输入您的取款金额："))
    account_balance = account_balance - draw_money
    print("账户余额：", account_balance, "  取款成功！")
    return account_balance
# 查询余额
def check_balance(account_balance):
    print("账户余额为：", account_balance)
    return account_balance
# 货币兑换
def exchange(account_balance):
    exchange_rate = 0.1415
    usd_balance = account_balance * exchange_rate
    print("美元余额：", round(usd_balance, 2))
# 退出系统
def quit():
    print("退出系统！")
def main():
    print_wel()
    denglu()
    account_balance = 1000                                  # 账户余额
    while True:
        # 实现系统的存款、取款、查询、退出四个功能
        print_fun()
        option = input('请按键选择您所需的业务：')
        if option == '1':
            account_balance = deposit(account_balance)
        elif option == '2':
            account_balance = draw_money(account_balance)
        elif option == '3':
            account_balance = check_balance(account_balance)
        elif option == '4':
            account_balance=exchange(account_balance)
        elif option == '5':
            quit()
            break
if __name__=='__main__':
    main()
```

2. 使用 bankpage 包

创建包以后，eBANK 系统的其他程序可以直接使用 import 语句，从包中加载模块。

```
import  bankpage.Ebank                          # 导入 bankpage 包下的 Ebank 模块
```

3. 打包

一个 Python 模块包创建好后，也可以打包模块，然后发布，安装使用。distutils 是 Python 标准库的一部分，为开发者提供一种方便的打包方式，同时为使用者提供方便的安装方式。

1）建立 setup.py 文件

```
from distutils.core import  setup
# 将模块打包成可以安装的压缩包
setup(
    name = "Ebank_setup",
    version = "1.0",
    description = " Ebank belongs to ChangSha",
    author = " Ebank_author ",
    py_modules = ['bankpage.Ebank']
)
```

2）执行打包命令

执行打包命令：

```
Python setup.py sdist
```

将自己的 Python 文件打包。再次查看当前目录，自动生成了一个文件夹 dist，文件夹中有一个压缩包 Ebank_setup-1.0.tar.gz（最终打包文件）和一个记录文件 MANIFEST。

4. 包安装

直接解压 theima-1.0.tar.gz 压缩包安装，解压后执行 install 命令即可。

```
Python setup.py install
```

采用直接解压安装的方式，该模块安装到标准库的指定路径下，卸载时需要删除标准库中整个模块文件夹和 .egg 文件。

安装好后，在 Python 的交互环境中导入模块。

5. 程序改进讨论

可以将 bankpag 包上传至 pypi，即可直接使用 pip install 进行安装。

本章小结

本章从程序的代码复用与模块化设计的角度出发，主要学习了 Python 程序的函数的定义与调用、内置函数的典型应用、模块的定义与导入、第三方库的使用方法。通过学习和实训，要求读者能够正确理解模块化编程，能运用函数与模块编写多功能应用程序。

1）关于函数编程

函数是组织好的、可重复使用的用来实现单一或相关联功能的代码段。函数被定义后，

可以在程序中多次被调用，从而实现代码复用，避免重复编写具有相同功能的代码。

函数定义：以 def 关键词开头，后接函数标识符名称和“( )”。“( )”中用于定义参数，参数可以有多个，也可以没有。函数体以“:”起始，并且缩进，可以使用 return 语句结束函数，选择性地返回一个值给调用方。

函数调用：函数调用是运行函数代码的方式。根据函数定义，调用时要给出实际参数，用实际参数赋值给函数定义中的形参，函数调用后得到返回值。

参数传递：函数调用时，从实参到形参的赋值操作。实参为可变对象时，直接作用于原对象本身。实参为“不可变对象”时，会产生一个新的“对象空间”，并用新的值填充。

递归函数：直接或间接调用函数本身的函数。递归函数定义简单，逻辑清晰，缺点是过深的调用会导致栈溢出（比较占用内存空间）。

匿名函数：不需要显式地定义函数名，通过 lambda 关键字来定义匿名函数。匿名函数在程序中只使用一次，可以节省变量定义空间。

内置函数：Python 编程语言中预先定义的函数随 Python 解释器自动导入，不需要额外导入任何模块即可直接使用。

2）关于模块化编程

模块：模块是代码组织的一种方式，是将一系列相关代码组织到一起的集合体。Python 中，一个 PY 文件就称为一个模块，模块可以包含变量、类、函数和 Python 脚本中可用到的其他任何元素。模块结构化设计程序使得整个程序结构清晰，易于分别编写和测试，便于维护和调用，利于整个程序功能的进一步扩充和完善。

包：在模块之上的概念，是一种 Python 模块的集合。包是一个分层次的目录结构，不提供任何功能，而是类似一个文件夹，其中放着各种模块（.py 文件），也可以有子文件夹（子包）。可以规范代码，避免模块名重名引发的冲突。

函数和模块的深度理解和灵活运用是本章的学习重点，可为后续的程序设计和应用学习打好扎实的基础。

思考探索

一、填空题

1. Python 的函数定义需要使用________关键字。

2. Python 中使用函数分为两个步骤，分别为________和________。

3. 定义函数时函数后的一对“( )”中给出的参数列表称为________，在调用函数时函数名后面的一对小括号中的参数列表称为________。

4. 使用________将整个模块导入，也可以使用________将模块中的标识符直接导入到当前环境。

5. 按照作用域的不同，Python 中的变量可以分为________和________。

6. ________函数是指一个函数内部通过调用自己来完成一个问题的求解。

7. 在函数内部，________既可以来声明使用外部全局变量，也可以直接定义全局变量。

8. 在调用函数时，可以通过________参数的形式进行传值，从而避免必须记住函数形

参顺序的麻烦。

二、判断题

1．函数是代码复用的一种方式。（　　）

2．通过 import 语句一次只能导入一个模块。（　　）

3．一个函数如果带有默认值参数，那么必须所有参数都设置默认值。（　　）

4．定义 Python 函数时，如果函数中没有 return 语句，就默认返回空值 None。（　　）

5．不同作用域中的同名变量之间互相不影响，也就是说，在不同的作用域内可以定义同名的变量。（　　）

6．全局变量会增加不同函数之间的隐式耦合度，从而降低代码可读性，因此应尽量避免过多使用全局变量。（　　）

7．创建只包含一个元素的元组时，必须在元素后加一个“,”，如(3,)。（　　）

8．在定义函数时，某参数名字前带有“**”符号，表示可变长度参数，可以接收任意多个关键参数并将其存放于一个字典之中。（　　）

9．lambda 表达式中可以使用任意复杂的表达式，但是必须只编写一个表达式。（　　）

10．模块是一个包含函数、类和变量的文件，其后缀名是 .py。（　　）

三、编程题

1．编写函数 Calculate，可以接收任意多个数，返回一个元组，其中元组的第一个值为所有参数的平均值，第二个值是大于平均值的所有数。

2．编写函数，输入年份，判断是否是闰年，能被 4 整除但不能被 100 整除，或者能被 400 整除的都是闰年。

3．回文数是指正序（从左向右）和倒序（从右向左）读都是一样的整数，如 121、1221、15651 都是回文数。编写函数，判断 n 是否为回文数。

4．编写函数 is_prime(n)，判断输入的 n 是不是素数。通过键盘输入两个整数 X 和 Y，调用此函数输出两数范围之内素数的个数（包括 X 和 Y）。

四、思考题

产业数据分析

人工智能是21世纪社会发展的新引擎。人工智能的迅速发展将深刻改变人类社会生活、改变世界。人工智能在教育、医疗、养老、环境保护、城市运行、司法服务等领域广泛应用，将极大提高公共服务精准化水平，全面提升人民生活品质。人工智能技术可准确感知、预测、预警基础设施和社会安全运行的重大态势，及时把握群体认知及心理变化，主动决策反应，将显著提高社会治理的能力和水平，对有效维护社会稳定具有不可替代的作用。

人工智能发展的不确定性带来新挑战。人工智能是影响面广的颠覆性技术，可能带来改变就业结构、冲击法律与社会伦理、侵犯个人隐私、挑战国际关系准则等问题，将对政府管理、经济安全和社会稳定乃至全球治理产生深远影响。

如何在大力发展人工智能的同时，预防与约束可能带来的安全风险挑战，最大限度降低风险，确保人工智能安全、可靠、可控发展。

（来源：中国政府网）

同学们，你们有什么启示呢？

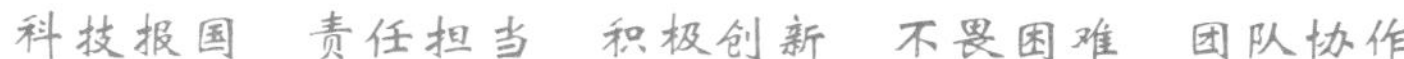

科技报国 责任担当 积极创新 不畏困难 团队协作

实训项目

“eBANK 银行模块程序设计”任务工作单

任务名称	eBANK 银行模块程序设计	章节	5	时间	
班　级		组长		组员	
任务描述	eBANK 银行的用户分布在不同的国家（或地区），需要在全球建立 5000 个柜员机系统以方便用户存储货币。eBANK 银行业务较多，为了方便后期维护，使用函数和模块有逻辑地组织系统功能代码。要求编写模块代码，自定义函数实现存款、取款、查询余额等功能。				
任务环境	Python 开发工具，计算机				
任务实施	1．创建模块 2．自定义函数实现用户存款功能 3．自定义函数实现用户取款功能 4．自定义函数实现用户查询余额功能 5．导入模块 6．修改主程序确保程序正常运行 7．程序的编辑、修改、调试与运行等				
调试记录	（主要记录程序代码、输入数据、输出结果、调试出错提示、解决办法等）				
总结评价	（总结编程思路、方法，调试过程和方法，举一反三经验和收获体会等） 请对自己的任务实施做出星级评价 □ ★★★★★　□ ★★★★　□ ★★★　□ ★★　□ ★				

拓展项目

“eBANK 银行项目打包成 EXE 文件”任务工作单

<table>
<tr><td>任务名称</td><td>eBANK 银行项目打包成 EXE 文件</td><td>章节</td><td>5</td><td>时间</td><td></td></tr>
<tr><td>班　级</td><td></td><td>组长</td><td></td><td>组员</td><td></td></tr>
<tr><td>任务描述</td><td colspan="5">eBANK 银行的用户分布在不同的国家（或地区），需要在全球建立 5000 个柜员机系统以方便用户存储货币。项目需要在 5000 个柜员机系统中使用，为方便使用，不需要配置 Python 环境，将项目打包成 EXE 文件。本案例要求使用第三方库，将 eBANK 银行项目打包成 EXE 程序</td></tr>
<tr><td>任务环境</td><td colspan="5">Python 开发工具，计算机</td></tr>
<tr><td>任务实施</td><td colspan="5">1．安装 PyInstaller。在 DOS 窗口输入命令：
pip install pyinstaller
2．使用 PyInstaller 将项目打包成 EXE 可执行文件
3．添加图标
4．测试 EXE 文件是否能运行成功</td></tr>
<tr><td>调试记录</td><td colspan="5">（主要记录程序代码、输入数据、输出结果、调试出错提示、解决办法等）</td></tr>
<tr><td>总结评价</td><td colspan="5">（总结编程思路、方法，调试过程和方法，举一反三经验和收获体会等）

请对自己的任务实施做出星级评价
□ ★★★★★　□ ★★★★　□ ★★★　□ ★★　□ ★</td></tr>
</table>

第 6 章

文件操作和管理

计算机程序在运行过程中，数据基本上是在内存中保留的，程序退出运行后，内存中的数据会被释放，数据也被“清空”。因此，运行过程中，程序产生的有用数据或运算最终结果需要及时地保存到磁盘文件中，才能避免数据丢失。同样，程序下次运行所需的初始数据需要从磁盘文件中获取。这都需要对磁盘文件进行读或写的操作。Python 通过调用一些功能函数，可以方便地实现对文件和目录的操作与管理。

本章从数据的保存、读取和备份的视角，围绕文件读写操作和文件管理两个任务，通过 eBANK 的具体应用，修改余额数据等操作后数据的存取，以及对 eBANK 系统数据备份功能设计与任务实现，希望带领读者正确理解和运用文件的读写和管理的方法，感受 Python 强大的文件管理功能和可扩展性能，从而掌握对文件读写和管理操作的编程方法和技能。

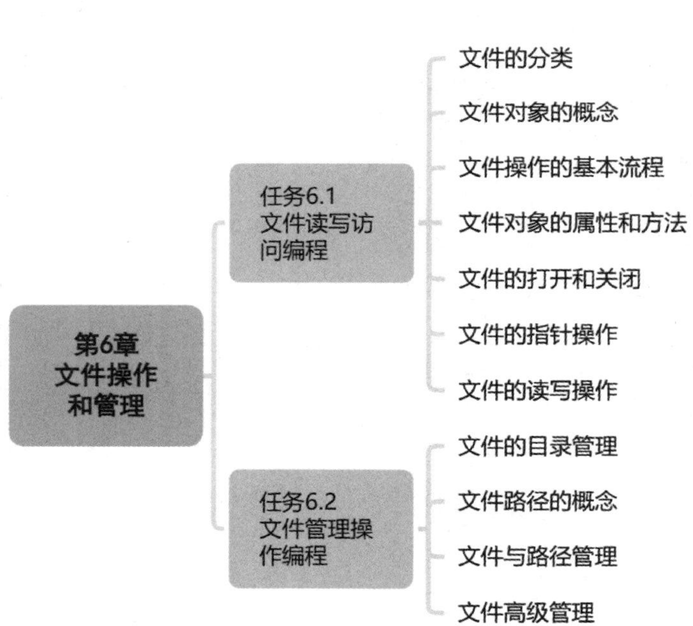

岗位能力：

- ✧ 问题、流程、算法、程序逻辑思维能力
- ✧ 用IPO方法编写、编辑源程序代码能力
- ✧ 集成开发环境下程序的运行与调试能力
- ✧ 文件路径、类型、名称规划与管理能力
- ✧ 数据存取与备份管理的系统思维能力

技能证书标准：

- ✧ 能对数据进行存储与呈现
- ✧ 能正确理解文件及文件权限
- ✧ 能进行文件相关操作
- ✧ 能理解异常及其处理机制
- ✧ 能使用txt、csv等格式存储数据

学生技能竞赛标准：

- ✧ 能进行现场程序设计
- ✧ 能进行程序的运行和调试
- ✧ 能进行文件、文件夹、文件路径操作

思政素养：

- ✧ 善于发现问题和解决问题，养成严谨、求真的工作态度
- ✧ 具备大数据思维，养成数据思维习惯
- ✧ 关注信息技术，坚定职业理想，服务生产生活水平提升。

任务 6.1 文件读写访问编程

【任务描述】

在 eBANK 系统中，用户的信息记录在外部磁盘文件中，系统运行时需要从磁盘文件中读取用户账户和密码信息，用户登录后存取款信息发生了变化，在用户退出前需要将变动的数据进行保存。这就涉及对文件的读写问题。本任务主要实现 eBANK 系统对用户数据的存取功能。

通常，应用系统的数据存储有两种方式，一是存储在本地磁盘文件中，另一种存储在网络远端的数据库服务器文件中。后者是商用系统常用的方式，感兴趣的读者可以学习数据库的相关内容，本任务主要讨论前一种方式。Python 把文件当作对象来处理，并使用不同的方法完成不同的操作，以及实现对文件的读、写等操作。完成本任务后，读者可以掌握 Python 对不同类型的文件读、写方法。

【任务要领】

- 文件的分类
- 文件对象的概念
- 文件操作的基本流程
- 文件对象的属性和方法
- 文件的打开和关闭
- 文件的指针操作
- 文件的读写操作

技术准备

文件是计算机管理数据的基本方式，数据都是以不同类型的文件存在不同的文件夹中的。Python 把文件当作对象来处理，使用不同的方法完成不同的操作。通过学习文件的打开和关闭操作，以及对不同类型的文件进行读、写操作，为本任务的完成做好技术准备。

6.1.1 文件的打开和关闭操作

计算机中的数据都是以文件形式进行存储的，文件存储的位置通常称为文件的路径，分为相对路径和绝对路径。相对路径是相对当前文件位置而言的，目标文件所在的路径。例如，当前文件夹为 D:\abc，其中有个子文件夹 123 下有个文件 test.txt，那么 test.txt 的相对路径可以表示为.\123\。绝对路径是从根目录开始的路径，上例中 test.txt 的绝对路径可以表示为

D:\abc\123\。Python 的“\”用于转义，所以 Python 中表示文件路径时需要用“\\”或“/”代替“\”，这是编程时需要特别注意的地方。

计算机中的文件，除了用存储位置进行区分，还可以用不同的文件名来进行区分。文件名通常由两部分组成：主文件名和扩展名。扩展名通常表明文件的类型或性质。例如，.txt 通常表示文本文件，.jpg 通常表示图片格式文件。根据数据的逻辑存储结构，计算机中的文件又可分为文本文件和二进制文件。文本文件是专门用来存储文本字符数据的，可以使用文字处理程序正常读写，如上述 test.txt。二进制文件一般不能用文字处理程序直接打开，即使打开了，显示的也是乱码，必须先了解其文件结构和序列化规则，再设计正确的反序列化规则，才能正确获取文件内容。例如，.doc 可以用专门的 Word 软件来读写。另外，需要强调的是，计算机中的数据在物理层面都以二进制形式存储，因此文件的大小都是用其占用存储空间的字节数来计算的。

Python 可以进行文件的打开、关闭和读写这类基础的操作，通过调用内置方法 open( ) 打开文件，通过文件对象的 close( )方法关闭文件。

通常 Python 中进行文件操作的流程是：① 打开文件，生成文件对象；② 进行读或写操作；③ 关闭文件对象。

【例 6-1】 在 D:\abc\123\文件夹下已存在一个 test.txt 文件，打开它，并在其中添加两行文字“I Love Python!”和“I Love China!”，保存完成后关闭文件。

```
# 例 6-1
file1=open('D:\\abc\\123\\test.txt', 'w')      # 以写（w）方式打开文件，并生成文件对象 file1
file1.write('I Love Python!\n')                # 写入字符串
file1.write('I Love China!\n')                 # 写入字符串
file1.close()
```

运行以上程序后，用记事本打开 test.txt，可以看到写入的两行字符串内容。注意，以写（w）方式打开文件时，每次运行会覆盖之前的文件。

内置函数 open()的详细声明为：

```
open(file, mode='r', buffering=-1, encoding=None, errors=None, newline=None, closefd=True,
    opener=None)
```

相关参数说明如下。

❖ file：文件的路径。
❖ mode：文件的打开模式，取值有 r、w、a 及其组合。文件打开模式如表 6-1 所示。
❖ buffering：设置缓存策略。在二进制模式下，使用 0 来切换缓冲；在文本模式下，通过 1 表示行缓冲（固定大小的缓冲区）。在不给参数的时候，二进制文件的缓冲区大小由底层设备决定，通常为 4096 或 8192 字节。文本文件则采用行缓冲。
❖ encoding：编码或者解码方式，通常使用 UTF-8 或 GBK 编码，默认为 None，表示不设置，使用系统默认值。
❖ errors：读取文件错误时的处理方式，默认为 None，表示不设置。
❖ newline：换行控制，参数值有 None、''（空字符）、'\n'、'\r'和'\r\n'。输入时，如果参数为 None，那么行结束的标志可以是'\n'、'\r'或'\r\n'任意一个，并且三个控制符都先被转化为''（空字符），然后才会被调用。输出时，如果参数值为 None，那么行结束的标志'\n'会被转换为系统默认的分隔符；如果是''（空字符）或'\r'，就不会被编码。

表 6-1　文件打开模式

参数值	打开模式	功能描述	举　例
r	只读模式	以只读模式打开文件，若文件不存在或无法找到，则文件打开失败。为默认模式，可省略	open('D:\\abc\\test.txt', 'r')
w	只写模式	以只写模式打开文件，若文件存在，则清空后重写文件，否则创建新文件	open('D:\\abc\\test.txt', 'w')
x	新建模式	写模式，新建一个文件，如果该文件已存在则会报错	open('D:\\abc\\test.txt', 'x')
a	追加模式	以只写模式打开文件并允许在该文件末尾追加数据，若文件不存在，则创建新文件	open('D:\\abc\\test.csv', 'a')
b	二进制模式	以二进制模式打开文件，与其他参数配合使用	open('D:\\abc\\test.dat', 'rb')
t	文本模式	以文本模式打开文件，与其他参数配合使用	默认
+	读写模式	打开一个文件进行更新（可读可写），与其他参数配合使用	open('D:\\abc\\test.txt', 'r+')

- closefd：为 False，则文件关闭时，底层文件描述符仍然为打开状态，这是不被允许的，所以需要设置为 Ture。
- opener：通用的 opener 通过传递一个可调用的对象作为 opener 来使用。文件对象的底层文件描述符可通过调用 opener(文件, 标志)获得。opener 必须返回一个打开的文件描述符（传递 os.open 作为 opener 与传递 None 的效果一致）。

读者可以修改示例 6-1 中的'w'参数为其他参数，再运行程序，并查看效果。

函数 open( )返回的是一个文件对象，并通过此对象对文件进行访问，如果文件不存在（也可能是路径错误）、访问权限不够，则抛出异常。

文件对象的常见属性如表 6-2 所示。

表 6-2　文件对象的常见属性

属　性	含　　义
encoding	获取文件使用的编码格式
closed	返回文件是否关闭
mode	返回文件打开模式
name	返回文件名称

6.1.2　文件的指针操作

使用文件对象提供的方法，可以更加精准地操作文件。文件对象的方法包括：读取文件的 read( )、readline( )、readlines( )方法，写文件的 write( )、writelines( )方法，关闭文件的 close( )方法，以及指针移动定位方法 seek( )、tell( )。文件对象的方法如表 6-3 所示。

表 6-3　文件对象的方法

方　法	功　　能
read([size])	从文件中读取 size 字节的数据，默认为读取全部
readline()	从文件中读取一行数据，以'\n'为行结束标识
readlines()	一次读取文件中的所有数据，若读取成功，会返回一个列表，文件中的每行对应列表中的一个元素
write(s)	将指定字符串 s 写入文件
writelines(lines)	将参数 lines（列表或字符串）写入文件，不添加换行符
fileno()	返回底层文件的文件描述符（文件系统中已打开文件的唯一标识）
readable()	若文件对象已打开且等待读取，则返回 True，否则返回 False
seekable()	判断文件是否支持随机读写，若支持，则返回 True，否则返回 False
truncate(size)	截取文件到当前文件读写位置，若给定 size，则截取 size 字节的文件
close()	把缓冲区的数据写入文件，并关闭文件，释放文件对象

（续）

方 法	功 能
seek(offset, from)	移动指针到指定位置。offset 表示偏移量，即读写位置需要移动的字节数。from 用于指定文件的读写位置。0：表示文件开头，为默认值，适用于文本文件；1：表示使用当前读写位置；2：表示文件末尾。1 和 2 取值适用于二进制文件
tell()	返回当前读写位置

文件打开的另一种方式是使用 with 语句，这种方式的优点是退出时文件会自动关闭，文件对象资源会被释放。其语法格式为

```
with open( ) as var_name:
    with 语句块
```

【例 6-2】 在 D:\abc\123\文件夹下已存在一个 test.txt 文件，请 with 语句打开它并在其中添加两行文字“I Love my Family!”和“I Love myself!”，并显示文件中的内容，将指针移至第 10 个字符位置，读取其后 1 字节的内容并显示，最后显示文件的打开状态。

```
# 例 6-2
string_list = ["I Love my Family!\n", "I Love my myself! \n "]

with open('D:\\abc\\123\\test.txt', mode='r+', encoding='utf-8') as f:
    f.writelines(string_list)
    for line in f:
        print(line, end = "")
    f.seek(10)
    print(f.tell())
    print(f.read(1))
print(f.closed)
```

【例 6-3】 读取并显示 D:\abc\下 test.csv 文件中的所有内容。

```
# 例 6-3
f = open("d:\\abc\\test.csv",'r',encoding='utf-8')          # 打开文件
# 读取文件，并显示
for line in f:                                                # 按行遍历文件
    card_id, name,password, money = line.split(',')           # 用“,”进行分隔
    card_id.strip()                                           # 去除头尾部空格
    name.strip()
    password.strip()
    money.strip()
    print("%s" % card_id, end= '  ')                          # 输出信息
    print("%-10s"% name, end= '  ')
    print("%-10s" % password, end = '  ')
    print("%-10s" % money)
f.close()
```

【例 6-4】 从空格分隔的文件中读入数据。D:\abc\下 file1.txt 中的内容是用空格分开的一系列词语，如“中国　湖南　长沙　星沙　盼盼路　410131”。

```
# 例 6-4
f = open("D:/abc/file1.txt","r")
txt = f.read()
print(txt)
```

```
list1 = txt.split()          # split 方法用来指定分隔符，这里是空格，若是其他，如“,”等，则需指定为参数
print(list1)
f.close()
```

任务实施

6.1.3 用户数据的存取编程

掌握了对文件的基本操作，实现对 eBANK 系统中用户数据的存取就基本不成问题。

1. 用户操作流程分析

个人用户到银行营业网点的柜员机上自助办理业务时，首先需要进行用户登录操作，登录操作在前边已经介绍过，在此不再赘述。登录成功后，计算机会从文件中读取用户的基本信息（卡号、姓名、密码、金额），并根据用户选择的功能进行下一步的操作：是存款还是取款，或兑换外币？计算机会自动计算余额，在用户退出程序前，余额数据将予以保存。

第一步：用户存款流程。

（1）用户输入本次存款金额数量。

（2）用户看到存款成功提示并显示出新的余额。

（3）用户继续选择其他操作（如查余额、兑换外币或退出）。

第二步：用户取款流程。

（1）用户输入本次取款金额。

（2）用户看到取款提示（成功或失败），成功会显示新的余额，失败会显示余额不足。

（3）用户继续选择其他操作（如兑换外币或退出）。

第三步：用户查询余额流程。

（1）用户选择查询余额。

（2）显示出账户的余额。

第四步：用户兑换外币流程。

（1）用户选择货币兑换（美元）。

（2）用户看到换成外币后的金额数。

（3）用户继续选择其他操作（如查余额、取款或退出等）。

第五步：用户退出程序流程。

（1）保存用户数据到文件。

（2）结束程序运行。

根据上述用户选择功能流程的基本操作分析，对应的程序工作流程分析如下。

2. 程序工作流程分析

程序的工作流程与用户操作流程基本相同（前提是用户身份通过验证），即先读取用户账户基本信息，再等待接收用户输入，根据输入进行不同功能的选择，进行不同的程序工作流程。

第一步：存款。

（1）用户输入的功能选择项为 1（存款）。

（2）接收用户输入存款金额。

（3）计算新余额数 = 账户原金额数 + 用户输入存款金额。

（4）显示新余额和“存款成功”。

（5）继续显示功能菜单。

第二步：取款。

（1）用户输入的功能选择项为 2（取款）。

（2）接收用户输入取款金额。

（3）计算新余额数 = 账户原金额数 - 用户输入取款金额。

（4）如果新余额数<0，就显示“余额不足”和“取款失败，请重新输入”提示，否则显示新余额和“存款成功”提示。

（5）继续显示功能菜单。

第三步：显示余额。

（1）用户输入的功能选择项为 3（查询余额）。

（2）显示出账户的余额。

（3）继续显示功能菜单。

第四步：兑换外币。

（1）用户输入的功能选择项为 4（货币兑换（美元））。

（2）按汇率计算出兑换成美元后的余额。

（3）显示账户的美元余额。

（4）继续显示功能菜单。

第五步：退出。

（1）用户输入的功能选择项为 5（退出系统）。

（2）计算机将用户操作后的数据重新写入文件。

（3）关闭文件并退出程序。

3. 程序代码编写

根据程序工作流程分析，程序代码如下：

```
# 程序功能：用户数据保存
file_name = 'test.csv'                                  # 路径及文件名
csv_file = open(file_name,'r', encoding='utf-8')        # 以只读方式打开
lists = []
for line in csv_file:
    line = line.replace('\n', '')
    line = line.replace('\r', '')
    lists.append(line.split(','))
exchange_rate = 0.1415
def save_to_file(files,lists_data):
    import csv
    with open(files, 'w', encoding = 'utf-8', newline = '') as f:
        write = csv.writer(f)                           # 创建 writer 对象
        for data in lists_data:
```

```
            write.writerow(data)
    return
for i in range(3):
    card_no = input('请输入卡号：')
    pass_word = input('请输入密码：')
    for i in lists:
        if card_no in i[0] and pass_word in i[2]:
            while True:
                # 实现系统的存款、取款、查询余额、货币兑换（美元）、退出系统5个功能
                print("*********************************************")
                print("1. 存款----------------------------------请输入1")
                print("2. 取款----------------------------------请输入2")
                print("3. 查询余额------------------------------请输入3")
                print("4. 货币兑换（美元）-----------------------请输入4")
                print("5. 退出系统------------------------------请输入5")
                option = input('请按键选择您所需的业务：')
                if option == '1':
                    Deposit_amount = int(input('请输入您的存款金额：'))
                    i[3] = int(i[3])+ Deposit_amount
                    print("账户余额：", i[3], "  存款成功！")
                elif option == '2':
                    draw_money = int(input("请输入您的取款金额："))
                    i3 = int(i[3]) - draw_money
                    if i3 < 0:
                        print("账户余额不足，取款失败！请重新输入")
                    else:
                        i[3] = i3
                        print("账户余额：", i[3], "  取款成功！")
                elif option == '3':
                    print("账户余额为：", i[3])
                elif option == '4':
                    usd_balance = i[3] * exchange_rate
                    print("美元余额：", round(usd_balance, 2))
                elif option == '5':
                    save_to_file(file_name, lists)        # 调用写入函数，数据写入文件
                    csv_file.close()
                    print("退出系统！")
                    break
            break
    else:
        print('卡号或密码不对，请重输。')
        continue
    break
```

4．程序运行测试

（1）打开 PyCharm 程序编辑开发环境，在“Python_存储用户数据”的项目下新建一个 Python 文件，文件名为“06_存储用户数据.py”。

（2）逐行输入上面的代码，检查程序代码、变量、参数的正确性。

（3）单击鼠标右键，从弹出的快捷菜单中选择“运行（U）05_存储用户数据”。

（4）按照程序运行的提示分别输入正确的卡号和密码。

（5）输入不同的功能选项。例如，存入 1000，取出 50，显示余额，退出等。

（6）检查程序运行结果的正确性，如图 6-1 所示。

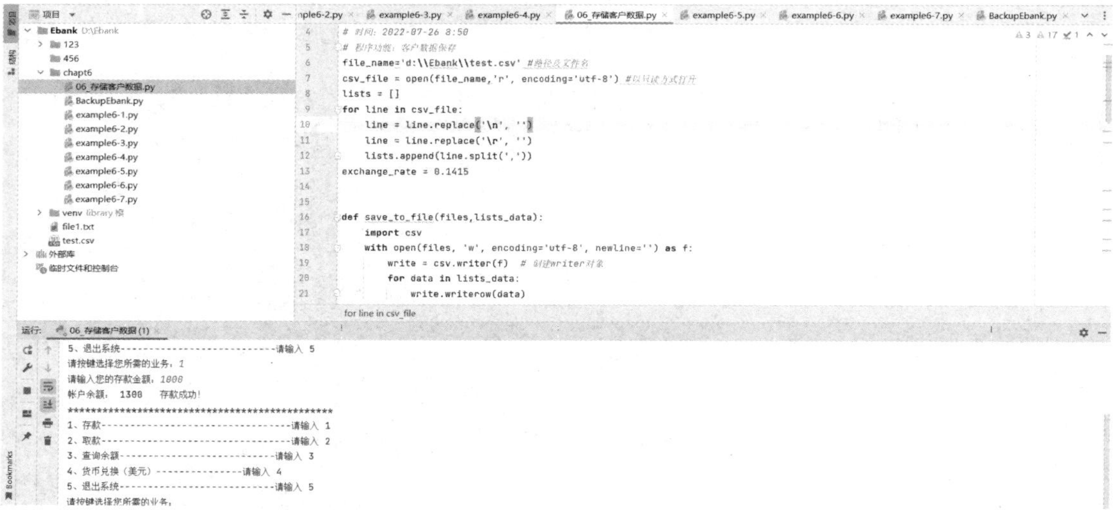

图 6-1　在 PyCharm 中输入代码并运行

当用户输入的取款金额大于卡内余额时，提示“账户余额不足，取款失败！请重新输入”，如图 6-2 所示。

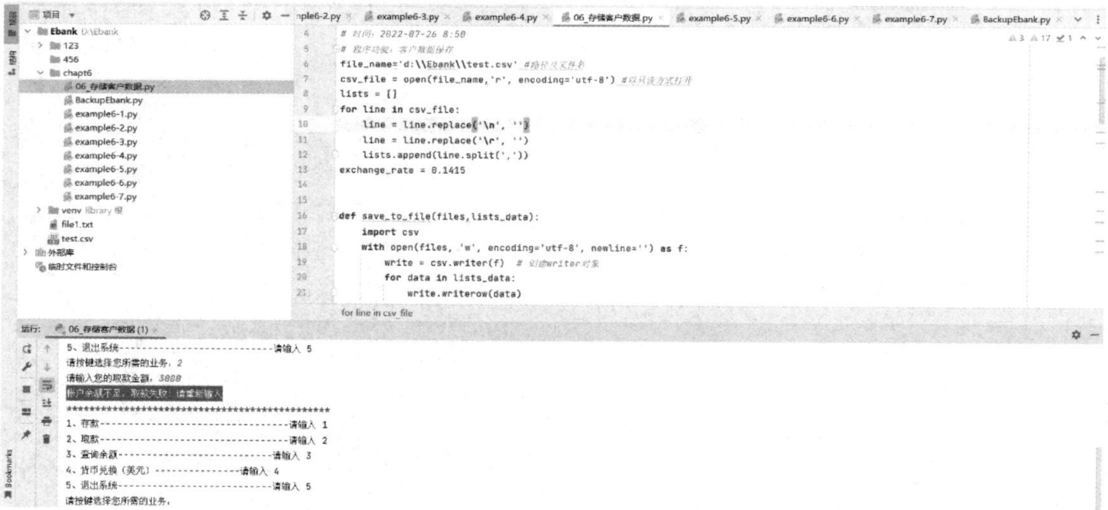

图 6-2　余额不足，取款失败

当用户输入 5 时，账户余额写入文件，程序正常退出，如图 6-3 所示。

注意：程序对输入金额并未做强制检测，所以必须输入数字，否则会出错。另外，文件 test.csv 的路径与程序在同一个文件夹下，若路径在其他文件夹下，则要确保路径存在，否则会抛出异常。

图 6-3 退出程序

5. 程序改进讨论

示例程序实现了对数据文件的读和写，读写时都是基于列表进行的。读者可以尝试用字典来实现对数据文件的读和写。

```
# 程序功能：用户数据保存，改进为基于字典读写文件
# 基于字典读写文件
import csv
csv_name = 'test.csv'                                                    # 路径及文件名
with open(csv_name,'r', encoding='utf-8-sig') as csv_file:    # 以读模式打开文件，sig避免出行非法字符
    # use dictreader method to reade the file in dictionary
    csv_reader = csv.DictReader(csv_file, delimiter = ',')
    with  open('test1.csv', mode='a', encoding='utf-8', newline='') as f:  # test1为文件名称
        csv_writer= csv.DictWriter(f,fieldnames=['卡号','姓名','密码','金额'])     # 定义列名
        csv_writer.writeheader()                                         # 列名写入CSV文件
        for line in csv_reader:                                          # 逐行写入
            csv_writer.writerow(line)
```

微视频 6-1

任务 6.2　文件管理操作编程

【任务描述】

在 eBANK 系统中，用户存取货币的数据已经可以存储在本地磁盘文件中了，但需要实现对这些文件的管理，如修改文件名、复制、压缩、移动位置等。本任务要求对 eBANK 系统中所有文件进行压缩备份，并保存备份到 E:\eBANK_BACK 文件夹下，备份主文件按日期命名，压缩格式为 ZIP。

在 Python 程序设计中，可以借助一些文件管理相关的内、外部库，实现对文件的高级管理。通过对本任务的具体实施，读者可以掌握用 Python 来实现对文件的高级管理，如文件重命名、文件复制、文件删除、文件目录压缩、移动文件等。

【任务要领】

❖ 文件和目录管理
❖ 文件路径的概念
❖ 文件和路径管理
❖ 文件的高级管理

Python 借助 os 模块来实现对文件与目录的管理，借助 os.path 子模块来实现对文件与文件路径的管理，借助 shutil 模块来实现对文件的高级管理。通过这些模块可以实现应用程序对文件管理的基本需求。

6.2.1 文件和目录管理

Python 借助 os 模块实现对文件和目录的管理，通过相应的方法实现删除文件、重命名文件、创建/删除目录、获取当前目录、更改默认目录与获取目录列表等操作，如表 6-4 所示。

表 6-4 文件和目录管理的方法

方 法	功 能
os.remove(filename)	删除文件
os.rename(src, dst)	文件或目录重命名（src，要修改的文件或目录名；dst，修改后的文件或目录名）
os.mkdir(dirname)	创建目录
os.rmdir(dirname)	删除目录
os.getcwd()	获取当前目录
os.chdir(path_name)	更改默认目录
os.listdir(path)	获取 path 参数目录下的文件和目录列表
os.walk(path)	遍历 path 参数目录下所有文件及子目录中的文件。返回的是一个由路径、目录列表、文件列表组成的元组

【例 6-5】 重命名 D:\abc 目录下的 test.txt 文件为 myfile.txt，遍历 D:\abc 目录的所有文件和子目录下的所有内容并显示。

```
#例 6-5
```

```
import os

path1 = 'D:\\abc\\123'
os.chdir(path1)
# print(os.getcwd())
os.rename("test.txt", "myfile.txt")
for path, dirs, files in os.walk('D:\\abc'):
    print(path)
    print(dirs)
    print(files)
    print("\n")
```

6.2.2 文件和路径管理

Python 借助 os.path 子模块来实现对文件与文件路径的管理，如判断文件或者目录是否存在、返回文件的绝对路径、返回文件所在目录等，如表 6-5 所示。

表 6-5 os.path 子模块常用方法

方 法	功 能
abspath(path)	返回所给路径的绝对路径
append(path)	将 path 添加到 os.path 列表中
basename(path)	去掉绝对路径，单独返回文件名
dirname(path)	去掉文件名，返回路径
join(path1[, path2[, ...]])	将 path1、path2 组合成一个新路径
split(path)	分割文件名与路径，返回(f_path, f_name)元组
splitext(path)	分离文件名与扩展名，返回(f_path, f_extention)元组
getsize(file)	返回指定文件的大小，单位是字节
getatime(file)	返回指定文件的最近访问时间
getctime(file)	返回指定文件的创建时间
getmtime(file)	返回指定文件的最近修改时间（浮点型小数）
exists(path)	判断指定的路径（目录或文件）是否存在
isabs(path)	判断指定路径是否为绝对路径
isdir(path)	判断指定路径是否存在且是一个目录
isfile(path)	判断指定路径是否存在且是一个文件
samefile(path1, path2)	判断 path1 和 parh2 两个路径是否指向同一个文件

【例 6-6】 使用 os.path.exists()方法判断给定的绝对路径是否存在，若存在，则返回“文件夹已经存在”提示，否则提示“文件夹不存在”，并创建此文件夹，然后提示“文件夹已经创建”。

```
#例 6-6
import os

f_path = "D:\\abcd\\"
# 通过 os.path.exists(conf_file)判断文件夹是否存在
is_dir=os.path.exists(f_path)
if is_dir:
```

```
    print('文件夹已存在')
else:
    print('文件夹不存在')
    os.makedirs(f_path)
    print('文件夹已创建')
```

6.2.3 文件高级管理

Python 借助 shutil 模块来实现对文件的高级管理，可以实现文件移动、复制、压缩、解压等高级操作，如表 6-6 所示。

表 6-6 shutil 模块中文件管理的常用方法

方 法	功 能
copy(fsrc, path)	复制文件到指定路径，并返回复制后的路径
move(src, dst)	移动文件或文件夹
copyfileobj(fsrc, fdst)	将一个文件的内容复制到另一个文件中，如果目标文件本身就有内容，那么来源文件的内容会把目标文件的内容覆盖掉。如果文件不存在，就会自动创建一个
copyfile(src, dst, follow_symlinks)	将一个文件的内容复制到另一个文件中，目标文件不需存在。follow_symlinks = True 时，为普通文件权限复制，否则为软连接权限
copytree(oripath, despath)	复制整个目录文件，可忽略指定的文件类型
rmtree(path)	删除目录树 path
make_archive(e)	压缩打包

【例 6-7】 用 shutil 模块将文件夹 D:\abc 打包成 abc.zip，并保存在 D:\abcd 文件夹下。

```
# 例 6-7
import shutil
import os

f1_path = r'D:\abc'                          # 要压缩的文件夹
f2_path = r'D:\abcd\abc'                     # 压缩后的文件名及位置
# 先通过 os.path.exists(f1_path)判断要压缩的文件夹是否存在
is_dir = os.path.exists(f1_path)
if is_dir:
    print('文件夹存在，可压缩。')
    shutil.make_archive(f2_path, 'zip', root_dir = f1_path)
    print('压缩完成！')
else:
     print('文件夹不存在，不可压缩。')
```

任务实施

6.2.4 系统数据备份

1. 系统数据备份流程分析

个人用户到银行营业网点的柜员机上办理完业务后，编写后台程序，对 eBANK 系统中

的所有文件进行压缩备份，并保存备份到 E:\eBANK_BACK 文件夹下，备份主文件按日期命名，压缩格式为 ZIP。

eBANK 系统数据备份流程如下。

（1）准备备份文件夹。

（2）获取系统日期信息。

（3）将 eBANK 目录打包压缩。

2. 程序工作流程分析

程序工作流程与数据备份流程基本相同。

（1）判断 E:\eBANK_BACK 文件夹是否存在，若不存在，则创建它。

（2）获取系统日期，格式为 YYMMDD，用于主文件名。

（3）将 eBANK 目录打包压缩成备份文件，文件名为系统日期，扩展名为 ZIP，存放路径为 E:\eBANK_BACK。

3. 程序代码编写

根据程序工作流程分析，我们编写下列程序代码：

```
# 程序功能：eBANK 系统文件备份
import shutil
import os
import time

date1 = time.strftime('%Y%m%d')                          # 获取系统日期
f1_path = r'D:\Ebank'                                     # 要压缩的文件夹
f2_path = r'E:\eBANK_BACK'                                # 压缩后的文件名及位置
# 通过 os.path.exists(file_path)判断目录是否存在
is_dir2 = os.path.exists(f2_path)
if is_dir2:
    print('文件夹 eBANK_BACK 已存在。')
else:
    print('文件夹 eBANK_BACK 不存在。')
    os.makedirs(f2_path)
    print('文件夹 eBANK_BACK 已创建。')

is_dir1 = os.path.exists(f1_path)
if is_dir1:
    print('文件夹 eBANK 存在。')
    shutil.make_archive(f2_path+'\\'+date1, 'zip', root_dir=f1_path)
    print('对文件夹 eBANK 备份完成。')
else:
      print('文件夹 eBANK 不存在，不可压缩。')
```

4. 程序运行测试

（1）打开 PyCharm 程序编辑开发环境，在“eBANK”项目下新建一个 Python 文件，文件名为“BackupEbank.py”。

（2）逐行输入上面的代码，检查程序代码、变量、参数的正确性。

（3）单击右键，从弹出的快捷菜单中选择“运行（U）BackupEbank”。

（4）检查程序运行结果的正确性，如图 6-4 所示。

图 6-4　在 PyCharm 中输入代码并运行

注意：程序运行前，应确保计算机的 E 盘存在，否则会报错，如图 6-5 所示。

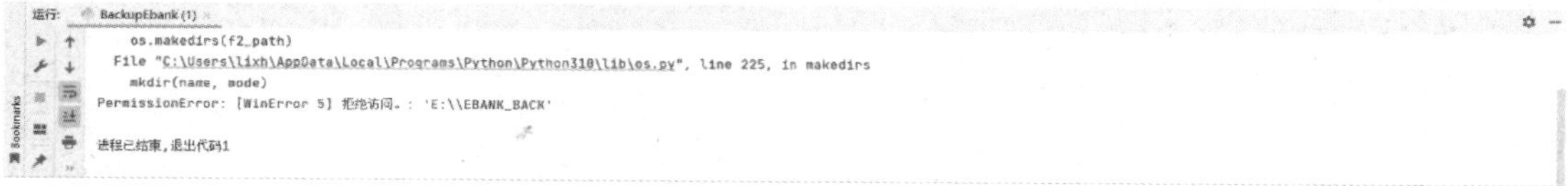

```
运行:  BackupEbank (1)
    os.makedirs(f2_path)
  File "C:\Users\lixh\AppData\Local\Programs\Python\Python310\lib\os.py", line 225, in makedirs
    mkdir(name, mode)
PermissionError: [WinError 5] 拒绝访问。: 'E:\\EBANK_BACK'

进程已结束，退出代码1
```

图 6-5　E 盘不存在报错

5. 程序改进讨论

示例程序实现了对 eBANK 系统所有文件的按日备份，随着时间的推移，备份的文件会越来越多，占用的磁盘空间也会越来越大，读者可以修改程序，在保存当日备份后，删除前一天的备份，从而节约存储空间。具体代码参考如下：

```
# 程序功能：对 eBANK 系统所有文件按日备份，并删除前一天备份。
import shutil
import os
import time
import datetime

date1 = time.strftime('%Y%m%d')                    # 获取系统日期
f1_path = r'D:\Ebank'                              # 要压缩的文件夹
f2_path = r'E:\EBANK_BACK'                         # 压缩后的文件名及位置

# 通过 os.path.exists(file_path)判断目录是否存在
is_dir2 = os.path.exists(f2_path)
if is_dir2:
    print('文件夹 eBANK_BACK 已存在。')
else:
```

```
    print('文件夹 eBANK_BACK 不存在。')
    os.makedirs(f2_path)
    print('文件夹 eBANK_BACK 已创建。')
is_dir1 = os.path.exists(f1_path)

if is_dir1:
    print('文件夹 eBANK 存在。')
    shutil.make_archive(f2_path+'\\'+date1,'zip',root_dir=f1_path)
    print('对文件夹 eBANK 备份完成。')
else:
    print('文件夹 eBANK 不存在，不可压缩。')
# 获取昨天的时间
now_time = datetime.datetime.now()
yes_time = now_time + datetime.timedelta(days = -1)
yes_time_nyr = yes_time.strftime('%Y%m%d')        # 格式化输出
filename2 = yes_time_nyr+'.zip'
# 删除前一天的备份
os.chdir(f2_path)
os.remove(filename2)
print('对昨天的备份完成删除！')
```

微视频 6-2

本章小结

Python 程序的执行过程中需要读取初始数据、保存运行过程的状态数据及计算后的结果，这必然涉及对文件的操作。Python 提供了丰富的文件操作和目录管理功能，有内置函数、标准库、第三方库等。读者有必要掌握一些常见的文件操作和目录管理的方法。

Python 程序可以进行文件的打开、关闭和读写这类基础的操作，通过调用内置函数 open() 来打开文件，通过文件对象的 close()方法来关闭文件。open()函数使用不同参数来打开文件，常见的参数有'r'、'w'、'a'等。

文件对象的常见方法，包括读取文件的 read()、readline()、readlines()方法，写文件的 write()、writelines()方法，关闭文件的 close()方法，以及指针移动定位方法 seek()、tell()等。

Python 需要借助 os 模块来实现对文件与目录的管理，通过相应的函数实现删除文件、文件重命名、创建/删除目录、获取当前目录、更改默认目录与获取目录列表等操作。

Python 需要借助 shutil 模块来实现对文件的高级管理，可以实现文件移动、复制、压缩、解压等高级操作。

文件和目录的操作是本章学习重点，可为后续的程序设计和应用学习打好扎实的基础。

思考探索

一、选择题

1．文件存储的位置通常称为文件的路径，分为________和________。

2．根据数据的逻辑存储结构，计算机中的文件可分为________和________。

3．Python 的内置函数________用来打开文件。

4．CSV 格式文件是国际通用的一种________数据存储格式文件。

5．二进制文件打开时需要进行________。

6．对文件进行写入操作后，________方法用来在不关闭文件对象的情况下将缓冲区内容写入文件。

7．使用上下文管理关键字________可以自动管理文件对象，不论何种原因结束该关键字中的语句块，都能保证文件被正确关闭。

8．用 open( )打开文件时，要指定文件打开模式为只读，选择的参数是________。

9．文件对象的________方法用来关闭文件。

二、判断题

1．对于二进制文件必须先了解其文件结构和序列化规则，再设计正确的反序列化规则，才能正确获取文件内容。（　　）

2．Python 源程序是文本文件。（　　）

3．通过调用 Python 中的内置函数 close()来打开文件。（　　）

4．Python 借助 shutil 模块来实现对文件的高级管理，从而实现文件移动、复制、压缩、解压等高级操作。（　　）

5．执行 f1 = fopen("test.txt", "r+")后，只能对"t.txt"文件进行读操作。（　　）

6．文本文件是可以迭代的，可以使用类似 for line in f1 的语句遍历文件对象 f1 中的每一行。（　　）

7．Python 内置的 open()函数打开文件时可能产生异常。（　　）

8．以'r'模式打开文件时，文件指针指向文件开始处。（　　）

9．以'a'模式打开文件时，文件指针指向文件尾。（　　）

10．os 模块中的方法 remove( )可以删除带有只读属性的文件。（　　）

11．在 UTF-8 编码中，一个汉字需要占用 3 字节。（　　）

12．os 模块中的方法 isfile( )可以用来测试给定的路径是否为文件。（　　）

13．os 模块中的方法 remove( )可以删除具有只读属性的文件。（　　）

14．os 模块中的方法 walk(path)用来遍历 path 参数目录下所有文件及子目录中的文件。返回的是一个由路径、目录列表、文件列表组成的元组。（　　）

三、选择题

1．Python 标准库 os.path 中用来列出指定文件夹中的文件和子文件夹列表的方法是（　　）。

A．listdir( )　　　　B．isfile( )

C．isdir()　　D．dir()

2．Python 标准库 os.path 中用来判断指定文件是否存在的方法是（　　）。

A．listdir()　　B．exists()

C．isdir()　　D．isfile()

3．Python 标准库 os.path 中用来判断指定路径是否为文件的方法是（　　）。

A．listdir()　　B．isfiles()

C．isdir()　　D．isfile()

4．Python 标准库 os.path 中用来判断指定路径是否为文件夹的方法是（　　）。

A．dir()　　B．isfiles()

C．isdir()　　D．isfile()

5．Python 标准库 os.path 中用来分割指定路径中的文件扩展名的方法是（　　）。

A、splitext()　　B．split()

C．splitexts()　　D．splitfile()

四、思考题

产业发展分析

《关于加快构建全国一体化大数据中心　协同创新体系的指导意见》发改高技〔2020〕1922 号文件中指出：构建全国一体化大数据中心，协同创新体系，总体思路和发展目标如下。

总体思路：加强全国一体化大数据中心顶层设计。优化数据中心基础设施建设布局，加快实现数据中心集约化、规模化、绿色化发展，形成"数网"体系；加快建立完善云资源接入和一体化调度机制，降低算力使用成本和门槛，形成"数纽"体系；加强跨部门、跨区域、跨层级的数据流通与治理，打造数字供应链，形成"数链"体系；深化大数据在社会治理与公共服务、金融、能源、交通、商贸、工业制造、教育、医疗、文化旅游、农业、科研、空间、生物等领域协同创新，繁荣各行业数据智能应用，形成"数脑"体系；加快提升大数据安全水平，强化对算力和数据资源的安全防护，形成"数盾"体系。

发展目标：到 2025 年，全国范围内数据中心形成布局合理、绿色集约的基础设施一体化格局。东西部数据中心实现结构性平衡，大型、超大型数据中心运行电能利用效率降到 1.3 以下。数据中心集约化、规模化、绿色化水平显著提高，使用率明显提升。公共云服务体系初步形成，全社会算力获取成本显著降低。政府部门间、政企间数据壁垒进一步打破，数据资源流通活力明显增强。大数据协同应用效果凸显，全国范围内形成一批行业数据大脑、城市数据大脑，全社会算力资源、数据资源向智力资源高效转化的态势基本形成，数据安全保障能力稳步提升。

（来源：国家发展和改革委员会高技术司）

同学们，你们有什么启示呢？

自主创新　沟通交流　科学严谨　系统思维　团队协作

实训项目

"eBANK 银行用户数据保存"任务工作单

<table>
<tr><td>任务名称</td><td>eBANK 银行用户数据保存</td><td>章节</td><td>6</td><td>时间</td><td></td></tr>
<tr><td>班　级</td><td></td><td>组长</td><td></td><td>组员</td><td></td></tr>
<tr><td>任务描述</td><td colspan="5">eBANK 银行大用户部为有针对性地开发用户资源，拟要求技术主管办公室（CTO）安排开发小组做一个大用户管理验证系统来获得领导层的支持。用户通过验证并登录系统后，要进行存款、取款操作和查询余额及兑换外币等，退出系统之前，相关操作后的结果要存入指定文件，请根据要求编写代码，实现以上功能</td></tr>
<tr><td>任务环境</td><td colspan="5">Python 开发工具，计算机</td></tr>
<tr><td>任务实施</td><td colspan="5">1．运用文件打开语句读取文件信息（含用户基本信息及资金余额）
2．根据用户选择的功能实现对资金余额的操作（增（存入）、减（取款）、换算（兑外币）及余额显示）
3．退出系统之前要将用户操作后的数据存入指定文件
4．用分支程序避免用户透支
5．程序的编辑、修改、调试与再现运行等。</td></tr>
<tr><td>调试记录</td><td colspan="5">（主要记录程序代码、输入数据、输出结果、调试出错提示、解决办法等）</td></tr>
<tr><td>总结评价</td><td colspan="5">（总结编程思路、方法，调试过程和方法，举一反三，经验和收获体会等）

请对自己的任务实施做出星级评价
□ ★★★★★　　□ ★★★★　　□ ★★★　　□ ★★　　□ ★</td></tr>
</table>

拓展项目

“eBANK 银行货币兑换结果保存”任务工作单

<table>
<tr><td>任务名称</td><td>eBANK 银行货币兑换结果保存</td><td>章节</td><td>6</td><td>时间</td><td></td></tr>
<tr><td>班　级</td><td></td><td>组长</td><td></td><td>组员</td><td></td></tr>
<tr><td>任务描述</td><td colspan="5">实现 eBANK 银行基础功能时，并未考虑对货币兑换后的情况进行保存。本案例要求编写程序，使用字典数据结构，对货币兑换后的情况进行保存，可修改 test.csv 文件的结构，增加一列“美元余额”，再通过基础功能类似实现的方法，来实现货币兑换后的数据保存。</td></tr>
<tr><td>任务环境</td><td colspan="5">Python 开发工具，计算机</td></tr>
<tr><td>任务实施</td><td colspan="5">1. 修改 test.csv 文件的结构，增加一列“美元余额”并赋初值为 0
2. 运用文件打开语句读取文件信息（含用户基本信息及资金余额、美元余额），可尝试读入字典。
3. 根据用户选择的功能实现对资金余额的操作（增（存入）、减（取款）、换算（兑外币）及余额显示）
4. 退出系统前要将用户操作后的数据通过字典存入 CSV 格式文件
5. 用分支程序避免用户透支
6. 程序的编辑、修改、调试与再现运行等</td></tr>
<tr><td>调试记录</td><td colspan="5">（主要记录程序代码、输入数据、输出结果、调试出错提示、解决办法等）</td></tr>
<tr><td>总结评价</td><td colspan="5">（总结编程思路、方法，调试过程和方法，举一反三，经验和收获体会等）

请对自己的任务实施做出星级评价
□ ★★★★★　□ ★★★★　□ ★★★　□ ★★　□ ★</td></tr>
</table>

第 7 章

面向对象编程

早期的计算机编程是基于面向过程（Procedure Oriented）的，以过程为中心，依次把需解决的问题的步骤分析出来，然后用函数封装好，后续在主函数中按照具体步骤调用相应的函数。随着硬件的快速发展，业务需求越来越复杂，以及编程应用领域越来越广泛，面向过程编程的方法变得越来越困难。而面向对象（Object Oriented）编程是在面向过程编程的基础上发展来的，它比面向过程编程具有更强的灵活性和扩展性，深入掌握面向对象编程技术对 Python 学习非常重要。

本章主要从 Python 程序面向对象编程的视角，围绕面向过程程序设计、面向对象程序设计、面向对象的三大特性三个任务进行分析讨论和编程实践，并通过 eBANK 案例带领读者理解面向对象编程思想，能进行面向对象编程，掌握类的定义、对象的创建和使用；通过 eBANK 人事管理系统项目案例，掌握面向对象编程的三大特性：封装、继承和多态。

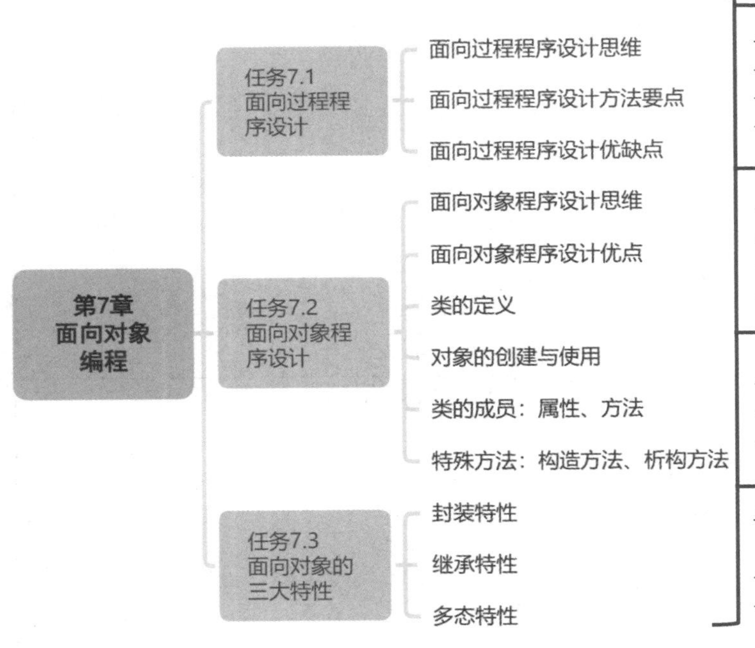

岗位能力：

- ✧ 发现、分析和解决问题的能力
- ✧ 面向过程程序设计与调试能力
- ✧ 面向对象程序设计与调试能力
- ✧ 项目应用开发能力

技能证书标准：

- ✧ 掌握Python面向对象程序开发思维
- ✧ 掌握类的定义与实例化操作
- ✧ 掌握构造方法和析构方法的使用
- ✧ 掌握继承、封装、多态三大特性

学生技能竞赛标准：

- ✧ 能理解业务需求及功能
- ✧ 能规划业务流程，并编码实现功能
- ✧ 能熟练使用面向对象程序设计方法

思政素养：

- ✧ 理解面向过程、面向对象程序设计方法，培养程序设计优化能力
- ✧ 培养项目开发团队协作能力，提升职业素养
- ✧ 关注产业发展，坚定科技兴国，厚植中国道路自信，培养爱国情怀。

任务 7.1　面向过程程序设计

【任务描述】

编写程序，要求 eBANK 系统实现客户正确输入账号密码、登录、存款、取款、查询余额、货币兑换、退出系统等操作。

面向过程是早期开发语言中大量使用的编程思想，基于这种思想开发程序时一般会先分析解决问题的步骤，使用函数实现每个步骤的功能，之后按步骤依次调用函数。本任务将使用面向过程编程思想来实现。

【任务要领】

- 函数的编写和调用
- 面向过程程序设计
- 结构化程序设计

面向过程编程的程序主体是函数。函数就是封装起来的模块，各步骤往往通过各函数来完成。面向对象编程以函数为中心，关注如何一步步解决问题，从而实现函数的执行。

7.1.1　面向过程编程概述

结构化程序设计方法的要点：一是自顶向下、逐步求精、逐层细化；二是程序采用单入口/单出口；三是采用三种基本控制结构来构造程序，即用顺序方式对过程进行分解并确定各部分的执行顺序，用选择方式对过程进行分解并确定某部分的执行条件，用循环方式对过程进行分解并确定某部分重复时开始和结束的条件，对处理过程仍然模糊的部分反复使用以上分解方法，最终确定所有的细节。前面的章节中就是采用这种设计方法来编程的。

结构化程序设计又称为面向过程的程序设计，强调以模块化设计为中心，将待开发的程序划分为若干相互独立的模块，这样使完成每个模块的工作变得单纯而明确，为设计一些较大的程序打下良好的基础。在面向过程程序设计中，问题被看作一系列需要完成的任务，每个任务完成一个确定的功能，并具有唯一入口和唯一出口，程序不会出现死循环。

我们来看求解数学表达式 3+8−2*4+3 的过程，分为四步：首先，计算乘法 2*4=8；其次，计算加法 3+8 的值；然后，计算减法，11−8；最后，计算加法 3+3，结果为 6。

上述求解过程就是一个典型的面向过程的编程解题思路，将问题分解为若干步骤，然后一步步地进行求解。面向过程程序设计的基本步骤为：① 分析程序从输入到输出的各步骤；

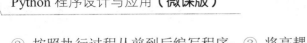

② 按照执行过程从前到后编写程序；③ 将高耦合部分封装成模块或函数；④ 按照程序执行过程调试。

面向过程程序设计的优点在于：① 以步骤的形式解决问题，符合人的思考方式，不需考虑复杂的抽象概念；② 将问题划分为若干步骤，程序的流程清晰，易于实现；③ 项目不是特别大时，以面向过程的方式设计，会更加高效。

面向过程程序设计的不足在于程序的可扩展性、可维护性不够，因为面向过程程序设计是按解决问题的先后步骤来进行，如果产品需求或解决问题的逻辑发生了改变，这些步骤也需要重新设计。尤其当软件的规模到达一定程度时，这样的问题会更加突出，面向对象程序设计更好地解决了这类问题。

7.1.2 面向过程编程实践

1. 客户操作流程分析

个人客户到银行营业网点的柜员机上自助办理业务时，首先需要进行客户登录操作，成功登录系统后，系统会进行相应提示，客户根据系统提示进行相应操作，基本操作流程如下。

（1）系统显示欢迎界面。

（2）输入客户的银行存折账号或银行储蓄卡的卡号、密码，程序根据输入的账号和密码进行比对，检查输入的正确性，显示客户是否成功登录。

（3）如果比对的结果显示客户登录失败，根据系统提示，返回到（2），重新输入客户账号和密码进行比对，直到登录成功或者超过 3 次都不成功时退出。

（4）如果比对的结果显示客户登录成功，系统显示功能界面，提示客户按键选择相应的业务操作。

（5）系统根据客户的业务选择，进行相应的操作，直到客户选择退出系统。

2. 程序工作流程分析

根据上述客户操作流程分析，对应的程序工作流程分析如下。

（1）添加程序注释，说明此程序的作用。

（2）封装函数，分别是显示欢迎界面函数、系统菜单功能函数、登录界面函数、存款函数、取款函数、查询余额函数、货币兑换函数、退出系统函数。

（3）定义主函数，先后调用显示欢迎界面函数、登录界面函数。

（4）主函数中使用变量 account_balance 预设账户余额。

（5）主函数中执行循环体，循环体中调用系统菜单功能函数。

（6）循环体中使用变量 option 存储客户选择的业务编号。

（7）循环体中判断客户的选择，对应执行相应的操作，即调用各业务函数。

（8）直到客户选择退出业务编号，循环结束。

（9）调用主函数。

3. 程序代码编写

根据程序工作流程分析，我们可以编写程序代码如下：

```
# 程序功能：面向过程程序设计
# 显示欢迎界面
def print_fun():
    print("**********************************************")
    print("1. 存款----------------------------------请输入 1")
    print("2. 取款----------------------------------请输入 2")
    print("3. 查询余额------------------------------请输入 3")
    print("4. 货币兑换------------------------------请输入 4")
    print("5. 退出系统------------------------------请输入 5")
# 系统菜单功能
def print_wel():
    print("******************")
    print("*欢迎使用 eBANK 系统*")
    print("******************")
# 登录界面
def denglu():
    account_num = '622663060001'                    # 账户卡号
    account_psw = '888888'                          # 账户密码
    ac_num_in = input('请输入卡号：')                 # 输入卡号
    ac_psw_in = input('请输入密码：')                 # 输入密码
    if account_num == ac_num_in and account_psw == ac_psw_in:
        print('登录成功！')
    else:
        print('登录失败！')
# 存款
def deposit(account_balance):
    Deposit_amount = int(input('请输入您的存款金额：'))
    account_balance = account_balance + Deposit_amount
    print("账户余额：", account_balance, "  存款成功！")
    return account_balance
# 取款
def draw_money(account_balance):
    draw_money = int(input("请输入您的取款金额："))
    account_balance = account_balance - draw_money
    print("账户余额：", account_balance, "  取款成功！")
    return account_balance
# 查询余额
def check_balance(account_balance):
    print("账户余额为：", account_balance)
    return account_balance
# 货币兑换
def exchange(account_balance):
    exchange_rate = 0.1415
    usd_balance = account_balance * exchange_rate
    print("美元余额：", round(usd_balance, 2))
```

```
# 退出系统
def quit():
    print("退出系统！")
# 主函数
def main():
    print_wel()
    denglu()
    account_balance = 1000                          # 账户余额
    while True:
        # 实现系统的存款、取款、查询余额、货币兑换、退出系统 5 个功能
        print_fun()
        option = input('请按键选择您所需的业务：')
        if option == '1':
            account_balance = deposit(account_balance)
        elif option == '2':
            account_balance = draw_money(account_balance)
        elif option == '3':
            account_balance = check_balance(account_balance)
        elif option == '4':
            account_balance=exchange(account_balance)
        elif option == '5':
            quit()
            break
main()
```

4．程序运行测试

打开 Pycharm，在“Python_面向对象”项目下新建一个 Python 文件，文件名为“01_面向过程编程.py”；逐行输入上述代码，运行程序代码，按照程序提示进行相应输入。

程序运行结果如下：

```
*****************
*欢迎使用 eBANK 系统*
*****************
请输入卡号：622663060001
请输入密码：888888
登录成功！
**********************************************
1. 存款----------------------------------请输入 1
2. 取款----------------------------------请输入 2
3. 查询余额--------------------------------请输入 3
4. 货币兑换--------------------------------请输入 4
5. 退出系统--------------------------------请输入 5
请按键选择您所需的业务：1
请输入您的存款金额：10000
账户余额： 11000   存款成功！
**********************************************
1. 存款----------------------------------请输入 1
2. 取款----------------------------------请输入 2
```

```
3. 查询余额-----------------------------------请输入3
4. 货币兑换-----------------------------------请输入4
5. 退出系统-----------------------------------请输入5
请按键选择您所需的业务：2
请输入您的取款金额：500
账户余额： 10500  取款成功!
**************************************************
1. 存款---------------------------------------请输入1
2. 取款---------------------------------------请输入2
3. 查询余额-----------------------------------请输入3
4. 货币兑换-----------------------------------请输入4
5. 退出系统-----------------------------------请输入5
请按键选择您所需的业务：3
账户余额为： 10500
**************************************************
1. 存款---------------------------------------请输入1
2. 取款---------------------------------------请输入2
3. 查询余额-----------------------------------请输入3
4. 货币兑换-----------------------------------请输入4
5. 退出系统-----------------------------------请输入5
请按键选择您所需的业务：4
美元余额： 1485.75
**************************************************
1. 存款---------------------------------------请输入1
2. 取款---------------------------------------请输入2
3. 查询余额-----------------------------------请输入3
4. 货币兑换-----------------------------------请输入4
5. 退出系统-----------------------------------请输入5
请按键选择您所需的业务：5
退出系统!
```

微视频 7-1

任务 7.2 面向对象程序设计

【任务描述】

客户输入正确的账号和密码，登录 eBANK 系统后，可进行存款、取款、查询余额、货币兑换、退出系统等操作。将客户封装成 user 类，创建客户对象，传入参数账号、密码、客户名、账户余额，构造函数初始化客户对象，调用实例方法 welcome()，进行 eBANK 的各项功能操作。

使用面向过程编程方法编写简单的程序是没有问题的，但随着程序规模扩大及越来越复杂，使得程序很快变得无法维护。而面向对象编程是在面向过程编程的基础上发展来的，它比面向过程编程具有更强的灵活性和扩展性，本任务将使用面向对象编程来实现。

【任务要领】

- ❖ 类的定义
- ❖ 对象的创建和使用
- ❖ 类的成员：属性和方法
- ❖ 特殊方法：构造方法和析构方法

面向对象编程是以对象为中心的编程思想，把要解决的问题分解为不同对象，建立各对象的目的不是为了完成一个步骤，而是为了描述某对象在解决整个问题的各步骤中的属性和方法。

7.2.1　面向对象编程概述

面向对象程序设计（Object-Oriented Programming，OOP）把现实世界看成一个由对象构成的世界，每个对象都能够接收数据、处理数据并将数据传达给其他对象，它们既独立又能够互相调用。面向对象程序设计在大型项目设计中广为应用，使得程序更易于分析和理解，也更容易设计和维护。

在多函数的面向过程程序中，许多重要数据被放置在全局数据区，这样它们可以被所有的函数访问。但是这种结构很容易造成全局数据无意中被其他函数改动，因而程序的正确性不易得到保证。面向对象程序设计的出发点之一就是弥补面向过程程序设计的这个缺点，对象是程序的基本元素，将数据和操作紧密联结在一起，保护数据不会被外界的函数意外改变。

面向对象编程思想为：分析问题中参与其中的有哪些对象及其属性和方法，如何通过使用这些对象的属性和方法解决问题。现实世界中，任何一个操作或者业务逻辑的实现都需要一个对象来完成。对象就是动作的支配者，没有对象就没有动作发生。例如，对于五子棋游戏，面向对象程序设计思想是将整个五子棋分为玩家对象（黑白双方的行为一模一样）、棋盘对象（负责绘制画面）、规则系统（负责判断输赢、犯规等）。玩家对象负责接受客户的输入，并告知棋盘对象的棋子布局的变化；棋盘对象根据棋子的变化，负责在屏幕上显示这些变化，同时利用规则系统对棋局进行判定。

面向对象程序设计的其他优点还有：

① 数据抽象的概念可以在保持外部接口不变的情况下改变内部实现，从而减少甚至避免对外界的干扰。

② 通过继承大幅度减少冗余代码，并可以方便地扩展现有代码，提高编程效率，降低软件维护的难度。

③ 通过对对象的辨别、划分，可以将软件系统分割为若干相对独立的部分，在一定程度上更便于控制软件复杂度。

④ 以对象为中心的设计可以帮助开发人员从静态（属性）和动态（方法）两方面把握问题，从而更好地实现系统。

⑤ 通过对象的聚合、联合，可以在保证封闭与抽象的原则下实现对象在内在结构及外在功能上的扩充，从而实现对象由低到高的升级。

7.2.2 类的定义

在日常生活中，要描述一类事物，既要说明它的特征又要说明它的用途。例如，如果描述人这类事物，通常要给这类事物下一个定义或起个名字，人类的特征包括身高、体重、性别、职业等，人类的行为包括走路、说话等。把人类的特征和行为组合在一起，就可以完整地描述人类。

面向对象程序设计把事物的特征和行为包含在类中。Python 的类是用来描述具有相同属性和方法的对象的集合，定义了该集合中每个对象共有的属性和方法。类定义的语法格式为：

```
class 类名(object):
    属性名 = 属性值
    def 方法名(self):
        方法体
```

其中，class 为类声明关键字，定义一个类；“类名”为类的名称，首字母必须大写，如 Person；“属性”用于描述事物的特征，如人有姓名、年龄等特征；“方法”用于描述事物的行为，如人具有说话、微笑等行为。

【例 7-1】 使用 class 定义一个名为 Person 的类，类中有 name 和 age 两个属性，有 run() 方法。

```
class Person():
    name = "Holly"                        # 属性
    age = "20"                            # 属性
    def run(self):                        # 方法
        print("跑跑跑! ")
```

可以看出，属性类似前面章节的变量，方法类似前面章节的函数，但方法参数列表中的第 1 个参数是一个指代对象的默认参数 self，后面会结合实际的应用来介绍 self 的具体用法。

定义好 Person 类后，如果直接运行程序，是看不到任何效果的，还需要根据 Person 类创建对象。

7.2.3 对象的创建和使用

设计图可以帮助人们理解车的结构，但驾驶员想驾驶汽车，必须有一辆根据设计图生产的汽车。类和对象的关系就好比设计图和汽车。同理，程序要想完成具体的功能，仅有类是远远不够的，还需要根据类来创建对象，也称为实例。在 Python 程序中，可以使用如下语法来创建一个对象：

```
对象名 = 类名(参数列表)
```

创建对象后，要访问对象的属性和方法，可以通过“.”运算符来连接对象名和属性或方法。其一般格式如下：

```
对象名.属性名
对象名.方法名(参数列表)
```

【例 7-2】 创建对象、添加属性并调用方法。

```
# 定义类
class Car:
    # 属性
    color = "黑"
    wheels = 4
    # 方法
    def  move(self):
        print("车在行驶...")
    def  toot(self):
        print("车在鸣笛...嘟嘟...")
# 创建一个对象，并用变量 jeep 保存它的引用
jeep = Car()
# 访问属性
print(jeep.color)
print(jeep.wheels)
# 调用方法
jeep.move()
jeep.toot()
```

运行代码，结果如下：

```
黑
4
车在行驶...
车在鸣笛...嘟嘟...
```

程序说明：Car 类中有 2 个属性，分别是 color 和 wheels，还有 2 个方法，分别是 move() 和 toot()，程序创建了一个对象 jeep，属性和方法都可以通过对象来访问。

7.2.4 类的成员

类的成员包括属性和方法，默认它们可以在类的外部被访问或调用，但考虑到数据安全问题，有时需要将其设置为私有成员，限制类外部对其进行访问或调用。本节将从属性、方法和私有成员三方面对类的成员进行详细讲解。

1. 属性

属性是类中对象所具有的性质，即数据值，又称为数据成员。属性按声明的方式可以分为两类：类属性和实例属性。下面结合示例分别介绍类属性和实例属性。

1）类属性

类属性是类拥有的属性，被该类的所有对象共有，相当于全局变量。类属性是在类内部方法外部定义的，它属于类，可以通过类名访问，也可以通过实例对象访问，但只能通过类进行修改。尽管类属性可以通过实例对象访问，但建议不要这么做，因为这样做可能造成类属性值不一致。

【例 7-3】 定义一个只包含类属性 company 的 Team 类，创建 Team 类的对象，并分别通过类和对象访问和修改类属性。

```
class Team:                                     # 创建一个 Team 类
    company = "ABC"                             # 类属性
t1 = Team( )                                    # 创建对象
print("通过类 Team 访问类属性：", Team.company)     # 通过类 Team 访问类属性
print("通过对象 t1 访问类属性：", t1.company)       # 通过对象 t1 访问类属性
Team.company = '信息公司'                         # 通过类 Team 修改类属性 company
print("通过类 Team 访问类属性：", Team.company)
print("通过对象 t1 访问类属性：", t1.company)
t1.company = '科技公司'                           # 通过对象 t1 修改类属性 company
print("通过类 Team 访问类属性：", Team.company)
print("通过对象 t1 访问类属性：", t1.company)
```

以上代码首先创建了一个 Team 类，然后创建一个 Team 类的对象 t1，分别通过类 Team 和对象 t1 访问类属性，通过类 Team 修改类属性 company 的值，并分别通过类 Team 和对象 t1 访问类属性，最后通过对象 t1 修改类属性 company 的值，分别通过类 Team 和对象 t1 访问类属性。

运行代码，结果如下：

```
通过类 Team 访问类属性： ABC
通过对象 t1 访问类属性： ABC
通过类 Team 访问类属性： 信息公司
通过对象 t1 访问类属性： 信息公司
通过类 Team 访问类属性： 信息公司
通过对象 t1 访问类属性： 科技公司
```

分析输出结果中的前两个数据可知，Team 类和 t1 对象成功访问了类属性，结果都为“ABC”；分析中间的两个数据可知，Team 类成功地修改了类属性的值，因此 Team 类和 t1 对象访问的结果变为“信息公司”；分析最后两个数据可知，Team 类访问的类属性的值仍然是“信息公司”，而 t1 对象访问的结果变成“科技公司”，说明 t1 对象不能修改类属性的值。

2）实例属性

对象属性又称为实例属性，是某具体实例特有的属性，不会影响到类，也不会影响到其他实例。例如，实例化某对象后，其 name 属性是“张三”，sex 属性是“男”，height 属性是“178”，这些属性都是该对象特有的，与其他对象无关。实例属性是在方法内部声明的属性，Python 支持动态添加实例属性。

【例 7-4】 定义一个包含方法和实例属性的类 Person，创建 Person 对象，并访问实例属性。

```
class Person:
    def speak(self):
        self.name = "John"            # 添加实例属性
```

```
person = Person()                     # 创建对象 person
person.speak()
print(person.name)                    # 通过对象 person 访问实例属性
print(Person.name)                    # 通过对象 person 访问实例属性
```

上述代码首先定义了 Person 类，包含一个 speak()方法，使用 self 关键字添加一个实例属性 name；然后创建了一个 Person 类对象，对象 person 调用 speak()方法为 Person 类添加实例属性；最后分别通过对象 person 和类 Person 访问实例属性。

运行代码，结果如下：

```
Traceback (most recent call last):
  File "F:/python_study/test.py", line 7, in <module>
    print(Person.name)              # 通过类 Person 访问实例属性
AttributeError: type object 'Person' has no attribute 'name'
John
```

分析以上运行结果：程序通过对象 person 成功访问了实例属性，通过类 Person 访问实例属性时出现了错误，说明实例属性只能通过对象访问，不能通过类访问。

【例 7-5】 在例 7-4 中插入修改实例的代码。

```
class Person:
    def speak(self):
        self.name = "John"            # 添加实例属性
person = Person( )                    # 创建对象 person
person.speak( )
person.name = "Lucy"                  # 修改实例属性
print(person.name)                    # 通过对象 person 访问实例属性
```

运行代码，结果如下：

```
Lucy
```

【例 7-6】 在例 7-5 的末尾动态添加实例属性 sex。

```
class Person:
    def speak(self):
        self.name = "John"            # 添加实例属性
person = Person()                     # 创建对象 person
person.speak()
person.name = "Lucy"                  # 修改实例属性
print(person.name)                    # 通过类 Person 访问实例属性
person.sex = "female"                 # 动态添加实例属性
print(person.sex)
```

运行代码，结果如下：

```
Lucy
female
```

2. 方法

方法其实就是定义在类中的函数。根据使用场景的不同，方法可以区分为实例方法、类方法和静态方法。

1）实例方法

实例方法与函数类似，但它定义在类内部。实例方法的第一个参数是 self，表示指向调用该方法的实例本身，其他参数与普通函数中的参数完全一样，语法格式如下：

```
def 实例方法名(self, [形参列表]):
    方法体
```

调用实例方法是通过“对象名.方法名”来调用的。

【例 7-7】 定义一个包含实例方法 get_score()的类 Person，创建 Person 类对象，分别通过对象和类调用实例方法。

```
class Person:
    def get_score(self):
        print("你的分数是：98")
John = Person()
John.get_score()                                # 通过对象调用实例方法
Person.get_score()                              # 通过类调用实例方法
```

运行代码，结果如下：

```
你的分数是：98
Traceback (most recent call last):
    File "F:/python_study/test.py", line 6, in <module>
    Person.get_score( )
TypeError: get_score( ) missing 1 required positional argument: 'self'
```

由结果可知，程序通过对象成功调用了实例方法，通过类则无法调用实例方法。

2）类方法

类方法定义格式如下：

```
@classmethod
def 类方法名(cls, [形参列表]):
    方法体
```

定义类方法时的注意事项：

❖ 方法上面带有装饰器@classmethod。

❖ 第一个参数一般为 cls，也可以是其他名称，但是默认为 cls。

❖ 类方法只能修改类属性，不能修改实例属性。

❖ 调用时既可以使用“类名.类方法名”，也可以使用“对象名.类方法名”。

【例 7-8】 定义一个包含类方法 get_score()的类 Person，创建 Person 类对象，分别通过对象和类调用类方法，并通过 cls 访问和修改类属性的值。

```
class Person:
    score = 98                                  # 类属性
    @classmethod
    def get_score(cls):
        print("你的分数是：", cls.score)        # 使用 cls 访问类属性
        cls.score = 65                          # 使用 cls 修改类属性
        print("修改后的分数是：", cls.score)
John = Person()
John.get_score()                                # 通过对象调用类方法
```

```
Person.get_score()                          # 通过类调用类方法
```

运行代码，结果如下：

```
你的分数是： 98
修改后的分数是： 65
你的分数是： 65
修改后的分数是： 65
```

由以上结果可以看出，程序通过对象和类成功调用了类方法，程序在类方法 get_score( ) 中成功访问和修改了类属性。

3）静态方法

静态方法一般用于与类对象及实例对象无关的代码，作用与普通函数一样，只是写在了类中。凡是写在类中的函数都被称为方法，而不说成是函数，只有独立于类外的函数才是通常意义上的普通函数。

静态方法的定义形式如下：

```
@staticmethod
def 静态方法名 ([形参列表]
    方法体
```

定义静态方法时的注意事项：

❖ 方法上面带有装饰器@staticmethod。

❖ 静态方法对第一个参数没有任何要求，整个参数列表可以有参数也可以无参数。

❖ 调用方式一般是“类名.静态方法名”，也可以使用“对象名.静态方法名”。

【例 7-9】 定义一个包含静态方法的 Game 类，并分别通过类名和对象名调用。

```
class Game():
    @staticmethod
    def menu():                             # 静态方法
        print("-------")
        print("开始[1]")
        print("暂停[2]")
        print("退出[3]")
game = Game()
game.menu()                                 # 通过对象调用静态方法
Game.menu()                                 # 通过类调用静态方法
```

运行代码，结果如下：

```
-------
开始[1]
暂停[2]
退出[3]
-------
开始[1]
暂停[2]
退出[3]
```

3. 私有成员

在开发中为了程序的安全，可以将类属性定义为私有属性，这样就只能在其所在的类内部访问，而不能在类的外部直接访问。在 Python 中，通过属性名称来区分是公有还是私有。具体规定如下：

- 属性名以__（双下画线）开头、不以__结尾的属性为私有属性，在类的外面访问私有属性会引发异常。属性被私有化后，即使是继承它的子类也不能访问。
- Python 的开发原则是少用私有属性，如果需要保证属性不重复，可以使用以_（单下画线）开头的属性，这种属性只允许其本身及子类进行访问，也有一定的保护作用。
- 以__（双下画线）开头和__结尾的一般是 Python 专用的标识符，如__name__指模块的名称。在给属性取名时，应避免使用这一类名称，以免发生冲突。
- 其他名称的属性都是公有属性。

【例 7-10】 定义一个包含私有属性__wheels 和私有方法__drive()的 Car 类。

```
class Car:
    __wheels = 4                                    # 私有属性
    def __drive(self):                              # 私有方法
        print("行驶")
    def test(self):
        print(f"轿车有{self.__wheels}个车轮")        # 公有方法中访问私有属性
        self.__drive()                              # 公有方法中调用私有方法
car = Car()
print(car.__wheels)                                 # 类外部访问私有属性
car.__drive()                                       # 类外部调用私有方法
car.test()
```

运行代码，结果如下：

```
Traceback (most recent call last):
  File "F://python_study/test.py", line 9, in <module>
  print(car.__wheels)                               # 类外部访问私有属性
AttributeError: 'Car' object has no attribute '__wheels'
```

以上输出的错误信息显示，Car 类的对象中没有__wheels，说明在类的外部无法访问私有属性。注释代码“print(car.__wheels)”，继续运行后出现如下错误信息：

```
AttributeError: 'Car' object has no attribute '__drive'
```

以上错误信息显示，Car 类的对象中没有__drive()方法，说明在类的外部无法访问私有方法。

注释代码“car.__drive()”，继续运行代码，结果如下：

```
轿车有 4 个车轮
行驶
```

从运行结果可知，在类的外部通过公有方法 test()成功访问了私有属性__wheels，并调用了私有方法__drive()。由此可知，类的私有成员只能在类的内部直接访问，但可以在类的外部通过类的公有方法间接访问。

7.2.5 特殊方法

Python 提供了两个比较特殊的方法：__init__()和__del__()，分别用于初始化对象的属性和释放类所占用的资源。

1．构造方法

例 7-6 给 Person 类对象 person 动态添加了 sex（性别）属性。如果再创建一个 Person 类的对象，还要通过“对象名.属性名称”的形式添加属性，每创建一个对象，就需要添加一次属性，这种做法显然非常麻烦。

为了解决这个问题，可以在创建对象的时候就设置好属性，Python 提供了一个构造方法__init__，该方法负责在创建对象时对对象进行初始化。每个类默认都有一个__init__()方法，如果一个类中显式地定义__init__()方法，那么创建对象时调用显式定义的__init__()方法，否则调用默认的__init__()方法。

【例 7-11】 无参构造方法。定义一个 Car 类，包括一个构造方法和 drive()方法。其中，在构造方法中给 Car 类添加了一个名称为 wheels 的属性，并设置初始值为 4，在 drive()方法中使用 self 访问 wheels 属性的值。创建 2 个 Car 类对象 car_1 和 car_2，通过对象调用 drive()方法。

```
class Car:
    # 构造方法
    def __init__(self):
        self.wheels = 4
    def drive(self):
        print(f'车子的轮子个数是：{self.wheels}!')
car_1 = Car()
car_2 = Car()
car_1.drive()
car_2.drive()
```

运行代码，结果如下：

```
车子的轮子个数是：4!
车子的轮子个数是：4!
```

无论创建多少个 Car 类对象，这些对象的 wheels 属性值都是一样的，使得构造方法的扩展性非常不好。因此，如果在创建对象时修改 wheels 属性的默认值，就可以在构造方法中传入参数。

【例 7-12】 带参数的构造方法。

```
class Car:
    # 构造方法
    def __init__(self, wheels):                # 有参数构造方法
        self.wheels = wheels
    def drive(self):
        print(f'车子的轮子个数是：{self.wheels}!')
car_1 = Car(4)
car_2 = Car(8)
car_1.drive()
car_2.drive()
```

运行代码，结果如下：

```
车子的轮子个数是：4!
```

```
车子的轮子个数是：8!
```

由结果可知，对象 car_1 和 car_2 在调用 drive()方法时都成功访问了 wheels 属性，且它们的属性具有不同的初始值。

2. 析构方法

析构方法是类的另一个特殊内置方法，方法名为__del__()，在销毁一个类对象时会自动执行，负责完成销毁对象的资源清理工作，如关闭文件等。类对象的销毁有如下三种情况：局部变量的作用域结束；使用 del 删除对象；程序结束时，程序中所有对象都将被销毁。

【例 7-13】 定义一个名称为 Student 的类。在 Student 类中包含构造方法和析构方法。

```
class Student:
    def __init__(self, name):                          # 构造方法
        self.name = name
        print("姓名为%s 的对象被创建！" % self.name)
    def __del__(self):                                 # 析构方法
        print("姓名为%s 的对象被销毁！" % self.name)
stu1 = Student("John")
stu2 = Student("Lucy")
del stu2
stu4 = Student('Peter')
```

运行代码，结果如下：

```
姓名为 John 的对象被创建！
姓名为 Lucy 的对象被创建！
姓名为 Lucy 的对象被销毁！
姓名为 Peter 的对象被创建！
姓名为 John 的对象被销毁！
姓名为 Peter 的对象被销毁！
```

本例先创建一个 Student 类对象 stu1，再创建一个类对象 stu2，故两次执行构造函数，当执行“del stu2”语句时，stu2 对象被删除（销毁），执行一次析构函数，接着创建类对象 stu4，执行一次构造函数，至此程序结束，调用析构函数，先创建的对象先销毁。

7.2.6 面向对象编程实践

1. 客户操作流程分析

个人客户到银行营业网点的柜员机上自助办理业务时，首先需要进行客户登录操作，成功登录系统后，系统会进行相应提示，客户根据系统提示重新进行相应操作，其基本操作流程如下。

（1）系统显示欢迎界面。

（2）输入客户的银行存折账号或银行储蓄卡的卡号、密码，程序根据客户输入的账号和密码进行比对，检查输入的正确性，显示客户是否成功登录。

（3）如果比对的结果显示客户登录失败，根据系统提示，返回到（2），重新输入客户账

号和密码进行比对，直到登录成功或者超过 3 次都不成功时退出。

（4）如果比对的结果显示客户登录成功，那么系统提示显示功能界面，提示客户按键选择相应的业务操作。

（5）系统根据客户的业务选择，进行相应的操作，直到客户选择退出系统。

2. 程序工作流程分析

根据上述客户基本操作分析，对应的程序工作流程分析如下所示。

（1）添加程序注释，说明此程序的作用。

（2）使用 class 关键字定义客户类 User。

（3）使用__init__()构造方法初始化。

（4）依次定义欢迎界面、存款、取款、查询余额、货币兑换、退出系统类函数。

（5）创建客户类对象，并传入账号、密码、姓名、余额参数。

（6）调用欢迎界面类方法。

3. 程序代码编写

根据程序工作流程分析，我们可以编写程序代码如下：

```
# 程序功能：面向对象程序设计
class User:
    # 构造方法
    def __init__(self, card_no, pass_word, user_name, account_balance):
        self.card_no = card_no
        self.pass_word = pass_word
        self.user_name = user_name
        self.account_balance = account_balance
    # 欢迎界面
    def welcome(self):
        while True:
            print("**********************************************")
            print("1. 存款--------------------------------请输入 1")
            print("2. 取款--------------------------------请输入 2")
            print("3. 查询余额----------------------------请输入 3")
            print("4. 货币兑换----------------------------请输入 4")
            print("5. 退出系统----------------------------请输入 5")
            option = input("请按键选择业务：")
            if option == '1':
                user.deposit()
            elif option == '2':
                user.draw_money()
            elif option == '3':
                user.check_balance()
            elif option == '4':
                user.exchange()
            elif option == '5':
                user.quit()
                break
    # 存款
```

```
    def deposit(self):
        Deposit_amount = int(input('请输入您的存款金额: '))
        self.account_balance = self.account_balance + Deposit_amount
        print("账户余额: ", self.account_balance, "  存款成功! ")
        return self.account_balance
    # 取款
    def draw_money(self):
        draw_money = int(input("请输入您的取款金额: "))
        self.account_balance = self.account_balance - draw_money
        print("账户余额: ", self.account_balance, "  取款成功! ")
        return self.account_balance
    # 查询余额
    def check_balance(self):
        print("账户余额为: ", self.account_balance)
        return self.account_balance
    # 货币兑换
    def exchange(self):
        exchange_rate = 0.1415
        usd_balance = self.account_balance * exchange_rate
        print("美元余额: ", round(usd_balance, 2))
    # 退出系统
    def quit(self):
        print("退出系统! ")
user = User('622663060001', '888888', 'xiao', 500)
user.welcome()
```

4. 程序运行测试

打开 PyCharm，在“Python_面向对象”项目下新建一个 Python 文件，文件名为“02_面向对象编程.py”；输入上述代码，运行程序代码；按照程序提示，进行相应输入。

程序运行结果如下：

```
**************************************************
1. 存款------------------------------------请输入 1
2. 取款------------------------------------请输入 2
3. 查询余额--------------------------------请输入 3
4. 货币兑换--------------------------------请输入 4
5. 退出系统--------------------------------请输入 5
请按键选择业务: 1
请输入您的存款金额: 1000
账户余额:  1500   存款成功!
**************************************************
1. 存款------------------------------------请输入 1
2. 取款------------------------------------请输入 2
3. 查询余额--------------------------------请输入 3
4. 货币兑换--------------------------------请输入 4
5. 退出系统--------------------------------请输入 5
请按键选择业务: 2
请输入您的取款金额: 600
账户余额:  900   取款成功!
```

```
*******************************************
1. 存款-------------------------------请输入1
2. 取款-------------------------------请输入2
3. 查询余额---------------------------请输入3
4. 货币兑换---------------------------请输入4
5. 退出系统---------------------------请输入5
请按键选择业务：3
账户余额为： 900
*******************************************
1. 存款-------------------------------请输入1
2. 取款-------------------------------请输入2
3. 查询余额---------------------------请输入3
4. 货币兑换---------------------------请输入4
5. 退出系统---------------------------请输入5
请按键选择业务：4
美元余额： 127.35
*******************************************
1. 存款-------------------------------请输入1
2. 取款-------------------------------请输入2
3. 查询余额---------------------------请输入3
4. 货币兑换---------------------------请输入4
5. 退出系统---------------------------请输入5
请按键选择业务：5
退出系统！
```

微视频 7-2

任务 7.3　面向对象的三大特性

【任务描述】

本节设计一个简单的 eBANK 人事管理程序，职员分为主管领导、普通柜员、大堂经理，创建一个职员类，派生 3 个子类，分别是主管领导类、普通柜员类、大堂经理类，统计 eBANK 职员总人数和各类人员的人数，并随着新人进入注册和离岗注销而动态变化。

Python 是一门面向对象的语言，面向对象的三大特性是封装、继承和多态。定义类时把属性与方法都写在类中，就体现了面向对象的封装。封装提高了程序的安全性，继承提高了代码的复用性，多态提高了程序的可扩展性和可维护性。

【任务要领】

- ❖ 封装
- ❖ 继承
- ❖ 多态

技术准备

面向对象程序设计中，类将属性和方法封装在类中，即封装。继承是指可以使用现有类的所有功能，并可以在不需重新编写类的情况下对这些功能进行扩展。多态是指一类对象有多种形态，如序列类型有字符串、列表、元组等形态。只有存在父类、子类关系才会让一类对象具有多种形态。

7.3.1 封装实现

封装（Encapsulation）是指把属性、方法和方法实现细节隐藏起来，外部只能通过公开接口访问类，也不能通过任何形式修改。封装使得代码更易维护，同时因为不能直接调用、修改类内部的私有信息，在一定程度上保证了类内数据的安全。类通过将属性和方法封装在内部，避免了外界随意赋值，具体方式包括：① 把属性定义为私有属性，即在属性名前加上“__”（两个下画线）；② 添加可以供外界调用的方法，分别用于设置或者获取属性值。

【例 7-14】 定义 Person 类，包含公有属性 name 和私有属性__age，公有方法 set_age( )和 get_age( )方法。

```
class Person:
    def __init__(self, name):
        self.name = name
        self.__age = 1                                    # 私有属性
    # 设置私有属性值的方法
    def set_age(self, new_age):
        if 0 < new_age <= 120:
            self.__age = new_age
    # 获取私有属性值的方法
    def get_age(self):
        print(f"{self.name}的年龄是{self.__age}")
person = Person("John")
person.set_age(18)
person.get_age()
```

运行代码，结果如下：

```
John 的年龄是 18
```

结合示例代码和结果进行分析：程序获取的私有属性__age 值为 18，说明属性值设置成功。由此可知，程序只能通过类提供的两个公有方法访问私有属性，这既保证了类的属性的安全性，又避免了随意给属性赋值的现象。

7.3.2 继承实现

采用面向对象编程的一个主要优点是代码的复用性。通过继承，可以在已有类的基础上，创建其子类，子类将自动获得父类的所有公有属性和方法。子类除了继承父类的属性和方法外，也能派生自己特有的属性和方法。

在继承关系中，被继承的类称为父类、基类或超类，继承的类称为子类或派生类。定义子类的形式如下：

```
class 子类名(父类1, 父类2, …)
类体
```

在子类名后有一对“()”，其中是父类的名字，父类可以只有一个，也可以有多个，有多个父类的情况就称为多继承。

【例 7-15】 定义一个个人信息类 PersonInfo 和一个子类 Staff，子类重写父类同名实例方法 print_info( )，子类扩展实例方法 print_work( )。

```
class PersonInfo:                                    # 父类
    def __init__(self, name, age):                   # 构造方法
        self.name = name
        self.age = age
    def print_info(self):                            # 父类实例方法
        print(f"{self.name}的年龄是{self.age}。")
class Staff(PersonInfo):                             # 子类，也叫派生类
    work = 'Baker'
    def print_info(self):                            # 子类、父类同名实例方法
        print(f"我的名字是{self.name}，年龄是{self.age}。")
    def print_work(self):                            # 子类扩展出来的实例方法
        print(f"{self.name}的年龄是{self.age}，工作岗位是{self.work}。")
bob = Staff("Bob", 25)                               # 创建子类对象
bob.print_work()                                     # 子类对象调用子类方法
bob.print_info()                                     # 子类对象调用父类方法
```

运行代码，结果所示：

```
Bob 的年龄是 25，工作岗位是 Baker。
我的名字是 Bob。
```

从以上结果可知，父类 PersonInfo 中有两个实例属性 self.name 和 self.age，这些属性在子类 Staff 中可以直接使用。父类 PersonInfo 中有一个实例方法 print_info( )，而子类 Staff 中也有一个方法 print_info( )，仔细观察这两个方法，它们的代码是不同的。当父类和子类中有同名方法时，子类对象调用的方法就是子类中的方法。子类 Staff 中还有一个方法 print_work( )，这个方法是父类没有的，是子类扩展出来的功能，是子类特有的方法。

本例的属性和方法都是公有的，因此程序能正常运行。读者可以尝试将父类的属性和方法改成私有，再次运行程序，就会发现发生了异常。这说明，子类只继承父类的公有属性和方法，而不能继承父类的私有属性和方法。

7.3.3 多态实现

继承其实是代码的复用，就是让子类从父类那里将属性和方法直接继承下来，减少重复代码的编写。子类不仅可以继承父类的属性和方法，还可以定义自己特有的属性和方法。不同的子类对象调用相同的方法，产生不同的执行结果，这就是面向对象中所说的多态。

【例 7-16】定义一个表示动物的类 Animal，并在类中定义 move( )方法；定义 Bird、Frog 和 Snake 三个子类，均继承自父类 Animal，重写父类方法 move( )，不同的子类对象调用相同的方法。

```
class Animal:
    def move(self):
        print("动物能行走。")
class Bird(Animal):
    def move(self):
        print("鸟的行走方式是飞。")
class Frog(Animal):
    def move(self):
        print("青蛙的行走方式是跳。")
class Snake(Animal):
    def move(self):
        print("蛇的行走方式是爬。")
bird = Bird()
bird.move()
frog = Frog()
frog.move()
snake = Snake()
snake.move()
```

运行代码，结果如下：

```
鸟的行走方式是飞。
青蛙的行走方式是跳。
蛇的行走方式是爬。
```

以上先定义了 Animal 类，该类中有个方法 move()，再定义了继承自 Animal 的三个子类 Bird、Frog 和 Snake，分别在三个子类中重写了 move()方法，最后分别创建了 Bird 类对象 bird，Frog 类对象 frog，Snake 对象 snake，并都调用 move()方法。从运行结果来看，不同的子类对象执行同一个 move()方法时，由于实例对象不同，产生了不同的执行结果，这就是多态。

7.3.4 面向对象的三大特征编程实践

1. 客户操作流程分析

eBANK 人事管理系统统计各类人员的人数，并随着新人进入注册和离岗注销而动态变化。客户操作流程大致如下。

（1）创建职员基类。

（2）通过职员基类，派生主管领导、普通柜员、大堂经理子类。

（3）根据主管领导类、普通柜员类、大堂经理类，创建类对象。

（4）统计各类职员数。

（5）注销部分职业。

（6）更新统计各类职员数。

2. 程序工作流程分析

根据上述程序操作流程分析，对应的程序工作流程分析如下。

（1）创建职员基类，使用变量计数职员数，定义构造方法，初始化属性姓名、性别、年龄、薪资。

（2）创建领导类，继承职员类，使用变量统计主管领导数量，新增属性领导级别。

（3）创建柜员类，继承职员类，使用变量统计柜员数量，新增属性柜员业务窗口类型。

（4）创建大堂经理类，继承职员类，使用变量统计大堂经理数量，新增属性业务类型。

（5）创建各类对象，即创建 2 名主管领导、3 名普通柜员、2 名大堂经理类对象。

（6）人事系统显示现有职员数。

（7）注销 1 名主管领导、1 名普通柜员、1 名大堂经理。

（8）人事系统显示现有职员数。

3. 程序代码编写

根据程序工作流程分析，我们可以编写程序代码如下：

```
# 面向对象三大特性编程
class Member:                                       # 定义基类
    count = 0                                       # 人数，类属性
    def __init__(self, name, sex, age, salary):     # 构造方法
        self.name = name
        self.sex = sex
        self.age = age
        self.salary = salary
class Leader(Member):                               # 定义主管领导子类
    count = 0                                       # 人数，类属性
    def __init__(self, name, sex, age, salary, level):
        self.name = name
        self.sex = sex
        self.age = age
        self.level = level
        Leader.count += 1
        Member.count += 1
    def __del__(self):                              # 析构方法
        Leader.count -= 1
        Member.count -= 1
class Employee(Member):                             # 定义普通柜员子类
    count = 0                                       # 人数，类属性
    def __init__(self, name, sex, age, salary, type):
```

```
        self.name = name
        self.sex = sex
        self.age = age
        self.salary = salary
        self.type = type
        Employee.count += 1
        Member.count += 1
    def __del__(self):
        Employee.count -= 1
        Member.count -= 1
class Manager(Member):                                          # 定义大堂经理子类
    count = 0
    def __init__(self, name, sex, age, salary, business):
        self.name = name
        self.sex = sex
        self.age = age
        self.salary = salary
        self.business = business
        Manager.count += 1
        Member.count += 1
    def __del__(self):
        Manager.count -= 1
        Member.count -= 1
l1 = Leader("liu", "male", 42, 8600, "L1")
l2 = Leader("zhang", "female", 45, 9000, "L0")
e1 = Employee("liu", "female", 30, 5600, "private")
e2 = Employee("li", "female", 28, 5600, "private")
e3 = Employee("huang", "male", 28, 4800, "public")
m1 = Manager("yuan", "female", 26, 5000, "finance")
m2 = Manager("hu", "male", 32, 5600, "loan")
print("----Before----")
print("主管领导有：", Leader.count)
print("普通柜员有：", Employee.count)
print("大堂经理有：", Manager.count)
del l1
del e2
del m1
print("----After----")
print("行政领导有：", Leader.count)
print("普通柜员有：", Employee.count)
print("大堂经理有：", Manager.count)
```

4. 程序运行测试

打开 PyCharm，在“Python_面向对象”项目下新建一个 Python 文件，文件名为“03_面向三大特性.py”；逐行输入上述代码，运行程序代码；按照程序提示，进行相应输入。

程序运行结果如下：

```
----Before----
主管领导有： 2
普通柜员有： 3
大堂经理有： 2
----After----
```

```
主管领导有： 1
普通柜员有： 2
大堂经理有： 1
```

微视频 7-3

本章小结

本章主要讲解了面向对象的相关知识，包括面向对象的概念、类与对象、根据类创建对象，构造方法和析构方法的使用，Python 面向对象三大特性：封装、继承和多态。通过对本章内容的学习，读者可以对面向对象应该有初步的了解，掌握面向对象编程技巧。

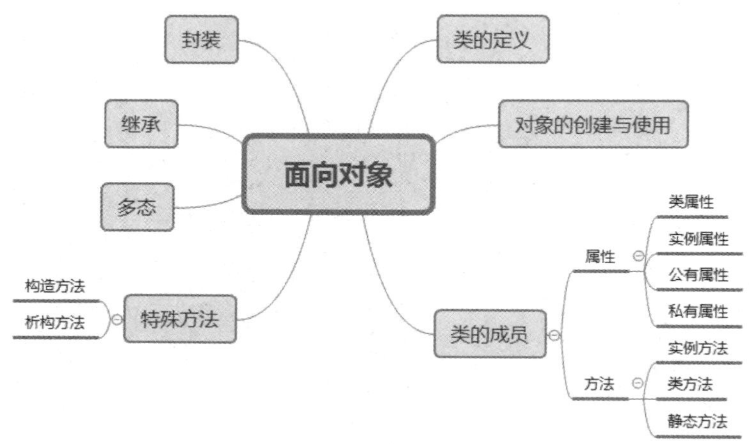

思考探索

一、选择题

1．Python 可以使用________关键字来声明一个类。
2．类的方法中必须有一个________参数，位于参数列表的开头。
3．Python 可以通过在类成员名称之前添加________的方式将公有成员改为私有成员。
4．Python 提供了名称为________的构造方法，实现让类的对象完成初始化。
5．如果想修改属性的默认值，可以在构造方法中使用________设置。

二、判断题

1．Python 可以通过类创建对象，且只能创建一个对象。（　　）

2．类方法的第一个参数是 cls。（　　）

3．类的实例无法访问类属性。（　　）

4．创建类的对象时，系统会自动调用构造方法进行初始化。（　　）

5．子类能继承父类的所有属性和所有方法。（　　）

三、选择题

1．类中的（　　）对应一个类可以支持的操作。

A．方法

B．对象

C．属性

D．数据

2．下列说法中错误的是（　　）。

A．类中的方法可以有默认参数值

B．类中的私有属性只能在类内访问

C．如果一个类属性名以两个下画线开头，则该类属性是私有属性

D．类中的私有属性可以在类外访问，但不能直接用私有属性名

3．如下代码的输出结果为（　　）。

```
class Init:
    def  __init__(self, addr, tel):
        self.__addr = addr
        self.tel = tel
    def  show_info(self):
        print(f"地址：{self.__addr}")
        print(f"手机号：{self.tel}")


init = Init("北京", "12345")
init.show_info()
```

A．程序无法运行

B．手机号：12345

C．地址：北京

D．地址：北京手机号:12345

4. Python 类中包含一个特殊的变量（　　），它表示当前对象自身，可以访问类的成员。

A．self

B．me

C．this

D．与类同名

5．在执行同样代码的情况下，系统会根据对象实际所属的类去调用相应类中的方法，这个特性是类的（　　）。

A．封装性　　B．多态性

C．自适应性　　D．继承性

四、思考题

产业发展分析

“谁能把握大数据、人工智能等新经济发展机遇，谁就把准了时代脉搏。”2022 年 6 月 23 日，习近平在金砖国家领导人第十四次会晤上的讲话。

随着高新技术的不断进步，人工智能领域将涌现出更多进展，这将带来巨大的商业影响，催生出多个应用，如数字服务台、数字助手等。

近年来，数字孪生、元宇宙、万能宇宙、增强现实、虚拟现实和混合现实的广泛使用。随着人们需求的不断增多以及技术的不断进步，还会有更多新技术涌现。美国《福布斯》杂志网站在近日的报道中，向我们展现了 2022 年的技术发展趋势。

世界已经进入数据经济时代。数据为人工智能提供了基础“养分”，而人工智能则帮助人们从数据中获得有意义的信息，为自己的行为和决策提供参考。这在 2021 年亚马逊云科技大会上表现得非常明显。在这场技术盛会上，与会人士讨论的全都围绕数据能够提供什么价值、服务，各式各样的企业也都在想方设法以最大程度地利用好自己的数据。

首席数据官和首席分析官在企业地位与日俱增也证明了这一点。首席数据官负责监督一系列与数据有关的功能，以确保组织得到最有价值的资产，其职责包括提升数据质量、数据治理和主数据管理等项目，还包括制订信息战略、数据科学和业务分析。

（来源：中国新闻网）

同学们，你们有什么启示呢？

自主创新　沟通交流　科学严谨　系统思维　团队协作

实训项目

“eBANK 登录界面程序设计”任务工作单

任务名称	eBANK 登录及界面程序设计	章节	7	时间	
班　级		组长		组员	
任务描述	eBANK 大客户部为有针对性地开发客户资源，拟要求技术主管办公室（CTO）安排开发小组做一个大客户管理验证系统来获得领导层的支持。职员需要通过验证才能登录系统，验证的方式是职员姓名和密码双重验证。同时系统有登录容错机制，允许职员在登录时不小心输错姓名和密码，但指定时间间隔内只能重新输入 3 次。职员通过验证登录后，需要出现功能选择界面，以便操作，功能包括录入客户信息、查询客户信息、统计客户数据、分析客户数据、退出系统，要求编写代码，实现以上功能。				
任务环境	Python 开发工具，计算机				
任务实施	1．添加程序注释，说明此程序的作用 2．使用 class 关键字定义客户类 User 3．使用__init__()构造方法初始化 4．依次定义欢迎界面、存款、取款、查询余额、货币兑换、退出系统函数 5．创建客户类对象，并传入账号、密码、姓名、余额参数 6．调用欢迎界面类方法				
调试记录	（主要记录程序代码、输入数据、输出结果、调试出错提示、解决办法等）				
总结评价	（总结编程思路、方法，调试过程和方法，举一反三，经验和收获体会等） 请对自己的任务实施做出星级评价 □ ★★★★★　□ ★★★★　□ ★★★　□ ★★　□ ★				

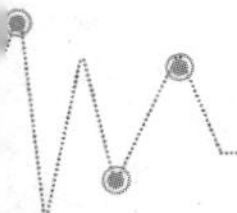

拓展项目

“eBANK 人事管理系统”任务工作单

<table>
<tr><td>任务名称</td><td>eBANK 人事管理系统</td><td>章节</td><td>7</td><td>时间</td><td></td></tr>
<tr><td>班　级</td><td></td><td>组长</td><td></td><td>组员</td><td></td></tr>
<tr><td>任务描述</td><td colspan="5">为 eBANK 人事部门设计一个简单的人事管理程序，满足以下要求：
（1）eBANK 职员分为主管领导、普通柜员、大堂经理
（2）三类人员的共同属性是姓名、性别、年龄、工资
（3）主管领导的特别属性是级别
（4）普通柜员的特别属性是岗位类型
（5）大堂经理的特别属性是业务
编写程序统计 eBANK 职员总人数和各类人员的人数，并随着新人进入注册和离岗注销而动态变化。</td></tr>
<tr><td>任务环境</td><td colspan="5">Python 开发工具，计算机</td></tr>
<tr><td>任务实施</td><td colspan="5">1．定义基类，类属性 count，统计人数，构造方法，传入参数（姓名，性别，年龄，薪资）
2．定义主管领导子类，类属性 count，统计人数，构造方法，析构方法
3．定义普通柜员子类，类属性 count，统计人数，构造方法，析构方法
4．定义大堂经理子类，类属性 count，统计人数，构造方法，析构方法
5．创建 2 个主管领导对象、3 个普通柜员对象、2 个大堂经理对象，输出人数
6．删除 1 个主管领导对象、1 个普通柜员对象、1 个大堂经理对象，输出删除对象后人数</td></tr>
<tr><td>调试记录</td><td colspan="5">（主要记录程序代码、输入数据、输出结果、调试出错提示、解决办法等）</td></tr>
<tr><td>总结评价</td><td colspan="5">（总结编程思路、方法，调试过程和方法，举一反三，经验和收获体会等）

请对自己的任务实施做出星级评价
□ ★★★★★　□ ★★★★　□ ★★★　□ ★★　□ ★</td></tr>
</table>

第 8 章

异常处理

在编写和运行程序的过程中，都可能会产生各种各样的错误和缺陷，我们称之为程序的异常。程序开发人员和运维人员都需要辨别程序的异常，明确异常产生的原因，进而正确地处理异常。为了帮助程序开发人员和运维人员正确处理异常，Python 程序设计语言提供了功能强大的异常处理机制，该机制可以使程序更好地应对执行过程中遇到的特殊情况，避免软件系统遇到错误就直接崩溃的现象发生。

本章主要以 eBANK 银行柜员机系统中的对于客户取款超过账户金额的两个异常事件为例，学习 Python 异常的种类和程序异常中的相关提示信息，掌握异常的捕获、抛出和处理等程序编写方法，并学会自定义异常类。

- 第8章 异常处理
  - 任务8.1 认识错误和异常
    - 认识异常
    - 异常的类型
  - 任务8.2 程序异常的处理
    - 捕获单个异常
    - 捕获多个异常
    - 统一捕获所有异常
    - 使用raise抛出异常
    - 使用“raise异常类名称”抛出异常
    - 使用“raise异常类名称（描述信息）”抛出异常
    - assert语句抛出异常
    - 异常的传递
    - 自定义异常

岗位能力：

- ✧ 认识异常的能力
- ✧ 编写程序捕获、抛出、传递异常的能力

技能证书标准：

- ✧ 识别和处理异常思维

学生技能竞赛标准：

- ✧ 能熟练处理数据清洗异常值

思政素养：

- ✧ 培养认识和解决问题的能力，
- ✧ 培养加过情怀，促进团队协作、不畏困难的精神
- ✧ 关注科技重大事件，坚定科技报国

任务 8.1　认识错误和异常

【任务描述】

我们从银行柜员窗口取款时，可以从账户内取出余额范围内的任意金额钱款，甚至小数的金额都可以正常取出。但在 eBANK 银行系统中取款时，ATM 一般只能提供 100 元或者其整数倍的金额。有时客户难免会输入错误的金额，甚至输入小数或者负数。对于以上情况，eBANK 系统会视其为异常操作。

通过客户在 eBANK 的 ATM 上取款时输入错误的数据或数值时所产生的异常程序段的案例介绍，读者可以理解在 Python 程序运行过程中程序抛出的异常类型等回溯信息内容。

【任务要领】

❖ 异常和错误的概念

❖ 异常的类型

8.1.1　认识异常

异常是 Python 的对象，表示一个错误。脚本发生异常时，我们需要捕获处理它，否则程序会终止执行或者崩溃。

【例 8-1】 通过程序将 10 与 2 相除，并输出计算的结果。

```
def main():
    print("计算: %s" % (10/2))                                # 求商
    if __name__ == '__main__':
        main()
```

以上程序能够正常运行，得到运行结果：

```
计算: 5.0
```

如果将以上示例中除数改为 0，再次运行代码，就会产生异常，结果如下：

```
Traceback (most recent call last):
    File "D:/PycharmProjects/pythonProject/demo.py", line 5, in <module>
    main()
        File "D:/PycharmProjects/pythonProject/demo.py", line 3, in main
```

由此可知，异常产生后如果没有及时进行处理，就会导致程序的中断。在以上信息中，第 2～5 行指出了异常所在的行号及该行的代码，第 6 行说明了本次异常的类型和异常内容的具体描述。根据异常的描述“division by zero”和异常所在的位置判断，我们可以得出的结论是，此次异常是由于“print("计算：%s" % (10/0))”中除数为 0 导致的。

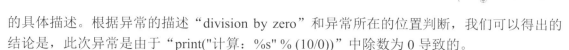

8.1.2 异常的类型

Python 的异常处理能力很强大，可向客户准确反馈出错信息。在 Python 中，异常也是对象，可对它进行操作。BaseException 是所有异常的基类，但客户定义的类并不直接继承 BaseException，所有异常类都是从 Exception 继承且都在 exceptions 模块中定义的。Python 自动将所有异常名称放在内建命名空间中，所以程序不必导入 exceptions 模块即可使用异常。一旦引发且没有捕获 SystemExit 异常，程序执行就会终止。如果交互式会话遇到一个未被捕获的 SystemExit 异常，会话就会终止。Python 中异常类的继承关系如图 8-1 所示。

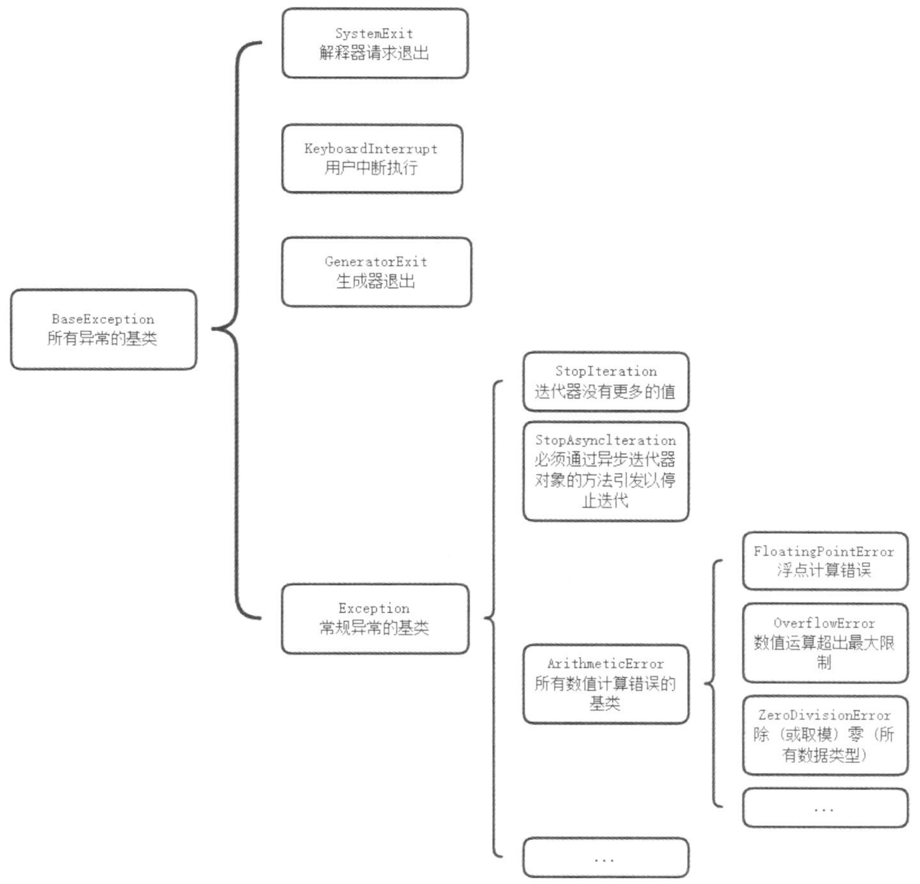

图 8-1　Python 异常类的继承关系

由图 8-1 可知，BaseException 类是所有异常类型的基类，派生了 4 个子类：SystemExit、KeyboardInterrupt、GeneratorExit 和 Exception。其中，SystemExit 表示 Python 解释器退出异常；KeyboardInterrupt 是客户中断执行时会产生的异常；GeneratorExit 表示生成器退出异常；Exception 是所有内置的、非系统退出的异常的基类。

1. NameError

NameError 表示标识符没有被声明而引起的异常。

【例 8-2】 访问一个没有被定义的变量。

```
print x
```

代码运行的结果如下：

```
Traceback (most recent call last):
  File " D:/PycharmProjects/pythonProject/demo.py ", line 1, in <module>
  NameError: name 'x' is not defined
```

说明名称'x'没有定义，也就是说，没有找到该对象。解决方法是，先把未定义的变量名进行定义，再访问即可。

2. IndexError

IndexError 表示列表索引超出范围而引起的异常。

【例 8-3】 访问一个 color 字符串数组中索引为“5”处的元素。

```
color = ['red', 'yellow', 'green', 'black', 'blue']
print(color[5])
```

代码运行的结果如下：

```
Traceback (most recent call last):
  File "D:/PycharmProjects/pythonProject/demo.py", line 3, in <module>
  print(color[5])
  IndexError: list index out of range
```

错误提示告诉我们，IndexError:list index out of range，即在数组中，该索引处没有任何元素。解决方法是，访问正确的索引处元素即可。

3. AttributeError

AttributeError 表示访问了对象不存在的属性。

【例 8-4】 为 Student 类添加 name 和 age 两个属性，却使用 Student 类的对象 student 访问 name、age、number 属性。

```
class Student(object):
    pass
student = Student()
student.name = "张三"
student.age = "18"
print(student.name)
print(student.age)
print(student.number)
```

运行代码的结果如下：

```
张三
18
Traceback (most recent call last):
  File "D:/PycharmProjects/pythonProject/demo.py", line 9, in <module>
  print(student.number)
```

```
AttributeError: 'Student' object has no attribute 'number'
```

错误提示告诉我们，AttributeError: 'Student' object has no attribute 'number'，在 Student 类中，没有 number 属性，因此无法访问。解决方法是，为 Student 类动态添加 number 属性或不访问该属性即可。

4. TypeError

TypeError 表示的是数据类型不匹配而引起的异常。

【例 8-5】 为求绝对值方法传递参数 s。

```
abs('s')
```

运行代码的结果如下：

```
Traceback (most recent call last):
  File "D:/PycharmProjects/pythonProject/demo.py", line 3, in <module>
    abs('s')
TypeError: bad operand type for abs(): 'str'
```

错误提示告诉我们，TypeError: bad operand type for abs(): 'str'，即 abs()函数的参数是字符串引起了异常。解决方法是，检查参数类型，若是字符串类型，则不使用 abs()函数。

8.1.3 取款时输入非整型数据异常举例

个人客户到银行营业网点的柜员机上取款时，当输入的金额为小数时，运行该程序后，Python 的异常机制会发现该异常并在运行后弹出提示信息。

运行程序，测试步骤如下。

（1）打开 PyCharm 程序编辑开发环境，打开“Python_程序流程控制”项目的“07_面向对象程序设计.py”，单击右键，在弹出的快捷菜单中选择“运行（U）07_面向对象程序设计”。

（2）按照程序运行的提示选择 3，查看账户余额，默认为 500。

（3）按照程序运行的提示选择 2，取款，输入取款金额 0.5。

（4）检查程序运行结果，查看异常信息，如图 8-2 所示。

当客户输入的取款金额数据类型为非整型数据时，程序遇到了错误，就引发了异常，此时程序终止执行并指明了异常类型 ValueError，表示出现的异常是类型错误。因为该程序未对异常进行处理或捕获，所以程序会用 traceback（回溯）错误信息。此时需要根据回溯信息程序进行修改才能让程序正常运行，如本例中，将输入的取款金额改为整数再运行，便不再抛出异常了。

微视频 8-1

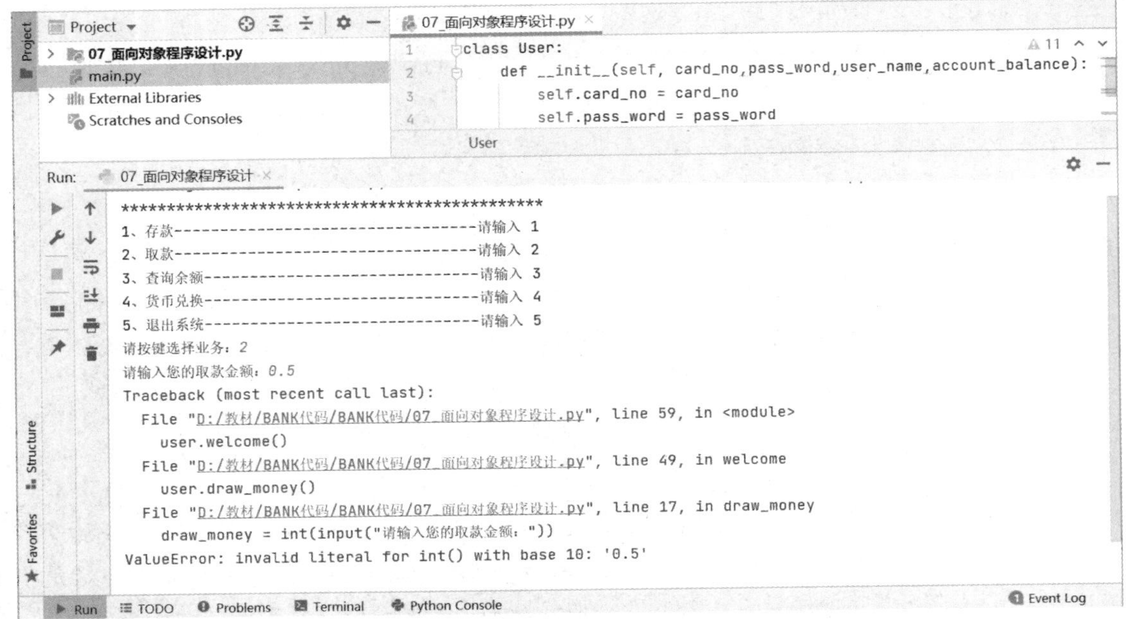

图 8-2　在 PyCharm 中运行并查看异常

任务 8.2　程序异常的处理

【任务描述】

客户在 ATM 上取款时，还有可能输入错误的金额，如取款金额超过账户金额，系统也能识别该错误，并抛出异常。为了避免程序强行终止，可对异常进行处理。本例中，当取款金额超过账户金额时，给出“余额不足”的提示。

通过输入错误的取款金额时所产生的异常处理语句的介绍，读者可以掌握在 Python 程序设计中自定义异常类、捕获异常和处理异常的基本方法。

【任务要领】

- 异常的捕获
- 异常的抛出
- 异常的传递
- 自定义异常

8.2.1 异常的捕获

Python 程序在运行时检测到异常会直接崩溃，这种默认的异常处理方式并不友好。异常即一个事件，该事件会在程序执行过程中发生，影响程序的正常执行。一般情况下，无法正常处理程序时就会发生一个异常。异常是 Python 对象，表示一个错误。当 Python 脚本发生异常时，需要捕获并处理它，否则程序会终止执行。

当程序出现异常后，如果需要处理，可以使用如下四个关键字来完成：try、except、finally 和 else。Python 既可以直接通过 try-except 语句实现简单的异常捕获与处理的功能，也可使用 try-except-else 或 try-except-else-finally 等语句组合实现更强大的异常捕获与处理的功能。

下面介绍捕获异常的基本方法。

1. try-except 异常捕获语句

通常，可以使用 try-except 语句捕获程序运行的异常，其基本语法格式如下：

```
try:
    代码段 1                          # 有可能产生异常的语句
except 异常类型:
    代码段 2                          # 异常处理语句
...
```

其中，try 子句内是可能产生异常的语句，except 子句内是捕获的异常类型及捕获到异常后的处理语句。

try-except 语句的执行过程如下：先执行 try 子句中的代码段 1，是可能产生异常的语句；若 try 子句中没有产生异常，则不会执行 except 子句，跳过 except 子句，执行其后续语句；若 try 子句中的代码段 1 产生异常，则转而执行 except 子句。try-except 语句捕获异常的执行流程如图 8-3 所示。

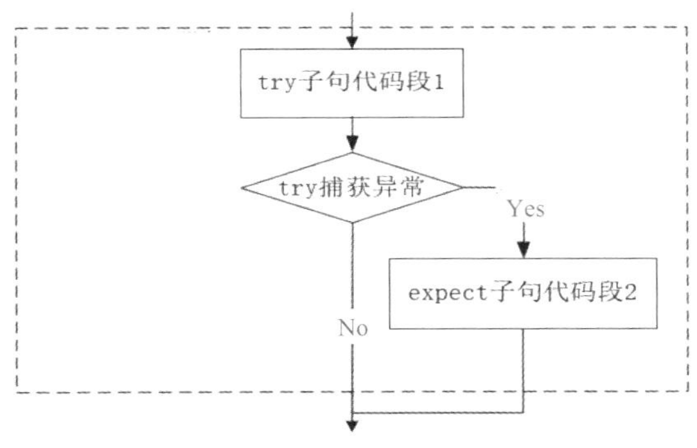

图 8-3 try-expect 语句捕获异常执行流程

try-expect 语句可以捕获和处理程序运行时的单个、多个、所有异常。

1）捕获单个异常

使用 try-except 语句捕获和处理单个异常时，需要在 except 子句的后面指定具体的异常类。下面使用 try-expect 语句捕获和处理例 8-1 中当除数为 0 时的异常。

```
def main():
    print("程序执行开始")                          # 提示信息
```

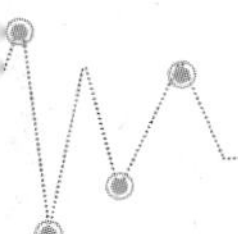


```
    try:
        result = 10/0
        print("计算：%s" % (result))                  # 除法计算
    except ZeroDivisionError as err:
        print("程序出现异常：%s" % err)
        print("程序执行完毕")                         # 提示信息
if __name__=="__main__":
    main()
```

以上代码的 try 子句中使用 10 除以 0，使得程序捕获到了 ZeroDivisionError 异常，转而执行 except 子句。因为 except 子句指定了处理异常 ZeroDivisionError 且获取了异常信息 err，所以程序接下来会执行 except 子句中的输出语句及程序的后续其他语句，最后程序不会出现崩溃的结果。

运行代码，结果如下：

```
程序执行开始
程序出现异常：division by zero
程序执行完毕
```

注意：如果 except 子句指定的异常与程序所产生的异常不一致，那么程序运行时依然会崩溃。

2）捕获多个异常

程序中可能产生多个异常，try 子句后可以同时书写多个 except 子句，每个 except 子句对应一种异常，用于同时进行多个异常的处理。

【例 8-6】 从键盘输入两个数，然后转换为整型数据，并分别赋值给变量 a 和 b，将 a 与 b 相除并输出，其中可能出现输入除数为 0 或者输入的数据类型不合理的情况，从而造成多个可能的异常。

```
def main():
    print("程序执行开始")                                # 提示信息
    try:
        num_a = int(input("请输入第一个数字："))
        num_b = int(input("请输入第二个数字："))
        result = num_a / num_b
        print("计算：%s" % (result))                     # 除法计算
    except ZeroDivisionError as err:
        print("程序出现异常：%s" % err)
    except ValueError as err:
        print("程序出现异常：%s" % err)
    print("程序执行完毕")                                # 提示信息
if __name__=="__main__":
    main()
```

运行代码，如果输入 a 为 10，b 为 0，结果如下：

```
程序执行开始
请输入第一个数字：10
请输入第二个数字：0
程序出现异常：division by zero
```

```
程序执行完毕
```

上述程序运行后会产生 ZeroDivisionError 异常。如果给变量 a 输入字符"a"，回车后，就会产生 ValueError 异常。再次运行代码，结果如下：

```
程序执行开始
请输入第一个数字：a
程序出现异常：invalid literal for int() with base 10: 'a'
程序执行完毕
```

3）统一捕获所有异常

在 Python 中，所有子类的对象实例都可以通过父类的对象实例进行匹配，那么所有异常都可以通过 Exception 进行接收。可以通过 except 子句将不同的异常类型统一捕获，从而简化异常的处理。

在例 8-6 中，可将代码进行如下修改，实现不同类型异常的统一捕获和处理。例如：

```
def main():
    print("程序执行开始")                              # 提示信息
    try:
        num_a = int(input("请输入第一个数字："))
        num_b = int(input("请输入第二个数字："))
        result = num_a / num_b
        print("计算：%s" % (result))                   # 除法计算
    except Exception as err:
        print("程序出现异常：%s" % err)
        print("程序执行完毕")                          # 提示信息
if __name__=="__main__":
    main()
```

运行上述代码，输入 a 为 10，b 为 0，结果如下：

```
程序执行开始
请输入第一个数字：10
请输入第二个数字：0
程序出现异常：division by zero
程序执行完毕
```

如果给变量 a 输入字符 a，回车后就会产生 ValueError 异常。再次运行代码，结果如下：

```
程序执行开始
请输入第一个数字：a
程序出现异常：invalid literal for int() with base 10: 'a'
程序执行完毕
```

2. else 子句

在 Python 中，对于程序中没有出现异常的时候也提供了一个 else 子句的结构操作。其基本语法格式如下：

```
try:
    代码段 1                              # 有可能产生异常的语句
except 异常类型:
    代码段 2                              # 异常处理语句
```

```
else
    代码段 3                                # 异常未被处理时的语句
```

当 try 子句后的代码段 1 没有异常时，程序会跳过 except 子句，执行 else 子句后的代码段 3。try-except-else 语句捕获异常的执行流程如图 8-4 所示。

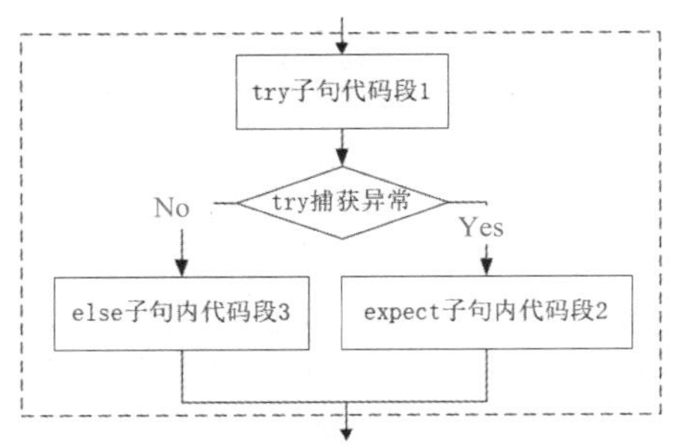

图 8-4　try-expect-else 语句捕获异常执行流程

下面使用 try-expect-else 语句捕获和处理例 8-1 中当除数不为 0 时的异常。例如：

```
def main():
    print("程序执行开始")                          # 提示信息
    try:
        result = 10/1
        print("计算：%s" % (result))               # 除法计算
    except ZeroDivisionError as err:
        print("程序出现异常：%s" % err)
    else
        print("程序中没有出现任何异常。")
        print("程序执行完毕")                      # 提示信息
if __name__=="__main__":
    main()
```

以上代码在 try 子句中计算 10 除以 1 的结果，在 except 子句中指定捕获 ZeroDivisionError 异常，而在 else 子句中打印没有出现异常的结果。

运行代码，结果如下：

```
程序执行开始
计算：10.0
程序中没有出现任何异常。
程序执行完毕
```

3. finally 子句

Python 还提供了 finally 子句。其基本语法格式如下：

```
try:
    代码段 1                                # 有可能产生异常的语句
except 异常类型:
    代码段 2                                # 异常处理语句
else
    代码段 3                                # 异常未被处理时的语句
finally
```

```
代码段4                                    # 一定执行的语句
```

该结构表明，无论 try 子句后执行的代码是否有异常，也不管 except 子句后的异常指定是否正确，finally 的子句都会被执行，主要应用于如文件关闭、释放锁、把数据库连接返还给连接池等场景。

try-except-else-finally 语句捕获异常的执行流程如图 8-5 所示。

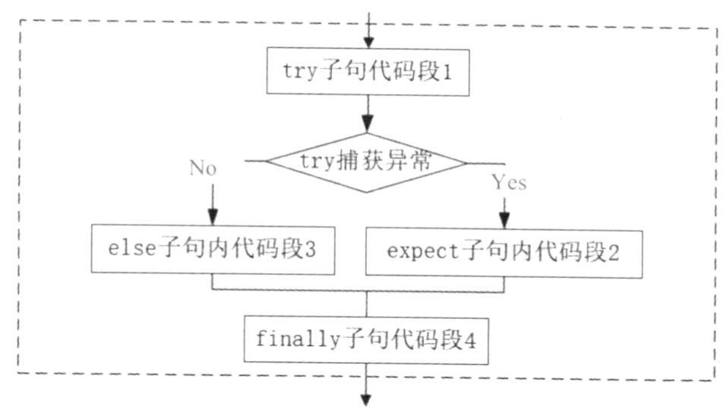

图 8-5 try-expect-else-finally 语句捕获异常执行流程

下面使用 try-expect-else-finally 语句捕获和处理例 8-1 中当除数为 0 时的异常。例如：

```
def main():
    print("程序执行开始")                        # 提示信息
    try:
        result = 10/0
        print("计算: %s" % (result))             # 除法计算
    except TypeError as err:
        print("程序出现异常: %s" % err)
    finally
        print("不管是否出现异常都会执行此语句。")
        print("程序执行完毕")                    # 提示信息
if __name__=="__main__":
    main()
```

以上代码在 try 子句中计算 10 除以 0 的结果，在 except 子句中指定捕获 TypeError 异常，实际的异常应该是 ZeroDivisionError 异常，因此程序没有成功处理异常，这时程序会中断执行。但是，在程序中断前，finally 子句的代码依然会执行，但其后的代码因为程序中断而不会被继续执行。

运行代码，结果如下：

```
程序执行开始
不管是否出现异常都会执行此语句。
Traceback (most recent call last):
  File "D:/PycharmProjects/pythonProject/demo.py", line 13, in <module>
  main()
  File "D:/PycharmProjects/pythonProject/demo.py", line 5, in main
  result = 10/0
ZeroDivisionError: division by zero
```

在程序中，如果一个段代码必须执行，即无论异常是否产生都要执行，那么此时需要使用 finally 语句。

8.2.2 异常的抛出

在 Python 中，异常不仅可以自动捕获，也可以使用手动的方法抛出异常。

1. raise 语句

raise 语句的基本语法格式如下：

```
raise 异常类名称(描述信息)
```

其中，raise 后为可选参数，其作用是指定抛出的异常名称，以及异常信息的相关描述。若可选参数全部省略，则 raise 会把当前错误原样抛出；若仅省略（描述信息），则在抛出异常时，将不附带任何的异常描述信息。

每次执行 raise 语句，都只能引发一次执行的异常。通常，raise 语句有如下三种常用的用法。

1）使用 raise 抛出异常

【例 8-7】 在 Python 中，仅使用 raise 一条语句就可以引发一个 RuntimeError 异常。

```
raise
```

该语句可以引发当前上下文中捕获的异常（如在 except 块中）或 RuntimeError 异常。

运行代码，结果如下：

```
Traceback (most recent call last):
  File "D:/PycharmProjects/pythonProject/demo.py", line 2, in <module>
  raise
RuntimeError: No active exception to reraise
```

2）使用“raise 异常类名称”抛出异常

可以使用“raise 异常类名称”抛出该语句中异常类所对应的异常。

【例 8-8】 使用“raise 异常类名称”语句引发一个 ZeroDivisionError 异常。

```
raise ZeroDivisionError
```

运行代码，结果如下：

```
Traceback (most recent call last):
File "D:/PycharmProjects/pythonProject/demo.py", line 2, in <module>
      raise ZeroDivisionError
ZeroDivisionError
```

3）使用“raise 异常类名称(描述信息)”抛出异常

通过“raise 异常类名称(描述信息)”除了可以创建异常类对象，还可以通过描述信息字符串指定异常的具体信息。

【例 8-9】 使用“raise 异常类名称(描述信息)”语句引发一个 ZeroDivisionError 异常。

```
raise ZeroDivisionErro r("除数不能为零")
```

上述代码在引发指定类型的异常的同时，还附带了异常的描述信息。

运行代码，结果如下：

```
Traceback (most recent call last):
  File "D:/PycharmProjects/pythonProject/demo.py", line 2, in <module>
  raise ZeroDivisionError("除数不能为零")
ZeroDivisionError: 除数不能为零
```

2. assert 语句

Python 还有另一种抛出异常的常用方法，就是使用 assert 语句。assert（断言）是学习 Python 非常好的习惯，用于判断一个表达式。如果断言成功，就不采取任何措施，否则触发 AssertionError 异常。通常，assert 语句用于检查函数参数的属性（参数是否是按照设想的要求传入），或者作为初期测试和调试过程中的辅助工具。

assert 语句的基本语法格式如下：

```
assert 表达式[, 参数]
```

其中，如果表达式的值为假，就会触发 AssertionError 异常，该异常可以被捕获并处理；如果表达式的值为真，就不采取任何措施。

【例 8-10】 某公司要求招聘新员工的年龄限制为 19～45 岁。使用 assert 语句断言变量 age 必须为 19～45。

```
s_age = input("请输入您的年龄：")
age = int(s_age)
assert 19 < age <45
print("您输入的 age 在 19 和 45 之间")
```

运行代码，如果输入的 age 在执行范围内，那么结果如下：

```
请输入您的年龄：20
您输入的 age 在 19 和 45 之间
```

如果输入的 age 不在执行范围内，那么结果如下：

```
请输入您的年龄：50
Traceback (most recent call last):
  File "D:/PycharmProjects/pythonProject/demo.py", line 4, in <module>
  assert 19 < age <45
AssertionError
```

Python 的 assert 是声明其布尔值必须为真的判定，如果发生异常，就说明表达式为假。可以理解 assert 断言语句为 raise-if-not，用来测试表达式，若其返回值为假，就会触发异常。assert 的异常参数其实是在断言表达式后添加字符串信息，用来解释断言并更好地指出程序是哪里出了问题。

8.2.3 异常的传递

当在执行方法时出现异常，程序会将异常向上传递给调用方法的一方。如果一直传递到主方法，仍然没有处理异常，程序便会终止。

【例 8-11】 定义一个 myFun()函数，这个函数调用另一个函数 testFun()，而在 testFun()函数下让客户向计算机输入一个整数，并输出。

```
def testFun():
```

```
    num = int(input("请输入一个数字："))
    print(num)
def myFun():
    testFun()
myFun()
```

以上定义的函数 myFun()为程序的入口，该函数调用了 testFun()函数，而在 testFun()函数中完成简单的数字输入和打印输出的功能。在 testFun()函数中，如果客户输入的不是一个整数，而是其他类型的数据，那么程序会引发异常。

运行代码，如果输入的数据为字符“y”，那么结果如下：

```
请输入一个数字：y
Traceback (most recent call last):
    File "D:/PycharmProjects/pythonProject/demo.py", line 9, in <module>
    myFun()
    File "D:/PycharmProjects/pythonProject/demo.py", line 7, in myFun
    testFun()
    File "D:/PycharmProjects/pythonProject/demo.py", line 3, in testFun
    num = int(input("请输入一个数字："))
ValueError: invalid literal for int() with base 10: 'y'
```

从运行结果来看，输入字符“y”后，引发了 ValueError 异常。但是，程序是如何找到异常的呢？从运行结果来看，首先在运行 myFun()函数语句发现了该异常，接着 myFun()函数内的 testFun()函数中发现了该异常，最后在 testFun()函数中输入数据类型错误并赋值时发现了该异常。这就是异常的传递性。

8.2.4 自定义异常

Python 为了尽可能把一些错误描述得清楚已经定义了大量的异常类，但是在实际的项目开发过程中，这些异常类可能无法满足于实际项目开发的所有要求。Python 允许开发人员根据实际需要自定义异常类。自定义的异常类需要继承 Exception 的父类或者其他内置异常类。

【例 8-12】 定义一个继承自异常类 Exception 的类 WrongAge。当变量年龄的值小于 0 或者大于 200 时，抛出异常“年龄有误！”。

```
class WrongAge(Exception):
    def __init__(self, msg):
        self.msg = msg
        pass

    def set_age(age):
        if age < 0 or age > 200:
            #print("值错误")
            raise WrongAge("年龄有误！")
        else:
            print("年龄为", age)
    try:
        set_age(-5)
    except WrongAge as err:
```

```
    print("x", err)
```

上述代码首先定义了一个 Exception 的子类 WrongAge 类，判断输入的年龄参数是否在有效范围内；如果年龄值在有效范围内（如 6），就输出“年龄为 6”；如果年龄参数不在有效值范围内，就抛出 WrongAge 异常，并给出提示信息“年龄有误！”。当年龄变量值为-5 时，可由 try-except 来捕获该异常，当捕获到 WrongAge 异常后，会返回默认的异常详细信息“年龄有误。”。

运行程序，结果如下：

```
x 年龄有误!
```

任务实施

8.2.5 取款金额超过账户余额异常处理编程

1. 操作流程分析

个人客户到银行营业网点的柜员机上自助办理取款业务时，如取款金额超过账户余额时，系统会进行相应提示，客户回到菜单重新操作，其基本操作流程如下。

（1）登录 eBANK 系统，弹出主菜单。

（2）在弹出的主菜单中，选择 2，进入取款选项。

（3）当取款金额超过账户余额时，弹出“余额不足”的提示，根据系统提示，返回到（2），重新选择需要进行的操作。

2. 程序工作流程分析

根据上述客户操作流程分析，对应的程序工作流程分析如下。

（1）自定义异常类 OverdraftError，表示当取款金额超过账户金额时的异常情况，该类是 Exception 的子类；

（2）使用 try-except 对异常进行处理。若输入的金额没有超过账户金额，即没有异常，则正常执行 try 后的语句并跳过 except 语句；若输入的金额超过了账户金额，即异常发生，则跳出 try 语句，执行 except 后的语句。

（3）当程序未出现异常时，账户金额处理方式不变；当程序出现异常时，则账户金额不变，给出“余额不足”的异常提示，并回到主菜单重新操作。

3. 程序代码编写

根据程序工作流程分析，我们可以编写程序代码如下：

```
class OverdraftError(Exception) :
    def __init__(self,err='余额不足'):
        super().__init__(err)

class User:
    def __init__(self, card_no,pass_word,user_name,account_balance):
        self.card_no = card_no
```

```
        self.pass_word = pass_word
        self.user_name = user_name
        self.account_balance = account_balance

    # 存款
    def deposit(self):
        Deposit_amount = int(input('请输入您的存款金额：'))
        self.account_balance = self.account_balance + Deposit_amount
        print("账户余额：", self.account_balance, "  存款成功！")
        return self.account_balance

    # 取款
    def draw_money(self):
        draw_money = int(input("请输入您的取款金额："))
        try:
            if draw_money > self.account_balance:
                raise OverdraftError
            else:
                self.account_balance = self.account_balance - draw_money
                print("账户余额：", self.account_balance, "  取款成功！")
                return self.account_balance
        except OverdraftError as error:
            print(error)

    # 查询余额
    def check_balance(self):
        print("账户余额为：", self.account_balance)
        return self.account_balance

    # 货币兑换
    def exchange(self):
        exchange_rate = 0.1415
        usd_balance = self.account_balance * exchange_rate
        print("美元余额：", round(usd_balance, 2))

    # 退出系统
    def quit(self):
        print("退出系统！")

    def welcome(self):
        while True:
            print("**************************************************")
            print("1. 存款---------------------------------请输入1")
            print("2. 取款---------------------------------请输入2")
            print("3. 查询余额-----------------------------请输入3")
            print("4. 货币兑换-----------------------------请输入4")
            print("5. 退出系统-----------------------------请输入5")
```

```
        option = input("请按键选择业务: ")
        if option == '1':
            user.deposit()
        elif option == '2':
            user.draw_money()
        elif option == '3':
            user.check_balance()
        elif option == '4':
            user.exchange()
        elif option == '5':
            user.quit()
            break

user = User('622663060001', '888888', 'xiao', 500)
user.welcome()
```

4．程序运行测试

打开 PyCharm 程序编辑开发环境，在“Python_程序流程控制”项目下新建一个 Python 文件，文件名为“08_处理系统异常.py”．

输入上述代码，单击鼠标右键，从弹出的快捷菜单中选择“运行（U）08_处理系统异常”。

按照程序提示选择业务“2．取款”，输入取款金额“800”，程序运行结果如图 8-6 所示。

图 8-6　取款金额超过账户金额操作

以上代码中定义了一个异常类 OverdraftError，是 Exception 的子类。当客户输入的取款金额超过账户金额时，就抛出 OverdraftError 异常，代码使用 try-except 来捕获异常，捕获到 OverdraftError 异常后，给出提示信息“余额不足”。继而程序回到主界面，重新选择需要操作的功能。

微视频 8-2

 本章小结

在 Python 程序中，每当程序在运行时检测到错误时，就会引发异常。如果忽略该异常，Python 默认的处理方式是将程序终止，并给出错误信息。Python 程序可以对异常进行捕获，也可手工抛出异常，还可以自定义异常类。

异常：异常情况（如发生错误）是用异常对象表示的。对于异常情况，有多种处理方式；如果忽略，将导致程序终止。

抛出异常：可使用 raise 语句来引发异常，将一个异常类或异常实例作为参数，但可提供异常和错误信息。如果在 except 子句中调用 raise 时没有提供任何参数，将重新引发该子句捕获的异常。

自定义异常类：可自行创建自定义的异常，是 Exception 派生出的子类。

捕获异常：try-except 语句。要捕获异常，可在 try 语句中使用 except 子句。在 except 子句中，如果没有指定异常类，将捕获所有的异常。可指定多个异常类。如果向 except 提供两个参数，那么第二个参数将关联到异常对象。在同一条 try-except 语句中，可包含多个 except 子句，以便对不同的异常采取不同的措施。

else 子句：除了 except 子句，还可使用 else 子句，它在主 try 块没有引发异常时执行。

finally 语句：要确保代码块无论是否引发异常都将执行，可使用 try-finally，并将代码块放在 finally 子句中。

 思考探索

一、填空题

1. Python 中所有异常类的父类是_______。
2. 当程序中向变量赋值的数据类型不匹配会引发_______异常。
3. raise 语句是用来________异常的。
4. typeerror 异常类表示的含义是_______。

二、判断题

1. 在 try-except-else 结构中，如果 try 块的语句引发了异常，就会执行 else 块中的代码。( )

2. 程序中异常处理结构在大多数情况下是没必要的。( )

3. 异常处理结构中的 finally 块中代码仍然有可能出错从而再次引发异常。( )

4. 带有 else 子句的异常处理结构，如果不发生异常，就执行 else 子句中的代码。( )

5. 异常处理结构也不是万能的，处理异常的代码也有引发异常的可能。( )

6. 在异常处理结构中，不论是否发生异常，finally 子句中的代码总是会执行的。( )

三、选择题

1. 下列关于异常的说法中，错误的是 ( )

A. 即便代码的格式是正确的，也不一定该程序没有异常

B. 当 try 子句发生了异常，就会执行 except 后的语句

C. 程序一旦遇到异常不一定会停止运行

D. try 语句用于捕获异常

2. 下列描述中正确的是 ( )

A. 程序发生异常后默认返回的信息包括异常类、产生异常的原因和异常所在的行号

B. 一条 try 语句可以对应多个 except 语句

C. 使用关键字 as 可以获取异常的具体信息

D. 一条 except 语句只可以处理捕获一个异常

3. 运行以下代码，解释器会抛出 ( ) 的异常。

```
a = 8
b = 0
c = a/b
```

A. TypeError

B. ZeroDivisionError

C. OverflowError

D. Exception

4. 运行以下代码，解释器会抛出 ( ) 的异常。

```
arr = [1,3,5]
print(arr[3])
```

A. TypeError

B. ZeroDivisionError

C. OverflowError

D. IndexError

四、思考题

产业发展分析

几年前，由于我国的基础设施和人才储备相较于西方国家还存在着欠缺，使得我国在那时并没有自主研发卫星系统的能力，因此我国只能依赖于美国的导航系统。可谓说在那个年代，在一定程度上还要受制于美国，这让我国知识分子开始探索并自主研发。2020 年对于我国来说，是个多事之年。新年伊始，新冠疫情爆发，长征三号和七号发射的失败同样也给我国航天事业的发展带来了不小的打击。2020 年 6 月 15 日，北斗三号的最后一颗卫星发射的工作正在准备着，测试人员坐在自己的工位上观看着数据。身为副总设计师的罗巧军和试验研究员陈明航却发现了数据上的小问题，他们二人发现北斗三号发动机的减压阀压力数据是不正常的。罗巧军立即指出了存在的问题，现场的科学家和技术人员开始对火箭进行细致的检查，因为在航天工作中，他们常常强调要“不带隐患上天”，所以针对数据出现的异常，他们高度重视，并及时去检查设备的状况。终于在减压阀的外壳上发现了一个小小的裂纹，并立即上报给了领导，由于对此问题需要花时间去调查和研究，并且为火箭发动机进行及时的更新，考虑到如果带着小问题飞上天，可能之后会面临着巨大的损失，所以考量再三，最终决定发射终止。为了保障卫星的安全发射，让北斗三号最后一颗卫星的发射按下了暂停键。工作人员开始对此数据进行分析，加班加点地排除问题和阻力。他们连夜将北京邮寄的发动机压力阀安装上，并马不停蹄地更换设备，测验数据是否可靠、精准。然而当压力阀的问题解决了，其他的问题又接踵而至。在经历了一周的安全排查工作后，终于在 6 月 23 日，长征三号缓缓地升入天空，在场的工作人员都紧张得观望着，然而看到它顺利划入空中后，场内爆发了热烈的欢呼声和掌声，还有些人留下了激动的泪水。因为有高度负责的航天人员，才让我国北斗收官之星安全稳定地升入高空，也让我国最终实现了“北斗梦”。正是因为有科技人员的兢兢业业，才及时地挽回了我国数亿财产的损失，也让其他国家看到了我国的实力。

（来源：中国新闻网）

同学们，你们有什么启示呢？

自主创新　沟通交流　科学严谨　系统思维　团队协作

实训项目

"eBANK 取款异常处理（一）"任务工作单

任务名称	eBANK 取款异常处理（一）	章节	8	时间	
班　级		组长		组员	
任务描述	eBANK 的 ATM 具有容错机制，即当客户不小心输入的取款金额超过账户金额时，给出"余额不足"的提示信息，并且账户金额不变，还回到主界面，给客户提供重新输入取款金额的机会。要求编写代码，实现以上功能				
任务环境	Python 开发工具，计算机				
任务实施	1. 自定义取款金额超过账户金额的异常类 2. 运用 try-except 语句判断输入的取款金额是否超过账户金额，若是，则抛出异常，否则从账户中取出相应金额 3. 运用打印语句编码打印"余额不足" 4. 程序的编辑、修改、调试与再现运行等				
调试记录	（主要记录程序代码、输入数据、输出结果、调试出错提示、解决办法等）				
总结评价	（总结编程思路、方法，调试过程和方法，举一反三，经验和收获体会等） 请对自己的任务实施做出星级评价 □ ★★★★★　□ ★★★★　□ ★★★　□ ★★　□ ★				

拓展项目

“eBANK 取款异常处理（二）”任务工作单

任务名称	eBANK 取款异常处理（二）	章节	8	时间	
班　级		组长		组员	
任务描述	在 eBANK 的 ATM 上，当客户输入的取款金额为整数外的其他数据类型（如小数）或负数时，给出“您的输入有误，请重新输入”的提示信息，并且账户金额不变，再次回到主界面，给客户提供重新输入取款金额的机会。本案例要求编写程序，根据以上计算方式完成不同类型异常的处理方法				
任务环境	Python 开发工具，计算机				
任务实施	1. 自定义取款金额数据类型不当的异常类 2. 运用 try-except 语句判断输入的取款金额数据的类型，给出相应的捕捉异常和抛出异常方案，并处理该异常 3. 运用打印语句编码打印“您的输入有误，请重新输入” 4. 程序的编辑、修改、调试与再现运行等				
调试记录	（主要记录程序代码、输入数据、输出结果、调试出错提示、解决办法等）				
总结评价	（总结编程思路、方法，调试过程和方法，举一反三，经验和收获体会等） 请对自己的任务实施做出星级评价 □ ★★★★★　□ ★★★★　□ ★★★　□ ★★　□ ★				

第 9 章

数据解析和可视化

我们在进行软件开发的时候，需要根据客户需求的不同、软件规模的大小等，选择不同的软件开发模型，遵循软件开发的一般流程，软件开发的流程主要包括：前期的需求分析、软件设计，中期的软件编码、软件测试，以及后期的软件交付与迭代等。总之，软件开发是通过一系列流程并最终完成的产物。

本章主要从软件开发者的视角，通过图书数据可视化的项目实例，围绕项目需求，选择数据解析、数据存储和数据可视化三个任务进行讨论和实践，希望带领读者了解软件开发的流程，培养读者软件开发的工程思维，为深入学习软件开发打好基础。

- 第9章 数据解析和可视化
  - 任务9.1 数据解析
    - Beautiful Soup4基本概念
    - Beautiful Soup4的find_all()方法
    - 正则表达式的基本概念
    - 正则表达式的常用操作符用法
    - 结合使用Beautiful Soup4和正则表达式解析网页数据
  - 任务9.2 数据存储
    - 游标的基本概念
    - Python操作数据库的一般流程
    - 使用Python连接数据库存储数据
  - 任务9.3 数据可视化
    - Pyecharts的基础知识
    - 使用Pyecharts绘制饼图
    - 使用Pyecharts绘制折线图
    - 使用Pyecharts绘制柱形图

岗位能力：

✧ 根据业务需求完成设计的能力。
✧ 将数据存储到数据库的能力。
✧ 数据可视化的能力。

技能证书标准：

✧ 使用BeautifulSoup4分析页面结构。
✧ 运用正则表达式抽取页面信息。
✧ 使用MySQL存储数据。

学生技能竞赛标准：

✧ 使用开发者工具查看网页源码，分析网页结构。
✧ 使用图形化工具绘制基本图形和高级图形。

思政素养：

✧ 了解软件开发的流程，培养软件开发工程思维
✧ 关注产业发展，坚定科技兴国。

任务 9.1　数据解析

【任务描述】

从网络上获取的数据量过于繁杂，不便于数据的展示，我们只需要其中的某些关键数据，本节的任务是要提取出书名、价格、评分、评分人数和简介这五个字段。过滤掉不需要的信息，将有价值的数据提取出来，就需要用到数据解析技术。

【任务要领】

❖ 认识 Beautiful Soup4 基本概念
❖ 掌握 Beautiful Soup4 的 find_all( )方法
❖ 熟悉 Beautiful Soup4 解析网页数据的一般流程
❖ 认识正则表达式的基本概念
❖ 掌握正则表达式的常用操作符用法
❖ 会结合使用 Beautiful Soup4 和正则表达式解析网页数据

9.1.1　解析网页数据

抓取整个 HTML 网页数据后，如果希望对网页数据进行过滤筛选，就需要使用网页解析器从网页中提取有价值的数据。

Python 支持一些解析网页的技术，最常用的当属速度较慢但是使用简单的 Beautiful Soup 和速度快但规则复杂的正则表达式。

1．使用 Beautiful Soup4 解析网页数据

Beautiful Soup4（简称 bs4）能将复杂 HTML 文档转换成树形结构，结构中的每个节点都是 Python 对象，所有对象可以归纳为以下 4 种。

① bs4.element.Tag 类：表示 HTML 的标签，是最基本的信息组织单元，有两个非常重要的属性，分别为表示标签名字的 name 和表示标签属性的 attrs。

② bs4.element.NavigableString 类：表示 HTML 标签的文本。

③ bs4.BeautifulSoup 类：表示 HTML DOM 的全部内容。

④ bs4.element.Comment 类：表示标签内字符串的注释部分。

bs4 最常用的是 find_all()方法，搜索当前 tag 的所有 tag 子节点，并判断是否符合过滤器的条件，返回值类型是 bs4.element.ResultSet。

find_all()方法的语法格式如下：

```
find_all (name, attrs, kwargs, text, limit, recursive)
```

find_all()方法的常用属性如表 9-1 所示。

表 9-1 find_all 方法常用属性

属 性	说 明	属 性	说 明
name	可以查找所有名字为 name 的 tag	string	搜索文档中字符串的内容
attr	查找 tag 的属性	recursive	是否获取子孙节点

使用 bs4 解析网页数据的一般流程如图 9-1 所示。

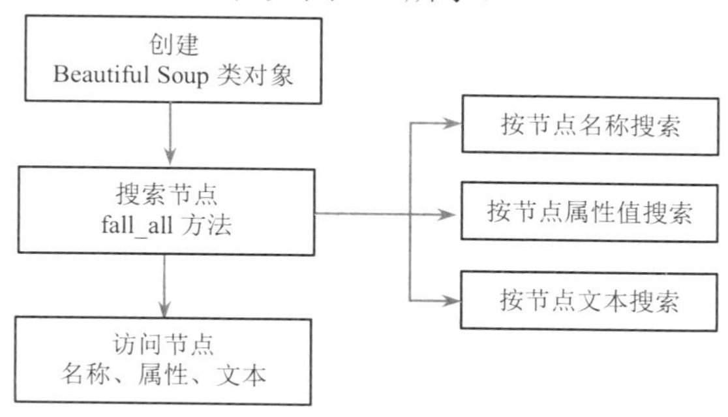

图 9-1 解析数据流程图

2. 正则表达式解析数据

正则表达式是一种特殊的字符串模式，定义一种规则去匹配符合规则的字符，最常用的是 findall()方法，用于在整个字符串中搜索所有符合正则表达式的字符串，并以列表的形式返回。若匹配成功，则返回包含匹配结构的列表，否则返回空列表。

findall()方法的语法格式如下：

```
re.findall(pattern, string, [flags])
```

其中，pattern 表示模式字符串，由要匹配的正则表达式转换而来；string 表示要匹配的字符串；flags 为可选参数，表示标志位，用于控制匹配方式，如是否区分字母大小写。

正则表达式的常用操作符用法如表 9-2 所示。

表 9-2 正则表达式的常用操作符用法

操作符	说 明	实 例
.	表示任何单个字符	
[]	字符集，对单个字符给出取值范围	[abc]表示 a、b、c；[a-z]表示字符 a 到 z
[^]	非字符集，对单个字符给出排除范围	[^abc]表示非 a 或 b 或 c 的单个字符
*	前一个字符 0 次或无限次扩展	abc*表示 ab、abc、abcc 等
+	前一个字符 1 次或无限次扩展	abc+表示 abc、abcc、abccc 等
?	前一个字符 0 次或 1 次扩展	Abc？表示 ab、abc
|	左右表达式任意一个	abc|def 表示 abc、def

注意：“.*?”可以匹配任意长度的所有字符串。

3．案例讲解

【例 9-1】 从网页内容中提取电影的影片名称、评分及链接地址三个字段数据。

我们将结合 bs4 和正则表达式来演示解析网页数据的流程。

（1）为了能够正确地解析页面中的信息，需要先观察整个页面的结构，如图 9-2 所示。打开网页并单击右键，在弹出的快捷菜单中选择“检查”，即可在浏览器底部打开 HTML 源代码。

```
<div class="info">
    <div class="hd">
        <a href="https://movie.douban.com/subject/1292052/" class="">
            <span class="title">肖申克的救赎</span>
                <span class="title"> / The Shawshank Redemption</span>
            <span class="other"> / 月黑高飞(港)  /  刺激1995(台)</span>
        </a>
            <span class="playable">[可播放]</span>
    </div>
    <div class="bd">
        <p class="">
            导演: 弗兰克·德拉邦特 Frank Darabont   主演: 蒂姆·罗宾斯 Tim Robbins /...<br>
            1994 / 美国 / 犯罪 剧情
        </p>
        <div class="star">
                <span class="rating5-t"></span>
                <span class="rating_num" property="v:average">9.7</span>
                <span property="v:best" content="10.0"></span>
                <span>2838320人评价</span>
        </div>

            <p class="quote">
                <span class="inq">希望让人自由。</span>
            </p>
    </div>
</div>
```

图 9-2 网页结构

整个网页有多对<li>标签，每对<li>标签中包含了一部影片的所有信息，再依次打开<li>标签中的内容，通过比较网页的影片名称和 title 的属性值可以看出完全一致，同理可以找到影片的链接和评分位置如图所示。仔细观察同时包含名称、评分和链接信息的上一级的属性值为 info，因此，我们要去找到所有 Tag 名称为 div，属性为 class，值为 info 的内容。

（2）通过正则表达式的 findall 方法来找到需要的数据，如提取影片名称的代码为

```
title = re.findall('<span class="title">(.*?)</span>', i)[0]
```

再把提取的数据加载到相应的空列表。

（3）根据以上流程，编写代码如下：

```
# BeautifulSoup 将网页源代码的文本文档转换成一个树形结构，每个节点都是 Python 对象
# 将 response.txt 以 UTF-8 格式打开为 xmlFile
with open('response', 'r',encoding='utf-8') as xmlFile:
xmlData = xmlFile.read()
soup = BeautifulSoup(xmlData,'html.parser')
#print(type(soup))
res = soup.find_all('div', class_='info')
#print(res)  # 查看结果可知 res 类似列表，每个 info 元素用逗号隔开
#创建空列表用来存储提取的数据
title_list=[]
score_list=[]
href_list=[]
# 遍历所有的 info，提取其中的 title
```

```
for i in res:
    # 将结果转换为字符串，正则表达式只能匹配字符串
    i = str(i)
    # (.*?) 表示匹配所有字符，[0]表示只取匹配到的第一个值
    title = re.findall('<span class="title">(.*?)</span>', i)[0]
    score = re.findall('<span class="rating_num" property="v:average">(.*?)</span>', i)[0]
    href = re.findall('href="(.*?)/"', i)[0]
    title_list.append(title)
    score_list.append(score)
    href_list.append(href)
# 获取响应内容并以文本形式打印
print(title_list)
print(score_list)
print(href_list)
```

注意：正则表达式的提取有个小技巧，就是把需要提取的数据用(.*?)代替即可。

运行程序，程序的输出结果如下：

```
<class 'bs4.BeautifulSoup'>
['肖申克的救赎', '霸王别姬', '阿甘正传', '泰坦尼克号', '这个杀手不太冷', '美丽人生', '千与千寻', '辛德勒的名单', '盗梦空间', '星际穿越', '忠犬八公的故事', '楚门的世界',...
'https://movie.douban.com/subject/1291841',
…省略N行…
'https://movie.douban.com/subject/1849031', 'https://movie.douban.com/subject/6786002',
'https://movie.douban.com/subject/3319755']
```

9.1.2 解析图书数据

1. 程序设计

(1) 查看网页的内容，确定需要数据的位置，如图9-3所示。

(2) 使用bs4将整个网页源代码内容的文本文档转换成树结构。

(3) 找到需要的数据位置，可以看到其包含在标签名为tr，属性class值为“item”的标签里，利用bs4获取相应数据。

(4) 使用正则表达式进行数据处理得到字符串类型的列表。

(5) 将提取的数据追加到空列表中。

2. 代码编写

根据程序设计，编写程序代码如下：

```
import  requests
from bs4 import BeautifulSoup
import  re
import  pymysql
```

```
<a href="https://book.douban.com/subject/1007305/" onclick=&#34;moreurl(this,{i:&#39;0&#39;})&#34; title="红楼梦"

>
  红楼梦
</a>
    <img src="/pics/read.gif" alt="可试读" title="可试读"/>
</div>
<p class="pl">[清] 曹雪芹 著 / 人民文学出版社 / 1996-12 / 59.70元</p>
<div class="star clearfix">
    <span class="allstar50"></span>
    <span class="rating_nums">9.6</span>
  <span class="pl">(
      399008人评价
  )</span>
</div>


<p class="quote" style="margin: 10px 0; color: #666">
    <span class="inq">都云作者痴，谁解其中味？</span>
</p>
```

图 9-3　源码

```
title_list = []
price_list1 = []
rating_nums_list = []
year_list1 = []
year_list = []
# BeautifulSoup 将网页源文件内容的文本文档转换成一个树形结构，每个节点都是 Python 对象
#将 responses.txt 以 UTF-8 格式打开为 xmlFile
with open('responses', 'r',encoding='utf-8') as xmlFile:
    xmlData = xmlFile.read()
soup = BeautifulSoup(xmlData,'html.parser')
res = soup.select('tr',_class='item')
# print(res)
title = re.findall(r'<a href=".*?" title="(.*?)">', str(res))  # 书名
title_list.extend(title)                                      # 追加到空列表中
year = re.findall(r'<p class="pl">(.*?)</p>', str(res))
year_list1.extend(year)
rating_nums = re.findall(r'<span class="rating_nums">(.*?)</span>', str(res))
rating_nums_list.extend(rating_nums)                          # 追加到空列表中
for c in year_list1:
    year_list.append(str(c).split('/')[-2])                   # 年份
    price_list1.append(str(c).split('/')[-1])                 # 价格
price_list = []
for i in price_list1:
    price_list.append(re.findall('\d+\.?\d+',i)[0])           # 去掉价格中的元，只留数字
print(title_list)
print(len(title_list))
print(year_list)
print(len(year_list))
print(rating_nums_list)
print(len(rating_nums_list))
print(price_list)
print(len((price_list)))
```

3. 运行测试

将以上代码逐行输入 PyCharm，运行结果如图 9-4 所示。

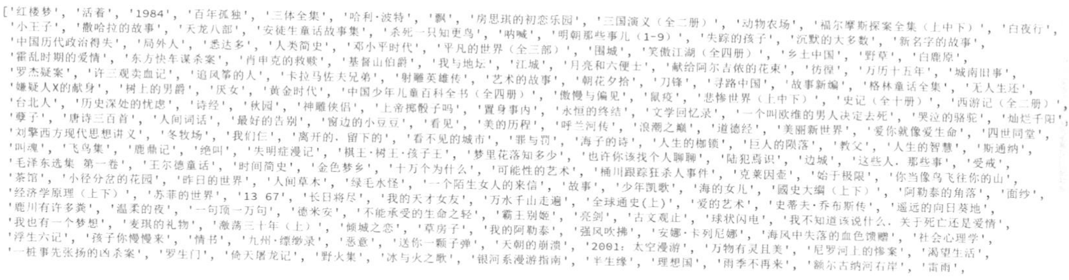

图 9-4　程序运行结果（部分）

任务 9.2　数据存储

任务分析

【任务描述】

前面提取了豆瓣读书主页书名、价格、评分、评分人数和书籍简介五个字段信息，但是这些数据是只是临时展示没有永久保存，本节则将这些数据保存到数据库，为下一步操作提供数据支持。

【任务要领】

- 认识游标的基本概念
- 掌握 Python 操作数据库的一般流程
- 会使用 Python 连接数据库存储数据

技术准备

MySQL 是一种关系型数据库管理系统，会将数据保存在不同的表中，使用 SQL 语句对数据常用的操作包括增、删、查、改。

MySQL 采用客户—服务器架构，服务器的程序与我们存储的数据直接打交道，可以有多个客户端进行链接，通过发送增删改查的指令，服务器接受到这些指令后会对维护的数据进行对应的操作。下面讲解如何通过 Python 连接 MySQL 数据库，并将数据存储到相应数据库中。

9.2.1 Python 操作数据库

Python 所有的数据库接口程序都在一定程度上遵守 Python DB-API 规范。DB-API 定义了一系列对象和数据库存取方式，以便为各种底层数据库系统和多种多样的数据库接口程序提供一致的访问接口。在 Python 中，如果连接数据库，不管是 MySQL、SQL Server、PostgreSQL 还是 SQLite，都是采用游标方式。本节以 MySQL 为例讲述 Python 对数据库的简单操作。

1. 游标概述

游标可以理解为“游动的标志”，执行一条查询语句时，会返回 N 条结果，执行 SQL 语句，取出返回结果的接口就是游标。沿着游标，我们可以一次取出一行数据。使用游标功能后，我们可以将得到的结果先保存起来，进一步操作即可得到想要的结果。

2. 游标的使用

当我们使用 Python 连接数据库时，Python 相当于 MySQL 服务器的一个客户端，我们利用 Python 这个客户端去操纵 MySQL 的服务器。利用 Python 连接数据库时，经常会使用游标功能。使用游标的操作步骤如下。

（1）使用 pymysql 连接 MySQL 数据库，得到一个数据库对象。

（2）要开启数据库中的游标功能，得到一个游标对象。

（3）使用游标对象中的 execute( )方法，去执行 SQL 语句。

（4）提交事务执行操作。

（5）断开连接释放资源。

3. 案例讲解

【例 9-2】 将提取出的电影名称、评分及链接信息保存到数据库，但在保存前必须先创建相应的数据库和表，如图 9-5 所示。

根据游标的操作步骤编写以下代码，这里要先导入 pymysql 包：

```
# 连接 MySQL 数据库，得到一个数据库对象
conn = pymysql.connect(host="127.0.0.1", port=3306, user="root", password = "123456",
                       database = "douban", charset = "utf8")
# 开启游标功能，得到一个游标对象
cursor = conn.cursor()
# 开启游标功能，得到一个游标对象
cursor = conn.cursor()
for i in range (len (title_list)) :
    # SQL 语句在 movie_info 表中插入相应数据
    sql = "insert into movie_info(title, score, href) values(%s, %s, %s)"
    values = (title_list[i], score_list[i], href_list[i])
    # 执行命令
    cursor.execute(sql,values)
    #提交事务，插入数据
    conn.commit()
```

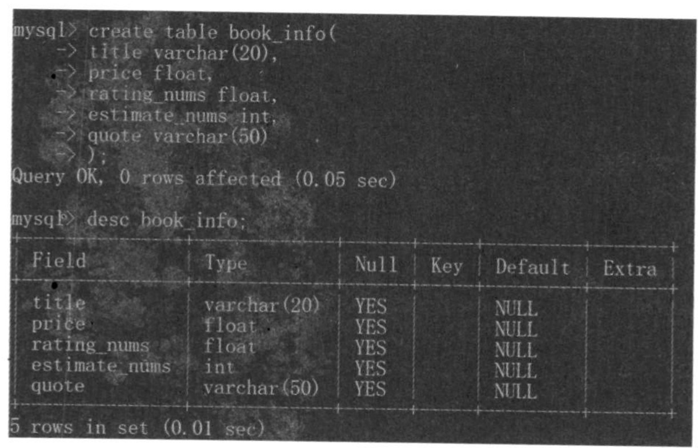

```
mysql> create table book_info(
    -> title varchar(20),
    -> price float,
    -> rating_nums float,
    -> estimate_nums int,
    -> quote varchar(50)
    -> );
Query OK, 0 rows affected (0.05 sec)

mysql> desc book_info;
+---------------+-------------+------+-----+---------+-------+
| Field         | Type        | Null | Key | Default | Extra |
+---------------+-------------+------+-----+---------+-------+
| title         | varchar(20) | YES  |     | NULL    |       |
| price         | float       | YES  |     | NULL    |       |
| rating_nums   | float       | YES  |     | NULL    |       |
| estimate_nums | int         | YES  |     | NULL    |       |
| quote         | varchar(50) | YES  |     | NULL    |       |
+---------------+-------------+------+-----+---------+-------+
5 rows in set (0.01 sec)
```

图 9-5　创建数据表命令

```
#关闭指针对象
cursor. close()
#关闭连接
conn.close()
```

结果如图 9-6 所示。

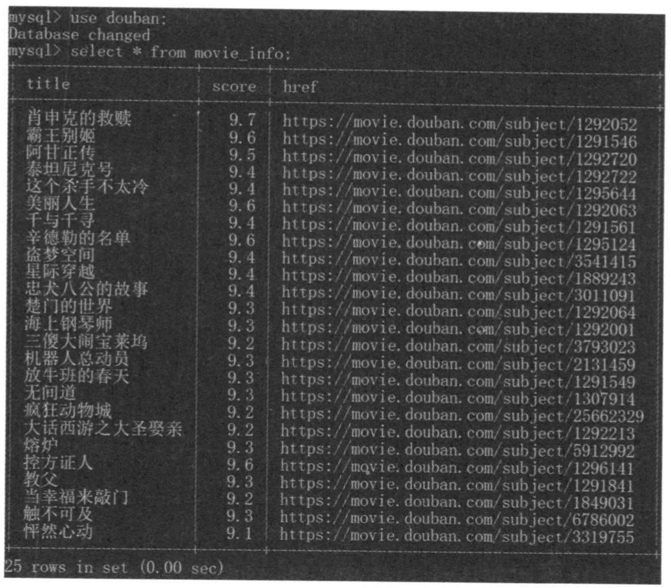

```
mysql> use douban;
Database changed
mysql> select * from movie_info;
+--------------------+-------+------------------------------------------+
| title              | score | href                                     |
+--------------------+-------+------------------------------------------+
| 肖申克的救赎       |   9.7 | https://movie.douban.com/subject/1292052  |
| 霸王别姬           |   9.6 | https://movie.douban.com/subject/1291546  |
| 阿甘正传           |   9.5 | https://movie.douban.com/subject/1292720  |
| 泰坦尼克号         |   9.4 | https://movie.douban.com/subject/1292722  |
| 这个杀手不太冷     |   9.4 | https://movie.douban.com/subject/1295644  |
| 美丽人生           |   9.6 | https://movie.douban.com/subject/1292063  |
| 千与千寻           |   9.4 | https://movie.douban.com/subject/1291561  |
| 辛德勒的名单       |   9.6 | https://movie.douban.com/subject/1295124  |
| 盗梦空间           |   9.4 | https://movie.douban.com/subject/3541415  |
| 星际穿越           |   9.4 | https://movie.douban.com/subject/1889243  |
| 忠犬八公的故事     |   9.4 | https://movie.douban.com/subject/3011091  |
| 楚门的世界         |   9.3 | https://movie.douban.com/subject/1292064  |
| 海上钢琴师         |   9.3 | https://movie.douban.com/subject/1292001  |
| 三傻大闹宝莱坞     |   9.2 | https://movie.douban.com/subject/3793023  |
| 机器人总动员       |   9.3 | https://movie.douban.com/subject/2131459  |
| 放牛班的春天       |   9.3 | https://movie.douban.com/subject/1291549  |
| 无间道             |   9.3 | https://movie.douban.com/subject/1307914  |
| 疯狂动物城         |   9.2 | https://movie.douban.com/subject/25662329 |
| 大话西游之大圣娶亲 |   9.2 | https://movie.douban.com/subject/1292213  |
| 熔炉               |   9.3 | https://movie.douban.com/subject/5912992  |
| 控方证人           |   9.6 | https://movie.douban.com/subject/1296141  |
| 教父               |   9.3 | https://movie.douban.com/subject/1291841  |
| 当幸福来敲门       |   9.2 | https://movie.douban.com/subject/1849031  |
| 触不可及           |   9.3 | https://movie.douban.com/subject/6786002  |
| 怦然心动           |   9.1 | https://movie.douban.com/subject/3319755  |
+--------------------+-------+------------------------------------------+
25 rows in set (0.00 sec)
```

图 9-6　完成数据存储

9.2.2　存储读书数据

1. 程序设计

（1）在 MySQL 中创建相应的数据库和表，可以使用例 9-2 创建的数据库 douban。

（2）通过 pymysql 连接数据库。

（3）打开游标，遍历列表中数据并存入相应表。

（4）断开连接关闭数据库。

2．代码编写

（1）使用相应的数据库并创建表，如图 9-7 所示。

```
mysql> create table book_info(
    -> title varchar(20),
    -> year varchar(20),
    -> rating_nums float,
    -> price varchar(10)
    -> );
Query OK, 0 rows affected (0.05 sec)
```

图 9-7　创建相应数据库和表

（2）连接数据库并存储数据。

```
# 连接 MySQL 数据库，得到一个数据库对象
conn = pymysql.connect(host = "127.0.0.1", port = 3306, user = "root", password = "123456",
                       database = "douban", charset = "utf8")
# 开启游标功能，得到一个游标对象
cursor = conn.cursor()

for i in range (len (title_list)) :
    # SQL 语句在 book_info 表中插入相应数据
    sql = "insert into book_info(title, year, rating_nums, price) values(%s, %s, %s, %s)"
    values = (title_list[i], year_list[i], rating_nums_list[i], price_list[i])

    # 执行命令
    cursor.execute(sql,values)
    # 提交事务，插入数据
    conn.commit()
# 关闭指针对象
cursor. close()
# 关闭连接
conn.close()
print("存入成功")
```

代码示例如图 9-8 所示。

```
46 #连接mysql数据库，得到一个数据库对象
47 conn=pymysql.connect(host="127.0.0.1",port=3306,user="root", password="123456",
48 database="douban", charset="utf8")
49 #开启游标功能，得到一个游标对象
50 cursor=conn.cursor()
51 for i in range (len (title_list)) :
52 #sql语句在book_info表中插入相应数据
53     sql="insert into book_info(title,year,rating_nums,price) values(%s,%s,%s,%s)"
54     values=(title_list[i],year_list[i],rating_nums_list[i],price_list[i])
55 #执行命令
56     cursor.execute(sql,values)
57 #提交事务，插入数据
58     conn.commit()
59 #关闭指针对象
60 cursor. close()
61 #关闭连接
62 conn.close()
63 print("存入成功")
```

图 9-8　代码示例

第 47～48 行声明数据库 IP、端口、登录客户、登录密码和数据库名称，由于 MySQL 数据库就装在本机上，因此可以写 localhost，也可以写成主机名，或者主机 IP。第 53～56

行执行数据库操作，cursor.execute(sql, param)，执行单条 SQL 语句，接收的参数为 sql 本身和使用的参数列表，返回值为受影响的行数。第 53 行使用 sql，这里要接收的参数都用 %s 占位符。无论要插入的数据是什么类型，占位符都要用%s。

3. 运行测试

将以上代码逐行输入 PyCharm，运行结果如图 9-9 所示。

打开 MySQL 可以看到数据已经存储到相应表中，如图 9-10 所示。

```
D:\software_install\Python\python.
编码方式:utf-8
响应状态码:200
<class 'bs4.BeautifulSoup'>
存入成功
```

图 9-9 运行结果

```
mysql> select * from book_info;
```

title	year	rating_nums	price
红楼梦	1996-12	9.6	59.70
活着	2012-8-1	9.4	20.00
1984	2010-4-1	9.4	28.00
百年孤独	2011-6	9.3	39.50
三体全集	2012-1-1	9.5	168.00
哈利·波特	2008-12-1	9.7	498.00
飘	2000-9	9.3	40.00
房思琪的初恋乐园	2018-2	9.2	45.00
三国演义（全二册）	1998-05	9.3	39.50
动物农场	2007-3	9.3	10.00
福尔摩斯探案全集（上中下）	53.00元	9.3	68.00
白夜行	2013-1-1	9.2	39.50
小王子	2003-8	9.1	22.00
撒哈拉的故事	2003-8	9.2	15.80
天龙八部	1994-5	9.2	96.00
安徒生童话故事集	1997-08	9.2	25.00
杀死一只知更鸟	2012-9	9.2	32.00
呐喊	1973-3	9.2	0.36
明朝那些事儿（1-9）	2009-4	9.2	358.20
失踪的孩子	2018-7	9.2	62.00
沉默的大多数	1997-10	9.1	27.00
新名字的故事	2017-4	9.2	59.00
中国历代政治得失	2001	9.2	12.00
局外人	2010-8	9.1	22.00

图 9-10 存储结果（部分）

任务 9.3 数据可视化

任务分析

【任务描述】

完成图书数据的存储后，为了多角度多方面展示与分析图书数据，从数据库提取数据处理后形成数据集，利用 Pyecharts 的可视化方法对图书数据进行数据可视化，在针对图书相关数据的分析中，完成饼图、柱形图和折线图。

【任务要领】

- ❖ 了解 Pyecharts 的基础知识

- ❖ 掌握 Pyecharts 的饼图配置，熟练使用 Pyecharts 绘制饼图
- ❖ 掌握 Pyecharts 的折线图配置，熟练使用 Pyecharts 绘制折线图
- ❖ 掌握 Pyecharts 的柱形图配置，熟练使用 Pyecharts 绘制柱形图

9.3.1 柱形图

Pyecharts 1.x 版本支持链式调用，提供了简单的 API 和众多的示例。

【例 9-3】 某品牌有衬衫、毛衣、裤子、风衣、高跟鞋、袜子，某月的线上销量为 114、55、27、101、125、27、105，线下的销量为 57、134、137、129、145、60、49。用 Pyecharts 生成一个柱形图。

```
from pyecharts.charts import Bar
from pyecharts import options as opts

# 创建 Bar 类的对象，并指定画布的大小
bar = (
    Bar(init_opts = opts.InitOpts(width = '600px', height = '300px'))
    # 添加 X 轴和 Y 轴数据
    .add_xaxis(["衬衫", "毛衣", "领带", "裤子", "风衣", "高跟鞋", "袜子"])
    .add_yaxis("线上", [114, 55, 27, 101, 125, 27, 105])
    .add_yaxis("线下", [57, 134, 137, 129, 145, 60, 49])
    # 设置标题、y 轴标签
    .set_global_opts(title_opts=opts.TitleOpts(title = "某品牌线上线下商品销售情况"))
)
bar.render()
```

代码先从 pyecharts 模块中导入柱形图的类 Bar，导入 options 模块，并将 options 模块取名为 opts；创建指定画布大小的柱形图的 bar，调用 add_xaxis()和 add_yaxis()方法为柱形图添加 *X* 轴与 *Y* 轴的数据，调用 set_global_opts()方法设置柱形图的标题和 *Y* 轴的标签；调用 render()方法渲染图标。

运行程序，结果如图 9-11 所示。

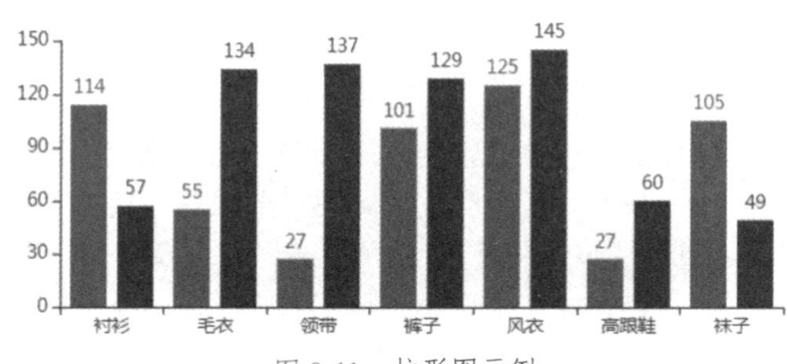

图 9-11 柱形图示例

9.3.2 折线图

折线图是排列在工作表的列或行中的数据可以绘制到折线图中。折线图可以显示随时间（根据常用比例设置）而变化的连续数据，因此非常适用于显示在相等时间间隔下数据的趋势。折线图能很好地展现沿某个维度的变化趋势、能比较多组数据在同一个维度上的趋势、适合展现较大的数据集。

Pyecharts 的 Line 类表示折线图，提供了 add_yaxis()方法，可以为折线图添加数据和配置项。add_yaxis()方法的语法格式如下：

```
add_yaxis(self,series_name:str, y_axis:types.Sequence[types.Union[opts.LineItem, dict]],
        *, is_selected:bool = True, is_connect_nones: bool = False, color = None,
        is_symbol_show:bool = True, symbol = None,symbol_size = 4, stack = None,
        is_smooth: bool = False, is_clip: bool = True,is_step:bool = False,
        is_hover_animation:bool = True, markpoint_opts:types.MarkPoint = None,
        markline_opts:types.MarkLine = None, tooltip_opts:types.Tooltip = None,
        itemstyle_opts:types.ItemStyle = None)
```

该方法的常用参数如下。

- series_name：表示系列的名称，显示于提示框和图例中。
- y_axis：表示系列数据。
- xaxis_index：表示 *X* 轴的索引，用于拥有多个 *X* 轴的单图表中。
- yaxis_index：表示 *Y* 轴的索引，用于拥有多个 *Y* 轴的单图表中。
- color：表示系列的注释文本的颜色。
- is_symblo_show：表示是否显示标记及注释文本，默认为 True。
- symbol：表示标记的图形，可以取值为 circle（圆形）、rect（矩形）、roundRect（圆角矩形）等。
- symbol_size：表示标记的大小，可以接收单一数值，也可以接收形如[width, height]的数组。
- stack：表示将轴上同一类目是否堆叠放置。
- is_smooth：表示是否使用平滑曲线。

绘制折线图展示电商平台和门店一月份的手机销量对比图。

【例 9-4】 某电商平台的手机品牌有 Apple、Huawei、Xiaomi、Oppo、Vivo、Meizu，电商渠道的某月销售量为 123、153、89、107、98、23，门店的销售量为 56、77、93、68、45、67。用 Pyecharts 生成一个折图。

```
from pyecharts.charts import Line
from pyecharts import options as opts

# 示例数据
cate = ['Apple', 'Huawei', 'Xiaomi', 'Oppo', 'Vivo', 'Meizu']
data1 = [123, 153, 89, 107, 98, 23]
data2 = [56, 77, 93, 68, 45, 67]
line = (Line()
        #添加 X 轴、Y 轴的数据、系列名称
       .add_xaxis(cate)
```

```
    .add_yaxis('电商渠道', data1, symbol = 'diamond', symbol_size = 18)
    .add_yaxis('门店', data2, symbol = 'triangle', symbol_size = 18)
    # 设置标题、Y 轴标签
    .set_global_opts(title_opts=opts.TitleOpts(title="Line-基本示例",subtitle="我是副标题")))
line.render()
```

运行程序，结果如图 9-12 所示。

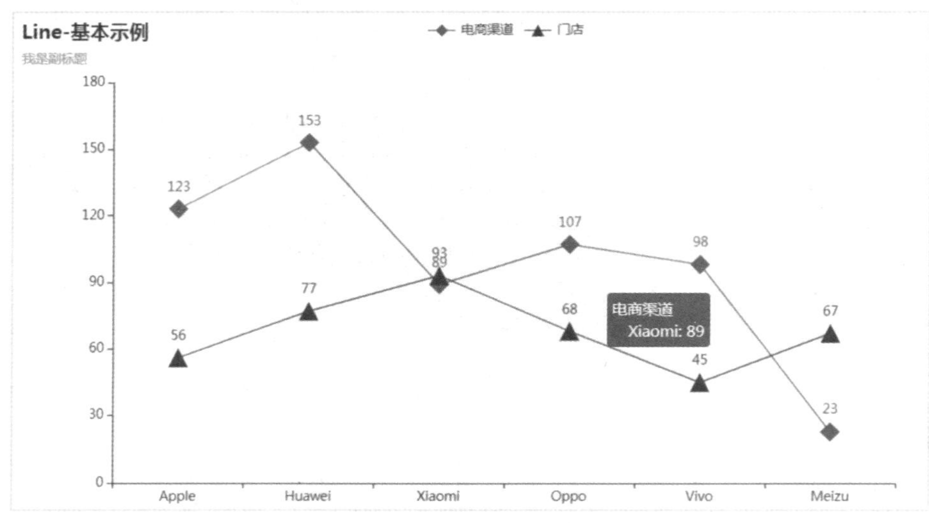

图 9-12　折线图示例

9.3.3　饼图

Pyecharts 中的 Pie 类表示饼图，提供了一个 add()方法，可以饼图添加数据和配置项。

add()方法的语法格式如下：

```
add(self, series_name:str, color:Optional[str] = None, radius:Optional[Sequence] = None,
    is_roam= True, center:Optional[Sequence] = None, rosetype:Optional[str] = None,
    is_clockwise:bool = True)
```

该方法常用的参数如下。

- series_name：表示系列的名称
- data_pair：表示数据项，可以形如(坐标点名称, 坐标点值)形式。
- color：系列 Label 颜色。
- center：默认设置成百分比。
- rosetype：是否展示成南丁格尔图，通过半径区分数据大小。
- is_clockwise：饼图的扇区是否是顺时针排布。

【例 9-6】 某年假期湖南省的旅游接待人数为：长沙市，362 万；株洲市，155 万；湘潭市，60 万；岳阳市，218 万；衡阳市，154 万；常德市，60 万；郴州市，235 万；邵阳市，209 万；永州市，198 万；怀化市，131 万；娄底市，110 万；益阳市，97 万；湘西州，276 万；张家界市，154 万。绘制一个饼图，展示湖南省的旅游接待人数情况。

```
from pyecharts.charts import Pie
```

```
from pyecharts import options as opts

data = [['长沙市',362], ['株洲市',155], ['湘潭市',60], ['岳阳市',218], ['衡阳市',154],
        ['常德市',60], ['郴州市',235], ['邵阳市',209], ['永州市',198], ['怀化市',131],
        ['娄底市',110], ['益阳市',97], ['湘西土家族苗族自治州',276], ['张家界市',154]]
# 创建Pie对象
pie = (Pie()
       .add("", data)
       .set_global_opts(title_opts = opts.TitleOpts(title = "湖南旅游人数(万)"),
                        legend_opts = opts.LegendOpts(pos_top="90%"))
       .set_series_opts(label_opts = opts.LabelOpts(formatter="{b}:{c}")))
pie.render()
```

Pyecharts 中包含全局项 set_global_opts，可以设置标题、图例位置等。

运行程序，效果如图 9-13 所示。

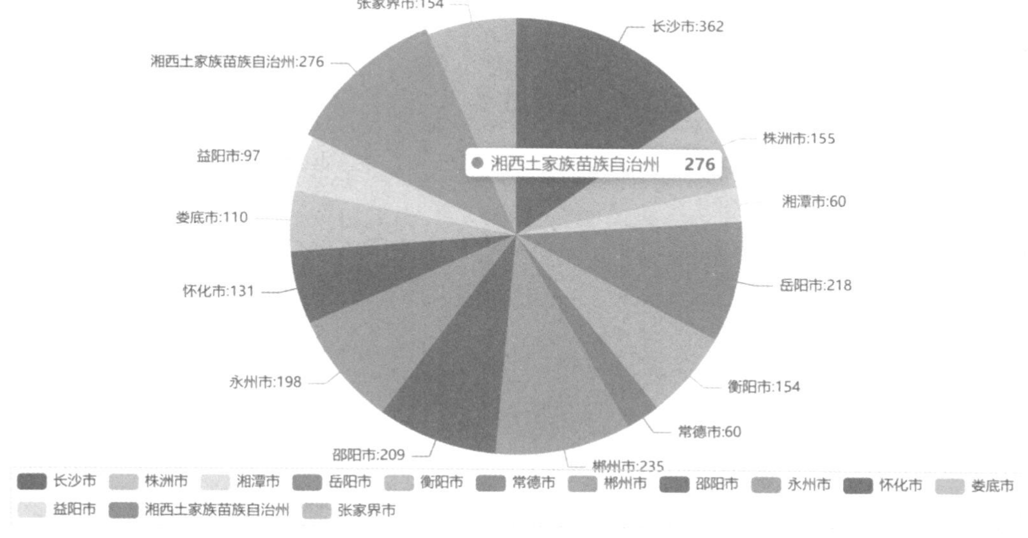

图 9-13 湖南省旅游接待饼图示例

9.3.4 图书数据可视化

1. 开发设计

（1）获取数据库数据。

（2）数据处理，将数据库提取出的元组对应保存到列表

（3）数据处理，统计不同价格区间书籍的数量。

（4）数据处理，统计不同评分区间书籍的数量。

（5）数据处理，统计不同年份出版书籍的数量。

（6）根据不同年份出版书籍的数量数据绘制折线图。

（7）根据不同评分区间书籍的数量数据绘制柱形图。

（8）根据不同价格区间书籍的数量数据绘制饼图。

2. 代码编写

根据上述程序设计，对应的程序代码如下：

```
# 获取数据
import pymysql
from pyecharts.charts import Pie, Bar, Line
from pyecharts import options as opts
# 与mysql建立链接
con = pymysql.connect(user = 'root', password = '123456', database = 'douban',
                      host = '127.0.0.1', port = 3306)
cursor = con.cursor()                                   # 创建游标
sql = "SELECT title,price,estimate_nums FROM book_info"
results = cursor.fetchall()
cursor.execute(sql)                                     # 执行语句
con.commit()                                            # 提交

# 数据处理
from collections import Counter
title = []
price_list = []
rating_nums_list = []
year = []
# 将数据库提取的元组数据分别保存到空列表
for i in results:
   title.append(i[0])
   price_list.append(i[1])
rating_nums_list.append(i[2])
year.append(i(3))
# 统计不同价格区间书籍的数量。
price_count=[]
for i in price_list:
   b = float(i)
   if b <= 10:
      c = '10元以下'
   elif 10 < b <= 30:
      c = '10-30元'
   elif 30 < b <= 50:
      c = '30-50元'
   elif 50 < b <= 70:
      c = '50-70元'
   elif 70 < b <= 100:
```

```
        c = '70-100 元'
    elif 100 < b <= 200:
        c = '100-200 元'
    elif 200 < b <= 500:
        c = '200-500 元'
    else:
        c = '500 元以上'
price_count.append(c)
dict_price = dict(Counter(price_count))
#统 计不同评分区间书籍的数量
dict_score = dict(Counter(rating_nums_list))
# 统计不同年份出版书籍的数量
dict_year = dict(Counter(year))
# 数据可视化，取不同年份出版书籍的数量数据绘制折线图
line = (Line()
         # 添加 x 轴、y 轴的数据、系列名称
         .add_xaxis([i[0] for i in dict_year])
        .add_yaxis('数量', [i[1] for i in dict_year], symbol = 'triangle', symbol_size = 18)
        # 设置标题、y 轴标签
        .set_global_opts(title_opts=opts.TitleOpts(title = "各年出品作品数量")))
line.render('各年作品出版数量折线图.html')
# 提取不同评分区间书籍的数量数据绘制柱形图
bar = (Bar()
        .add_xaxis(list(dict_score.keys()))
        .add_yaxis('数量',list(dict_score.values()))
        .set_global_opts(title_opts=opts.TitleOpts(title = '书籍评分')))
bar.render('不同评分区间书籍的数量柱形图.html')
# 提取不同价格区间书籍的数量数据绘制饼图
pie = (Pie()
        .add("", [list(z) for z in zip(list(dict_price.keys()), list(dict_price.values()))])
        .set_global_opts(title_opts = opts.TitleOpts(title = "不同价格区间书籍数量"),
                         legend_opts = opts.LegendOpts(pos_top = "90%"))
        .set_series_opts(label_opts=opts.LabelOpts(formatter = "{b}:{c}")))
pie.render('不同价格区间书籍数量饼图.html')
```

3. 运行测试

将以上代码输入 PyCharm，运行结果如图 9-14 所示。

```
doubandushu250.py C:\Users\2906
    doubandushu250_pyecharts.py
    不同价格区间书籍数量饼图.html
    不同评分区间书籍的数量柱形图.htm
    各年作品出版数量折线图.html
```

图 9-14 代码运行结果

然后生成可视化图形，分别如图 9-15～图 9-17 所示。

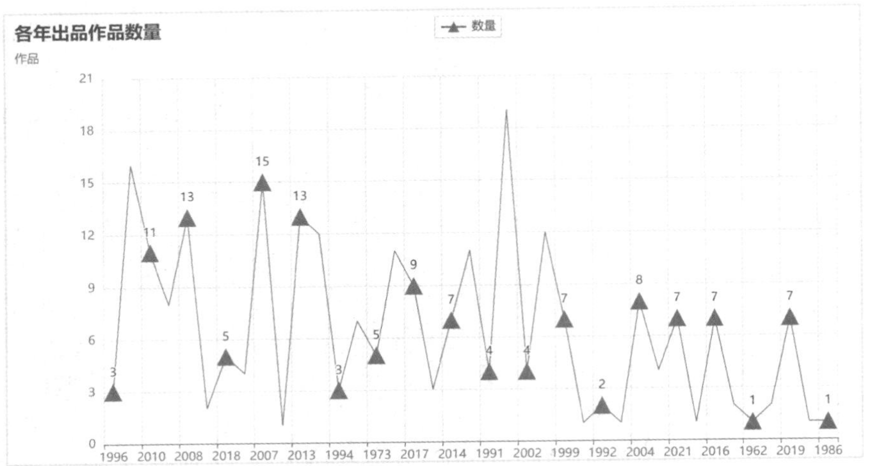

图 9-15　各年作品出版数量折线图

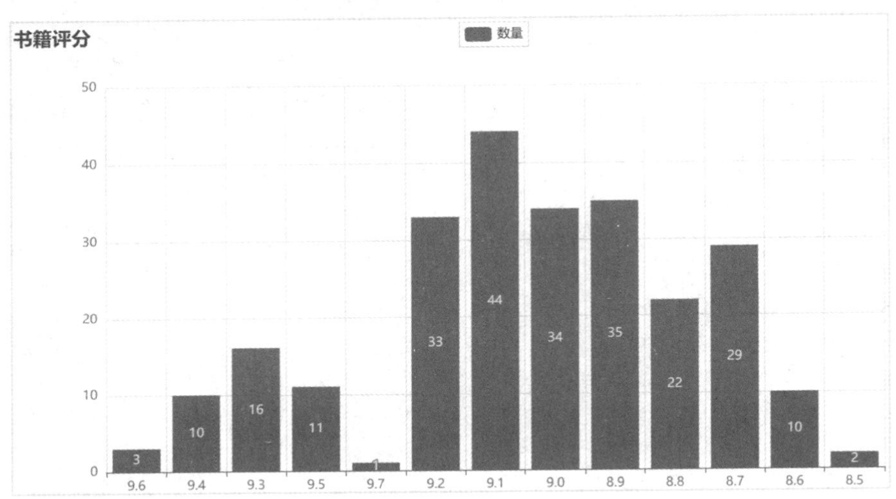

图 9-16　不同评分区间书籍的数量柱形图

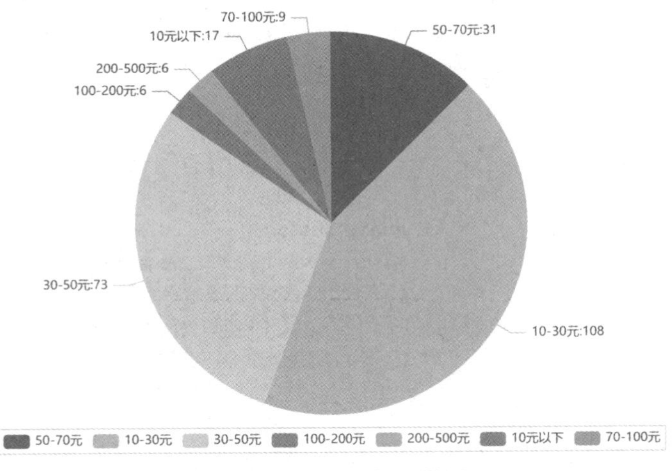

图 9-17　不同价格区间书籍数量饼图

本章小结

本章介绍了数据解析技术、正则表达式的基本语法，以及用 Beatifulsoup 选取节点的方式实现数据解析；介绍了 MySQL 数据库的安装，以及利用 MySQL 数据库实现数据存储持久化的方法；介绍了 Pyecharts 的基本图形的实现方法，并提供读书数据可视化项目的完整的工作流程，实践了 Requests 库、正则表达式、Beatifulsoup、MySQL 数据和 Pyecharts 的用法。通过本章的学习，读者能够掌握数据抓取、数据解析、数据存储持久化和可视化的基本原理及方法，能够在后续的实际开发中完成项目的数据抓取及可视化。

思考探索

思考题

产业发展分析

在大数据时代，软件开源和硬件开放已成为不可逆的趋势，掌控开源生态，已成为国际产业竞争的焦点。建议采用“参与融入、蓄势引领”的开源推进策略，一方面鼓励我国企业积极“参与融入”国际成熟的开源社区，争取话语权；另一方面，也要在建设基于中文的开源社区方面加大投入，汇聚国内软硬件资源和开源人才，打造自主可控开源生态，在学习实践中逐渐成长壮大，伺机实现引领发展。中文开源社区的建设，需要国家在开源相关政策法规和开源基金会制度建立方面给予支持。此外，在开源背景下，对“自主可控”的内涵定义也有待更新，不一定强调硬件设计和软件代码的所有权，更多应体现在对硬件设计方和软件代码的理解、掌握、改进及应用能力。

（来源：中国人大网）

同学们，你们有什么启示呢？

自主创新　沟通交流　科学严谨　系统思维　团队协作

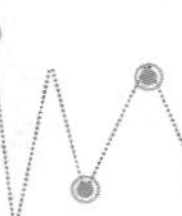

参考文献

[1] 黑马程序员．Python 程序设计现代方法．北京：人民邮电出版社，2020．
[2] 丁辉，陈永．Python 程序设计教程．北京：高等教育出版社，2021．
[3] 黑马程序员．Python 快速编程入门．北京：人民邮电出版社，2020．
[4] 张健，张良均．Python 编程基础．北京：人民邮电出版社，2018．
[5] 黑马程序员．Python 程序开发案例教程．北京：人民邮电出版社，2019．
[6] 黄蔚．Python 程序设计．北京：清华大学出版社，2020．
[7] 罗少甫，谢娜娜．Python 程序设计基础．北京：北京邮电大学出版社，2019．
[8] 李辉，刘洋．Python 程序设计：编程基础、Web 开发及数据分析．北京：机械工业出版社，2020．